教育部高等学校地质类专业教学指导委员会推荐教材
中央高校教育教学改革基金(本科教学工程)资助

地热工程学

DIRE GONGCHENGXUE

窦斌 田红 郑君 编著

中国地质大学出版社
ZHONGGUO DIZHI DAXUE CHUBANSHE

内 容 简 介

本书汇集了国内外现有地热勘探与开发的相关技术和地热能利用方式。书中定义了地热工程学的概念，介绍了地热资源概况、地热利用现状及发展趋势、地热资源的成因及分类、地热资源勘查方法与评价、地热资源利用、浅层地热能工程技术、中深层地热能工程技术和干热岩利用方法等内容。本书既可作为高等院校地质工程、勘查技术与工程、资源勘查与工程等相关专业学生的教学用书，又可为从事地热勘探与开发工作的工程技术人员提供参考。

图书在版编目(CIP)数据

地热工程学/窦斌，田红，郑君编著. —武汉：中国地质大学出版社，2020.1(2021.4重印)
ISBN 978-7-5625-4738-9

Ⅰ.①地⋯
Ⅱ.①窦⋯ ②田⋯ ③郑⋯
Ⅲ.①地热能-教材
Ⅳ.①TK52

中国版本图书馆 CIP 数据核字(2020)第 003803 号

地热工程学		窦 斌　田 红　郑 君　编著
责任编辑：阎 娟	组稿编辑：徐蕾蕾	责任校对：周 旭
出版发行：中国地质大学出版社(武汉市洪山区鲁磨路388号)		邮政编码：430074
电　　话：(027)67883511	传　真：(027)67883580	E-mail：cbb@cug.edu.cn
经　　销：全国新华书店		http://cugp.cug.edu.cn
开本：787毫米×1092毫米 1/16		字数：323千字　印张：13.25
版次：2020年1月第1版		印次：2021年4月第2次印刷
印刷：武汉市籍缘印刷厂		
ISBN 978-7-5625-4738-9		定价：58.00元

如有印装质量问题请与印刷厂联系调换

序

随着社会经济建设的飞速发展,人类对能源的需求也日益增加。我国是全球最大的能源消费国,能源消费总量已多年居世界首位。仅2018年,我国一次能源消费量32.74亿t油当量,占全球总量的23.6%,居全球第一位;同年,我国石油进口量达4.62亿t,对外依存度高达70%。除此之外,化石能源的开发利用,带来了污染等生态环境问题。2019年12月生态环境部印发了关于进一步加强石油天然气行业环境影响评价管理的通知。因此,发展清洁能源,进行能源生产和消费升级革命迫在眉睫。习近平总书记在十九大报告中指出,发展清洁能源是改善能源结构、保障能源安全、推进生态文明建设的重要任务。2019年10月11日,国务院总理李克强在主持召开的国家能源委员会会议上强调,要推动能源生产消费转型升级,保障能源安全。2019年11月1日,中央政治局常委、国务院副总理韩正在京津冀及周边地区大气污染防治领导小组电视电话会议上强调,要按照"宜电则电、宜气则气、宜煤则煤、宜热则热"的原则,稳步推进北方地区冬季清洁取暖。地热资源作为绿色、清洁、安全、环保的能源已成为我国将来能源发展的主要方向之一。

我国地热资源丰富,地热利用历史悠久。2017年多部委联合印发了《地热能开发利用"十三五"规划》,制定了明确的地热发展目标,促进了地热事业的快速发展。但是,目前我国地热开发利用尚存在一些问题,如:我国地热的开采和利用效率不高,地热勘探开发的技术落后于生产的需要,在地热开发特别是干热岩开采方面的研究还没有形成核心技术;高等学校在地热勘探与开发方面开设的课程不多,没有地热开发方面的系统教材可供参考。"地热工程学"课程在能源资源开采相关专业处于起步阶段,编写并出版《地热工程学》教材对于培养地热开采方面的人才具有重大而深远的意义。该书是我校工程学院窦斌教授课题组近年来的科研和教学积累,希望该教材在地热开采与利用的高层次人才培养过程中发挥积极作用。

中国科学院院士
中国地质大学(武汉)校长
2019.12.26

前　言

随着科技和社会经济的高速发展，人类对能源的需求量越来越大。化石能源的日益枯竭，人们对生态环境保护意识的不断增强，寻找洁净可替代能源变得越来越迫切。地热能"取之不尽、用之不竭"，且不受地域、季节气象与昼夜的影响，是理想的绿色、安全、环保的可再生稳定能源。地热资源是宝贵的综合性矿产资源，其功能多、用途广，可供发电、采暖，可供提取溴、碘、硼砂、钾盐、铵盐等工业原料和天然肥水的资源，还是宝贵的医疗和饮用矿泉水资源以及生活供水水源。

我国是世界上最早利用地热资源的国家，地热资源十分丰富。目前我国地热资源勘探开发的技术落后于生产的需要，在地热开发特别是干热岩开采方面的研究还没有形成核心技术，在地热工程领域没有可供参考的教科书。为了进一步促进地热工程教育事业的发展，我们以承担完成的国家自然科学基金项目"共和盆地储层干热岩人工裂隙与流体传热机理及热能效应研究"和"井壁干热花岗岩卸荷遇水冷却双重损伤本构模型研究"的部分成果为基础，并收集国内外地热工程的部分新成果、新技术，同时结合作者多年来的教学和科研积累，本着深入浅出的原则编写了《地热工程学》，希望该教材为地热开采与利用的高层次人才培养做出贡献。全书共七章，由窦斌教授担任主编，田红副教授、郑君讲师担任副主编。其中，第一章由窦斌、喻勇编写，第二章由田红、肖鹏编写，第三章由窦斌、徐超编写，第四章由郑君、陈杰编写，第五章由窦斌、罗生银编写，第六章由窦斌、田红、郑君、吴天宇、董楠楠、徐达、朱振南编写，第七章由窦斌、陈东灿编写，夏杰勤承担了部分图表的绘制工作。窦斌统一定稿，田红承担本书的图表、公式等相关资料的核对工作。

本书的编写工作得到了中国科学院院士、校长王焰新教授，教育部高等学校地质类专业指导委员会主任委员、校党委副书记唐辉明教授的悉心指导和热切关怀，中国科学院汪集暘院士、中国工程院多吉院士、东华理工大学校长孙占学教授、中国科学院地质与地球物理研究所庞忠和教授、天津大学朱家玲教授和中国地质大学（北京）李克文教授提出了具体修改意见，我校蒋国盛教授、吴翔教授、胡郁乐教授、段新胜教授给予了具体指导，我校祁士华教授、胡祥云教授、郭清海教授、蒋恕教授、刘德民副教授、张世晖副教授给予了热情帮助。另外，本书的出版还得到学校教务处、出版社的大力支持和帮助，在此一并表示衷心的感谢。

在编著过程中，编著者积极探索、勇于创新，力图全面系统地阐明地热工程学。但由于编著者水平有限，加之时间仓促，书中错误和疏漏在所难免，恳请读者批评指正。

编著者

2019.12.26

目　录

第一章　绪　论 …………………………………………………………………… (1)
　　第一节　地热工程学概述 ………………………………………………… (1)
　　第二节　地热资源概况 …………………………………………………… (2)
　　第三节　地热利用现状及发展趋势 ……………………………………… (5)
第二章　地热资源的成因、分类及分布特征 …………………………………… (11)
　　第一节　地热资源的成因 ………………………………………………… (11)
　　第二节　地热资源的分类 ………………………………………………… (14)
　　第三节　地热资源的分布特征 …………………………………………… (20)
第三章　地热资源勘查方法与评价 ……………………………………………… (26)
　　第一节　地热地面调查 …………………………………………………… (26)
　　第二节　地热地球化学勘查 ……………………………………………… (28)
　　第三节　地热地球物理勘探 ……………………………………………… (31)
　　第四节　地热遥感技术 …………………………………………………… (34)
　　第五节　地热钻探法 ……………………………………………………… (37)
　　第六节　地热资源评价 …………………………………………………… (40)
第四章　地热资源利用 …………………………………………………………… (43)
　　第一节　地热制冷 ………………………………………………………… (43)
　　第二节　地热供暖 ………………………………………………………… (55)
　　第三节　地热发电 ………………………………………………………… (64)
　　第四节　地热其他利用 …………………………………………………… (69)
　　第五节　地热梯级利用 …………………………………………………… (71)
第五章　浅层地热能工程技术 …………………………………………………… (73)
　　第一节　浅层地热能及其特征 …………………………………………… (73)
　　第二节　地源热泵技术 …………………………………………………… (75)
　　第三节　地下水源热泵 …………………………………………………… (78)

第四节　土壤源热泵 …………………………………………………（93）

第六章　中深层地热能工程技术 …………………………………………（99）
　　第一节　分布及利用方式 …………………………………………（99）
　　第二节　中深层地热钻井 …………………………………………（100）
　　第三节　中深层地热固完井 ………………………………………（133）
　　第四节　地热井抽水试验与产能分析 ……………………………（149）
　　第五节　地面工程（地热井口工程和设备）………………………（161）

第七章　干热岩利用方法 …………………………………………………（173）
　　第一节　干热岩地热资源评价方法 ………………………………（173）
　　第二节　干热岩资源量及其分布 …………………………………（174）
　　第三节　干热岩井建造技术 ………………………………………（175）
　　第四节　干热岩储层建造技术 ……………………………………（189）
　　第五节　干热岩发电 ………………………………………………（195）

主要参考文献 ………………………………………………………………（200）

第一章 绪 论

第一节 地热工程学概述

煤、石油等传统能源在给人类带来便利的同时,也造成了严重的环境污染,因此寻找清洁可替代能源势在必行。近年来,以太阳能、风能、潮汐能、地热能等为代表的绿色能源已成为世界能源研究的热点。然而,太阳能因季节、昼夜因素存在不稳定性,风能受地域与季节气象的限制,潮汐能只能在近海地区加以开发,只有地热能是不受地域、季节气象与昼夜影响的蕴藏地下的稳定能源,因此开发利用地热资源将为能源结构调整、经济可持续发展提供新的思路(王小毅等,2013)。

伴随着地热资源的开发与利用,我国地热工程技术的发展经历了以下三个阶段。

第一代技术是地热地质技术,即以地热地质勘探技术为主体,以简单的直接利用为标志,如洗浴、生活热水的直接利用等。20 世纪 70 年代初,在著名地质学家李四光教授的倡导下,开始了大规模的地热资源普查勘探工作,揭开了第一代技术的序幕。

第二代技术是工程热物理技术,以换热器、热泵等地热利用设备的出现为标志。其技术特点是:地热利用效率显著提高;利用工艺上依赖于设备的性能;设计理念上尽量发挥单个设备的性能潜力;设计方法上既隶属于地质学范畴的地下工程设计也隶属于工程热物理学科领域的地面工程设计,二者分别进行,互不联系,难以实现对地热资源、设备系统工艺参数的整体设计优化。因此,经济效益不高,环境效益不好。

第三代技术是集约化功能技术,是 20 世纪 90 年代后期发展起来的。它是面向工程对象,通过地上、地下工程一体化设计平台,实现各种地热资源、设备工艺参数整体优化组合和整个利用系统功能达到最佳的现代化地热工程技术。第三代技术的特点是:地热利用率大幅度提高,把第二代技术的一级利用改进为三级梯级利用,地热利用率从 50% 左右提高到 70% 以上;地热利用工艺显著优化,不再依赖于单一设备的性能,而注重于多种资源、各种设备的优化组合,重视整个系统工艺的功能;设计理念现代化,不再强调发挥设备的潜能,而强调面向工程对象,发挥当地资源的优势,发挥工艺系统中的设备优化组合的功能优势;设计方法先进,即采用地上、地下工程一体化非线性设计方法;学科交叉,可使各学科的优势互补,实现突破。第三代地热工程技术的诞生,除了信息技术和一体化非线性设计平台之外,地质学和工程热物理学的有机结合,也起到了催生素的作用(何满潮,2004)。

地热工程正是人类在利用地热资源的活动中,综合考虑地下、地上工程之间的相互关系,注重资源利用过程中的优化，实现资源、工艺与设备优化组合的科学技术。而地热工程学正是以面向工程对象为基本原则，研究和解决与地热资源有关的工程技术问题的应用学科，包括地热资源勘查与评价、地热钻井工艺、地热尾水回灌、地热资源梯级利用、地热开发利用系统高效运营、地热水保温及换热、地热利用防腐防垢、热源热泵、地热发电等综合性的工程学科。

第二节　地热资源概况

地球由地壳、地幔和地核组成，它是一个巨大的热库，越往地下温度越高，如地球内部构造图所示（图1-1）。地热就是指地球内部蕴藏的能量，从地球表面往下正常增温梯度是每1000m增加25~30℃，在地下约40km处温度可达1200℃，地球中心温度可达6000℃。由于构造原因，地球表面的热流量分布不均，这就形成了地热异常，如果再具备覆盖层、储层、导热、导水等地质条件，就可以形成地热（刘志国等，2004）。

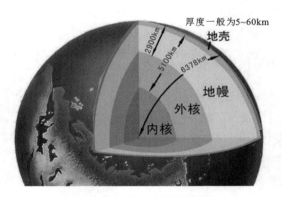

图1-1　地球内部构造图

地热能是一种巨大的自然能源，它通过火山爆发、温泉、间隙喷泉及岩石的热传导等形式不断地向地表传送和散失热量。火山爆发时喷出的熔岩浆，或是从地下喷涌出的热水和蒸汽，都是巨大的载热体，它们将地球内部的热能带到地表，在地表或近地表处形成强烈的地热显示和具有经济开发价值的地热田，为人类提供廉价的洁净能源。凡是能够经济地被人类所利用的地球内部的地热能、地热流体及其有用组分，被称之为地热资源（唐志伟等，2018）。可见地热资源只是地热能中很小的一部分。据估计，全世界地热资源的总量大约为 14.5×10^{25} J，相当于 4948×10^{12} t 标准煤燃烧时所放出的热量。地热资源作为集热、矿、水于一体的清洁宝贵的矿产资源，已被广泛地应用于发电、采暖、洗浴、医疗、种植、养殖等各个领域，造福于人类。

人类很早以前就开始利用地热能，如利用温泉沐浴、医疗，利用地下热水取暖，建造农作物温室，养殖水产及烘干谷物等。但真正认识地热资源并进行较大规模的开发利用却是始于20世纪中叶。20世纪50年代，中国开始规模化利用温泉，相继建立了160多家温泉疗养院。70年代初，中国地热资源开发利用开始进入温泉洗浴、地热能供暖、地热能发电等多种利用方式阶段。70年代至今，我国地热资源开发利用取得了显著的业绩。在中低温地热资源直接利用方面,我国的供暖面积已经达到 3 亿 m²,年利用总热量近 20 多年稳居世界第一,并且,在实践中因地制宜打造了"雄县模式",依靠地热供暖建成了无烟城市,大型岩溶热储的研究及其开发利用形成了我国特色。在地热发电方面,20 世纪 70 年代,我国在广东省丰顺县建成了第一个中低温地热电站,装机容量 0.3MW;在西藏自治区拉萨市附近的当雄县羊八井镇建成了第一个高温地热电站,装机容量为 25MW,累计发电量已经达到 31 亿 kW·h。这两个电站至今仍然在运行,其中羊八井电站供应的电力占到拉萨市年用电量的 50% 以上(汪集旸,2016)。所以,地热资源的开发利用,不仅可以取得显著的经济效益和社会效益,更重要的是还可以取得明显的环境效益。

一、我国地热资源基础及其潜力

中国地热资源丰富,但资源探明率和利用程度较低,开发利用潜力很大。近年来,中国地热能勘探、开发和利用技术持续创新,地热能装备水平不断提高,浅层地热能利用快速发展,水热型地热能利用持续增长,干热岩型地热资源勘查开发开始起步,地热能产业体系初步形成。

"十二五"期间,中国地质调查局组织完成全国地热资源调查,对浅层地热资源、水热型地热资源和干热岩型地热资源(表 1-1)分别进行评价。结果显示,中国大陆 336 个主要城市浅层地热能年可采资源量折合 7 亿 t 标准煤,可实现供暖(制冷)建筑面积 320 亿 m²,其中黄淮海平原和长江中下游平原地区最适宜浅层地热能开发利用。

表 1-1 地热资源分类

类型	分布深度(m)	温度(℃)	赋存状态	利用方式
浅层地热资源	<200	<25	土体或地下水中	地源热泵技术
水热型地热资源	200~3000	25~150	以地下水为载体	抽取热水或水汽混合物
干热岩型地热资源	>3000	>150	基本不含水的地层或岩石体中	人工建造热储 人工流体循环
岩浆型地热资源			未固结的岩浆中	尚无法开采

中国大陆水热型(中深层)地热能年可采资源量折合 18.65 亿 t 标准煤(回灌情景下)。其中,中低温水热型地热资源占比达 95%,主要分布在华北、松辽、苏北、江汉、鄂尔多斯、四川等平原(盆地)以及东南沿海、胶东半岛和辽东半岛等山地丘陵地区,可用于供暖、工业干燥、旅游、康养、种植和养殖等;高温水热型地热资源主要分布于西藏南部、云南西部、四川西部和台湾省,西南地区高温水热型地热能年可采资源量折合 1800 万 t 标准煤,发电潜力 7120MW,地热资源的梯级高效开发利用可满足四川西部、西藏南部少数民族地区约 50% 人口的用电和供暖需求。

中国大陆埋深 3~10km 干热岩型地热能基础资源量约为 2.5×10^{25} J(折合 856 万亿 t 标准煤),其中埋深在 5500m 以浅的基础资源量约为 3.1×10^{24} J(折合 106 万亿 t 标准煤)。鉴于干热岩型地热能勘查开发难度和技术发展趋势,埋深在 5500m 以浅的干热岩型地热能将是未来 15~30 年中国地热能勘查开发研究的重点领域。

中国地热资源构成中,干热岩地热资源占主导地位,其可开采资源量(2%)是传统水热型地热资源量的168倍(表1-2),相当于中国2010年能源消耗总量的4400倍。但是,囿于干热岩开发的经济性和现有技术条件,近期应着眼于4~7km深度段干热岩地热资源的开发,热储目标温度是150~250℃,干热岩开发的有利靶区包括藏南地区、云南西部(腾冲)、东南沿海(浙闽粤)、华北(渤海湾盆地)、鄂尔多斯盆地东南缘的汾渭地堑、东北(松辽盆地)等地区。因此,加强干热岩地热资源的勘察与开发是推动中国地热资源规模化利用,尤其是地热发电快速发展与突破的关键和希望所在(汪集暘等,2012)。

表1-2 中国大陆地热资源量

资源类型	资源基数(总量)		可采资源量上限(40%)		可采资源量中值(20%)		可采资源量下限(2%)	
	热能($\times 10^6$ EJ)	折合标准煤($\times 10^{12}$ t)	热能($\times 10^6$ EJ)	折合标准煤($\times 10^{12}$ t)	热能($\times 10^6$ EJ)	折合标准煤($\times 10^{12}$ t)	热能($\times 10^6$ EJ)	折合标准煤($\times 10^{12}$ t)
干热岩型	21.0	714.9	8.4	286.0	4.2	143.0	0.42	14.3
水热型							0.025	0.852

根据我国地热资源分布的特点以及当地的社会特征,可制订相应的地热资源发展规划。如西部、西南地区可重点发展地热发电,该区域地热资源品位较高,人口密度较小,发展地热发电对人类的生产生活影响较小,而且电力便于输送,能在一定程度上缓解全国电力需求的压力。在东南沿海地区,夏季温度高、时间长,制冷的能耗相当高,如果利用该区域丰富的地热资源来制冷,可以大幅缓解我国南方地区夏季电力供应不足的矛盾。东北、华北地区,冬季供暖的压力非常大,当前的供暖方式以燃煤为主,空气污染十分严重,严重影响了当地人们的生活质量,而作为优质清洁能源之一的地热能,资源量大,供应持续稳定,是北方供暖的最佳替代能源。同时,在地热资源品位相对较低的地区,可大力发展地源热泵技术,这也是节能降耗的有效途径(郭明晶,2016)。

二、地热能利用的战略意义

相对于其他可再生能源,地热能的最大优势体现在它的稳定性和连续性。联合国《世界能源评估》报告在2004年和2007年给出了可再生能源发电的对比数字,地热发电的利用系数在72%~76%之间,明显高于太阳能(14%)、风能(21%)和生物质能(52%)等可再生能源。地热能用来发电全年可供应6000h以上,有些地热电站甚至高达8000h,地热能用来提供冷、供热负荷也非常稳定。

发展地热能对我国经济社会的发展具有重要的战略意义,可以从以下4个方面来阐述。

(1)在建筑节能方面,浅层地热及地源热泵技术与系统,在地热资源相对丰富的地区,可以很大程度替代传统市政供暖系统,作为居民供热采暖的能量来源。目前我国北方大部分地区,冬季烧煤供暖,雾霾天气长期存在,严重影响居民的生活质量和身体状况,如果采用地热供暖,则可以大幅缓解雾霾问题,还大家一片纯净的蓝天。

(2)从分布式电力方面来说,在有条件的地区利用中高温水热型地热资源建设分布型地热电站,降低对传统化石燃料发电的依赖以及减少化石燃料的使用量,减少由于化石燃料使用带来的环境问题,可为煤炭等传统资源相对贫乏的地区提供电力来源,带动当地经济发展;同时,大量开发我国优质地热资源,可缩短我国地热资源的开发利用与世界其他国家的差距。

(3)虽然我国地热能直接利用位居世界第一,但是利用效率不高。事实上,地热制冷、地热采暖、地源热泵等的各项技术对温度的要求各不相同,如果通过地热资源梯级利用就可以将各项技术有机结合起来,形成一个地热梯级利用的链条,使地热资源综合利用率达到最大化。地热梯级利用的推广可以优化产业布局,帮助企业做好能源结构转型,提高地热资源的利用效率,形成一系列围绕地热资源的产业链,对我国调整能源结构、促进经济发展、实现城镇化战略等有重要的意义。

(4)地热资源的综合开发利用经多年实践表明,其社会、经济和环境效益均非常显著,它不仅可以促进地热能利用相关的装备制造产业的发展,还能够建立新的建筑用能供应体系,同时带动新的能源服务业的发展,驱动智能电网相关设备与技术的快速发展。

第三节 地热利用现状及发展趋势

自20世纪90年代中国经济体制实施由计划经济向市场经济转轨以来,开发商积极投入中国地热开发,在大中型城市和沿海地区形成热潮,而持续的投资热促进了中国地热开发向规模化、产业化的发展。21世纪以来,在政策引导和市场需求的推动下,地热资源开发利用得到较快发展。

一、地热资源开发利用现状

(一)地热能产业体系已显雏形

1. 浅层地热能利用快速发展

中国浅层地热能利用起步于20世纪末,2000年利用浅层地热能供暖(制冷)建筑面积仅为10万 m^2。伴随绿色奥运、节能减排和应对气候变化行动,浅层地热能利用进入快速发展阶段,2004年供暖(制冷)建筑面积达767万 m^2,2010年以来以年均28%的速度递增。截至2017年底,中国地源热泵装机容量达2万MW,位居世界第一,年利用浅层地热能折合1900万t标准煤,实现供暖(制冷)建筑面积超过5亿 m^2,主要分布在北京、天津、河北、辽宁、山东、湖北、江苏、上海等省市的城区,其中京津冀开发利用规模最大。

2. 水热型地热能利用持续增长

近10年来,中国水热型地热能直接利用以年均10%的速度增长,已连续多年位居世界首位。

中国地热能直接利用以供暖为主,其次为康养、种植、养殖等。1990年全国水热型地热能供暖建筑面积仅为190万 m^2,2000年增至1100万 m^2,至2015年底全国水热型地热能供暖建筑面积已达 1.02 亿 m^2。其中,天津市供暖建筑面积为 2100 万 m^2,居全国城市首位,占全市集中供暖建筑面积的 6%;河北省雄县供暖建筑面积为 450 万 m^2,满足县城 95% 以上的冬季供暖需求,创建了中国首个供暖"无烟城",形成了水热型地热能规模化开发利用的"雄县模式"。据不完全统计,截至 2017 年底,全国水热型地热能供暖建筑面积超过 1.5 亿 m^2,其中山东、河北、河南增长较快。温泉利用几乎遍及全国各省(区、市),总装机量达 2580MW,年利用率 8.788 万亿 $W \cdot h$。近年来,温泉产业开发利用技术、管理水平、服务质量不断提升,且更加注重温泉资源的可持续利用及生态环境保护。同时,温泉资源的产业扶贫作用正逐渐被各地政府所重视。地热温室种植和水产养殖逐年增长,技术水平不断提高。装机容量分别达 154MW 和 217MW,年利用量分别为 0.499 万亿 $W \cdot h$ 和 0.665 万亿 $W \cdot h$。近年来,我国特色农业产品、特种水产品、农业观光项目蓬勃发展,对温室大棚提出了更高要求,进而为地热资源在特色农业与生态农业的推广中提供了广阔的发展空间。

中国地热能发电始于 20 世纪 70 年代,1970 年 12 月第 1 台中低温地热能发电机组在广东省丰顺县邓屋发电成功;1977 年 9 月第 1 台 1MW 高温地热能发电机组在西藏羊八井发电成功,中国成为世界上第 8 个掌握高温地热能发电技术的国家。1991 年,西藏羊八井地热能电站装机容量达 25MW,其供电量曾占拉萨市电网的 40%~60%。截至"十二五"末,中国地热发电装机容量仅为 27.28MW,与世界发达国家相比有较大差距。进入"十三五",我国地热发电取得突破,其中在西藏羊易新建总装机容量 32MW,云南德宏新建 1.2MW 地热发电机组,另外还有四川、河北、青海等建成了一些小的发电装机项目,累计共实现地热发电装机总量 61.38MW。

3. 干热岩型地热资源勘查开发处于起步阶段

干热岩型地热能是未来地热能发展的重要领域。美国、德国、法国、日本等国经过 20~40 年的探索研究,在干热岩型地热能勘查评价、热储改造和发电试验等方面取得了重要进展,积累了一定经验。相比而言中国起步较晚,2012 年国家 863 计划支持了"干热岩热能开发与综合利用关键技术研究"项目,开启了中国关于干热岩的专项研究。2013 年以来中国地质调查局与青海省联合推进青海重点地区干热岩型地热能勘查,2017 年在青海共和盆地 3705m 深处钻获 236℃ 的干热岩体,是中国在非现代火山活动区首次发现高温干热岩型地热资源。通过深入试验研究,未来有望在干热岩型地热能开发技术方面取得突破,可推动中国地热能发电及梯级高效利用产业集群较快发展。

4. 地热能勘探开发利用装备较快发展

用于地热能勘探开发的地球物理、钻井、热泵、换热等一系列关键装备日趋成熟。地球物理勘查方面,中国拥有世界先进的二维地震、时频电磁、大地电磁、重磁等装备。钻井工程方面,中国已成功研制万米钻机,石油钻井深度超过 8000m,全孔取芯的大陆科学钻探钻井深度达 7018m,这些钻机均可用于地热能钻井工程。2018 年完成的中国大陆科学钻探松科二井高温水基泥浆耐温达 242℃,实施井底动力的螺杆钻具耐温达 180℃,可替代螺杆钻具的涡轮钻具耐温突破 240℃。热泵装备方面,目前中国已是地源热泵生产与消费大国,国产成套设备生产水平日益提高,国产设备占据了大部分国内市场。近年来,随着国家财税和相关激励政策的出台实施,地源热泵系统和水热型地热能供暖系统发展迅速,带动了上、下游相关新材料和高端装备产业、科研和服务业快速发展。

(二)地热能勘探、开发及利用技术持续创新

1. 地热能勘探技术不断成熟

自 20 世纪 70 年代以来,地热地质、地球物理、地球化学、钻井工程等理论和技术方面取得重要进展。

一是地热地质研究方面,在大地热流场、地热成因、热富集规律分析、地热资源评价等方面取得一系列研究成果,正在积极探索深部地热成因、地热田三维地质建模、热储精细描述、采灌均衡下的资源评价等,为地热资源勘查开发提供理论指导。

二是地球物理方法初步形成从重磁电普查到地震勘探详查的多种方法综合地球物理勘探技术。近年来,地热能赋存的地质与地球物理特征综合系统研究能力和水平、三维地震地质结构模型精细刻画技术取得长足进步,提高了水热型和干热岩型地热资源靶区优选和钻孔定位的精度和效率。

三是地球化学勘探技术体系已逐步形成。经过数十年的发展,基本建立了一套基于气体、水和岩石的化学与同位素等地球化学方法,可用于地热能异常区判定、热储温度估算、地热水成因推断、结垢与腐蚀作用预测等。

四是钻井技术取得很大进步。20 世纪 90 年代后期至今,中国开始将石油钻完井技术工艺与相关地热能工程施工结合,大大提高了钻井效率,缩短了建井周期。先后在中国(西藏羊八井)、肯尼亚、土耳其等国家成功钻探多口 300℃ 以上的高温地热井。

2. 地热能开发利用技术取得进展

地热资源开发利用技术是一门多学科的综合技术,涉及资源勘查与评价、钻井成井工艺、尾水回灌、梯级利用、高效运营、保温与换热、防腐防垢、热泵和发电等技术。

热泵技术快速发展,形成适合中国国情的大型地源热泵、高温热泵和多功能热泵系统,主要技术与装备已基本实现国产化。

地热尾水回灌技术取得一定进展,岩溶型热储的尾水同层密闭回灌技术较为成熟;对砂岩热储的经济回灌技术进行了大量科学试验与生产实践,取得较大进展,但尚未达到大规模经济性推广要求。

开展了地热能梯级利用技术积极探索,在京津冀和东南沿海地区初步建立发电、供暖二级地热能梯级开发利用示范基地。

二、地热资源开发利用存在的问题

(一)地热资源开发利用的环境问题

地热资源开发利用的过程中可能会遇到一些环境问题,主要是由于人类活动作用于周围环境所引起的人为环境问题。这种人为环境问题一般可分为两类:一类是不合理开发利用自然资源,使地热资源遭受破坏;另一类是城市化和工农业高速发展而引起的环境污染(蔡义汉,2004)。

由于地下热储质量的不断抽取,热储质量的不断亏损,进而导致地面沉降。同时,开发过程中热储质量的动态变化是不均匀的,因此地面的形变也是不均匀的,这一不均匀的形变可能致使热储上覆地层遭受破坏,危及地面建筑群和电站的安全。

地热流体温度高低不一,所含成分也不完全相同,有的还含有多种不凝气体,如 H_2S、CH_4、CO_2、NH_3 等。地热尾水极少量回灌以外,大部分则通过城市排水系统流入附近的河流和湿地,可能会造成周围水体污染、土壤污染或热污染等。开发过程中,所含的各种气体和悬浮物排入大气中,可能会造成大气污染。

总之,地热能开发利用过程中引起的环境问题不容忽视,需要人们正确认识,给予必要的重视,并积极认真地加以研究,采取各种有效的技术措施,严格监测,合理开发,科学防治,及时发现及时解决,充分发挥绿色能源的特点。

(二)地热能产业发展存在的问题

总体来看,经过数十年的发展,我国地热产业取得了长足发展,产业界积累了丰富的经验与信心。但是,在地热资源的开发利用过程中仍存在一系列问题。

一是对地热资源勘查评价和科学研究不充分。中国进行过两次全国性地热资源评价,仅对少数地热田进行了系统勘查,研究基础薄弱,分省、分盆地资源评价结果精度较低,与发达国家相比存在明显差距。目前中国仅有实测大地热流数据1230个,而美国实测的大地热流数据达17 000多个。在干热岩型地热能勘查开发方面,美国已进行40多年的研究探索,取得多方面研究成果,德国、法国、英国、日本、澳大利亚等国也开展了卓有成效的工作,而中国才刚刚起步。

二是对地热能产业发展初期扶持的政策不充分。目前中央和地方政府出台了一些财政和价格鼓励政策,对加快浅层地热能开发利用及促进北方地区清洁供暖具有积极的引导作用,但政策不完善,执行不到位、不充分。主要表现在:①地热能相关的财税法律规定可操作性差。目前关于地热能财税支持方面的法律法规缺乏实施条款和落实细则,对优惠税率和补贴力度等激励政策没有统一明确的标准,出台的政策"落地难"。资源税税额标准偏低,不能真实反映能源消耗带来的社会成本,缺少体现可再生能源性质的地热能"取热不耗水"税收激励政策。②对地热能开发利用的优惠力度不足。按照可再生能源电价附加政策要求,对地热能发电商业化运行项目给予电价补贴政策,但目前具体开发和利用的优惠政策却不多。现有地热能优惠政策细化支持措施还存在缺陷,主要体现在土地使用、设备制造和产品消费的配套政策仍不明确。③补贴模式不科学,支持方式有待完善。补贴模式单一,采用事前补贴和生产环节补贴,补贴效果大打折扣;直接补贴方式居多,缺乏市场化手段;补贴发放不及时、不到位,补贴资金领取周期过长。

三是地热能产业发展不协调问题依然突出。主要表现在:①地热能勘查评价精度与开发利用发展速度不协调。地热能勘查基础薄弱,精度低,缺乏系统勘查,在开发利用选区、开采规模确定等方面存在盲目性,既增加了项目投资风险,更导致地热能粗放式、低效开发利用和环境污染。②科技创新与地热能大规模开发利用不协调。深部地热能勘探、水热型地热能采灌均衡、干热岩型地热能开发利用、中低温地热能高效发电等关键技术及装备亟待突破,促进地热能规模化开发利用、满足市场有效需求的新技术和新装备有待创新。③地热能项目开发与城市总体规划不协调。虽然已发布的与地热能开发利用相关的规划和文件达10多个,这些政策有力地促进了中国地热能产业的较快发展,但这些规划之间不配套,不同层级规划之间不衔接,现行地热能开发利用规划没有融入地方和城市发展规划,导致规划的任务在实际中缺乏可操作性,《地热能开发利用"十三五"规划》中提出的地热能利用目标将难以实现。④政府监管与地热能可持续开发利用不协调。政出多门的监管体制、监管能力和水平与地热能的较快发展不适应,相关标准和技术规范不完备,对地热能开发利用监管缺位和越位现象并存,尚未建设水热型地热能和浅层地热能开发动态监测系统,严重阻碍了地热能健康可持续发展。

四是地热资源管理制度不协调。中国现行法律体系中,"地热"受3部法律管控,但相关规定均没有准确把握地热能的基本属性,法律适用性和可操作性亟待解决。《中华人民共和国矿产资源法》规定"地热"属于能源矿产,因"地热"资源具有可再生性,用不可再生的矿产资源管理方式进行管理,不能满足地热能大规模勘探开发利用的需要。《中华人民共和国水法》规定"地下热水"属于水资源,因地热能开发利用要求"取热不耗水",用管水的方式管热,制约了地热能的合理开发利用。《中华人民共和国可再生能源法》虽然强调地热能属于可再生能源,但只有原则性规定,缺乏如风能、太阳能具体可落地的管理手段和措施。

三、地热资源开发利用发展趋势

1. 首部五年规划出台,推动地热产业规模发展

2017年1月,国家发展和改革委员会、国家能源局及国土资源部联合发布《地热能开发利用"十三五"规划》,《规划》阐述了地热能开发利用的指导方针和目标、重点任务、重大布局以及规划实施的保障措施等,该规划是"十三五"时期我国地热能开发利用的基本依据。作为国家层面首个地热产业规划,地热"十三五"规划的出台是我国地热产业发展的里程碑事件,必将对我国地热产业快速健康发展起到极大的推动作用。

2. "北方地区清洁取暖"的推进扩展了地热产业市场空间

2016年12月21日召开的中央财经领导小组第十四次会议上,习近平总书记提出推进北方地区冬季清洁取暖,未来要按照企业为主、政府推动、居民可承受的方针,宜气则气,宜电则电,尽可能利用清洁能源,加快提高清洁供暖比重。2017年,清洁取暖相关政策密集出台。从已经发布的有关政策可知,地热供暖得到了充分重视,未来将作为可再生能源供暖的首选形式重点推进。"北方地区清洁取暖"这一重大民心工程、民生工程将极大扩展地热产业市场空间,为产业规模化发展带来重大机遇。

3. "雄安新区"将引领全国地热开发走向科学化有序化

2018年4月21日,《河北雄安新区规划纲要》正式发布。"纲要"明确指出,未来新区要科学利用区内地热资源,综合利用城市余热资源,合理利用新区周边热源,形成多能互补的清洁供热系统,确保新区供热安全。"雄安新区"的设立,为我国地热产业带来重要历史机遇。

4. "四深"战略将加速我国干热岩商业化开发进程

《"十三五"国家科技创新规划》提出,要加强"深空""深海""深地""深蓝"(简称"四深")领

域的战略高技术部署。

5. 项目规模不断提升

近年来,地热供暖(制冷)项目呈现规模化、大型化的特点。北京城市副中心以浅层地热能为主,将实现供暖制冷面积达 300 万 m^2;重庆江北城水空调项目,规模达 400 万 m^2;中石化江汉油田燃煤替代项目,规模达 570 万 m^2;南京江北新区水空调项目,规模将达 1600 万 m^2。"雄安新区"起步区规划通过"地热+"的供能模式实现供暖制冷面积 1 亿 m^2。

6. 地热的社会关注度持续提升

大型能源企业正加速布局,合资合作积极开发地热资源。学术各界对地热也愈加关注,在中国能源研究会等协会论坛基础上,中国建筑节能协会、中国石油学会等协会也举办了一系列专题会议,众多高校科研院所也积极参与论坛,共同为地热资源开发利用出谋划策。

第二章　地热资源的成因、分类及分布特征

第一节　地热资源的成因

地球是庞大的热库,它既有源源不断产生的热能,也有自身储存的丰厚的热能,所以地热资源是一种巨大的自然能源。它可以通过火山爆炸、温泉以及岩石的热传导等形式不断地向地表传送和流失。火山喷发时的炽热岩浆、从地下涌流和喷出的热水和蒸汽以及大面积有地温异常的放热地面等,都是不断将地球内部热能带到地表的载体,出露地表就形成强烈的各种类型的地热显示,未出露的就形成具备动力开发的地热田。

经过长期对地热资源来源的研究,虽然还有不同论点,但研究者们几乎一致公认,放射性元素的衰变产生的巨大能量,是整个地质年代上的热流量的主要提供者,但并不是唯一的。

图 2-1 为地球热源的分类,首先将热源分为地球外部热源(宇宙热源)和地球内部热源(行星热源)两个部分。外部热源包括太阳辐射和潮汐摩擦热、宇宙射线和陨石坠落产生的热能;内部热源包括天然核反应物、外成生物作用、人类经济活动及放射性衰变产生的热能等地壳热源以及地球的残余热、地球物质的重力分异热和地球转动热。

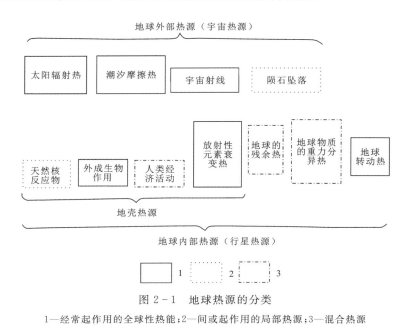

图 2-1　地球热源的分类
1—经常起作用的全球性热能;2—间或起作用的局部热源;3—混合热源

一、地球外部热源

1. 太阳辐射热

太阳辐射热是最容易被人们认识和理解的一种地球外部的热源。人类生存在地球上,有冷暖寒暑的感觉,主要取决于太阳的光照。太阳辐射具有经常性和全球性特点,即太阳的照射时间是经常的,照射是面向全球各个角落的。主要包括太阳、大气的辐射热以及地表的放射热。因而,地球表面以及近地表处的温度场,主要取决于这类能量的均衡。

太阳的辐射热,亦可以用垂直于太阳光大气圈界面上每平方厘米每秒所得到太阳的热量来表示,根据现代科学的计算,太阳每年供给整个地球表面热量为 8.36×10^{24} J。地球表面每平方厘米每秒所得到的太阳热量为 0.014 6J。太阳放射的能量中,有大约 34% 经大气散射、地表面的反射等,然后又再返回宇宙空间,余下的 66% 为大气和地表所接受到的热量。

太阳辐射能对陆地和海洋的影响深度显著有别,海洋的影响深度达 150~500m,但对陆地只有 10~20m 的影响深度。在此深度以下对地温起主导作用的则不是太阳能,而是地球内部的热能。

2. 潮汐摩擦热

地球外部热源中,除太阳辐射热外,居次要地位的就是由月球和太阳对海水的吸引而释放的能量,这种能量称潮汐摩擦热。它和太阳辐射一样具有经常性和全球性的特点。据专家估算,每年由潮汐摩擦产生的热能量约为 2.09×10^9 J。

此外,其他外部热源还包括来自宇宙射线、陨石坠落释放的能量。其中,后者是一种间接起作用的局部能量。

二、地球内部热源

地球内部热源中,经常起作用的全球性热源有:放射性元素衰变热、地球转动热以及外成生物作用释放的热能(化学反应热)。天然核反应物产生的热源是一种间接起作用的局部热源。至于地球的残余热、地球物质重力分异以及人类的经济活动所产生的热,均属混合热源类。

1. 放射性衰变热

放射性衰变热又称放射热或放射能。地球内部岩石和矿物中具有足够丰度、生热率较高、半衰期与地球年龄相当的放射性元素,其衰变时会产生巨大能量。它是地球内部的主导热源。在整个地球发展的历史时期中,能为地球提供大量热能的放射性元素仅为少量长寿命的放射性同位素 U、Th 和 K 等。U 有两种长寿命的同位素,^{235}U 和 ^{238}U,^{238}U 通过一长系列的中间产物衰变为铅(^{206}Pb),而 ^{235}U 也衰变为铅(^{207}Pb)。Th 只有一个长寿命同位素,即 ^{232}Th,它通过一系列中间阶段衰变为 ^{208}Pb。钾的同位素 ^{40}K 具有放射性,通过两种途径衰变:一种衰变为 ^{40}Ca,另一种衰变为 ^{40}Ar。表 2-1 是上述放射性同位素的半衰期和热产率,由表中可以看到,同位素 ^{238}U 的生热率最高。

表 2-1 长寿命放射性同位素及其生成物的热产率

同位素	半衰期($\times 10^9$ a)	在元素中所占的比例(%)	热产率[J/(g·a)]	
^{238}U	4.50	99.27	2.926	3.051 4①
^{235}U	0.71	0.72	0.125 4	
^{232}Th	13.90	100	0.836	
^{40}K	1.31	0.012	0.919 6	

注:① 3.051 4 是 ^{238}U 和 ^{235}U 之和。

地球化学研究表明,这些长寿命的放射性同位素在地球演化、分异过程中集中在地壳及上地幔的顶部,在大陆地壳上部酸性岩浆岩中富集,而在基性、超基性的玄武岩、橄榄岩等含量最低。酸性与基性、超基性岩之间的生热率也大有差别,花岗岩为 3.42×10^{-5} J/(g·a),比橄榄岩生热率 9.4×10^{-8} J/(g·a) 要高出数百倍。统计数据表明,酸性岩浆岩的生热率约占生热总量的 70%,基性岩占 20%,而超基性岩仅占 10%。表 2-2 列举出各种岩石的放射性衰变热产率。

表 2-2 各种岩石的放射性衰变典型热产率

岩石类型	浓度			热产率[μJ/(g·a)]			
	U($\times 10^{-6}$)	Th($\times 10^{-6}$)	K(%)	U	Th	K	总计
花岗岩	4.7	20	3.4	14.212	16.72	3.762	34.694
玄武岩	0.6	2.7	0.8	1.839 2	2.257 2	0.961 4	5.057 8
橄榄岩	0.016	0.004	0.001 2	0.050	0.004 2	0.001 3	0.054 3

近年来,有人对放射性热源中短寿命放射性同位素轴(^{236}U)、钐(^{146}Sm)、钚(^{244}Pu)和锔(^{247}Cm)研究认为,上述元素也具有足够的半衰期,而且能在地球最初形成后的 $10^7 \sim 10^8$ a 间,为地球内部提供热源。据估计,以上 4 种放射性同位素在这段期间内能够产出的热量约为钾同位素(^{40}K)生热的 20 倍。

2. 其他热源

地球内部的热量除放射性元素产生的放射热外,地球收缩的重力能也是一种长期产出的热源。地球的半径收缩 1cm,放出的热量有 3.34×10^{23} J。由于地球的总热容量为 6.27×10^{27} J/℃,地球的平均温度应该上升 5×10^{-5} ℃。此外,地球转动能也属热源之一,它是由于地球及其外壳物质密度的不均匀分布和地球自转时角速度变化,引起岩层水平位移和挤压所产生的机械热。这一热源在地球内部热源中所起的作用是很小的。

外成生物作用产生的热量称为化学反应热,虽然在地球内部热源中经常起作用,但是次要的。化学反应热主要包括硫化物和有机物的氧化作用。有机物的氧化反应过程具有很强的热效应,它通过化学反应释放出平均为 3.84×10^5 J/mol 的热量,而在地壳中这一化学反应分布十分广泛。

有资料显示,从地球内部通过传导释放出地表的热量中,4/5是放射性同位素释放热,1/5是其他热源的总和。

地球内部热量也可以通过热传导和热对流,在地壳处形成地热储层(图2-2),或沿断层带形成喷出地面的温泉、气泉或间歇喷泉等。一般认为,地幔顶部存在一个软流层,是放射性物质集中的地方,由于放射性物质不断分裂释放热量,软流层的温度很高,大致在1000℃以上,有些地方可达到2000℃甚至3000℃,这样高的温度可以使岩石熔化,形成熔岩。熔岩沿着地壳的裂隙、断裂处不断侵入,涌向地壳表层。有些熔岩因为压力太高或者没有遇到有力的阻挡,直接碰触地面,大部分熔岩则遇到岩石层的阻挡,没有喷出,在地表以下数千米至数十千米处形成"岩浆房",将其周边的岩石加热。如果这些被加热的岩石内有大量的地下水存在,这些地下水就会被加热成热水甚至是水蒸气,通过凿井的方式取出地下热水或蒸汽,就是传统意义上的地热资源。当这些热水涌上地表时,就此形成温泉甚至沸泉,当水蒸气直接喷出地面时,就会形成喷气柱。如果被加热的岩石内没有地下水存在,可以称其为干热岩。

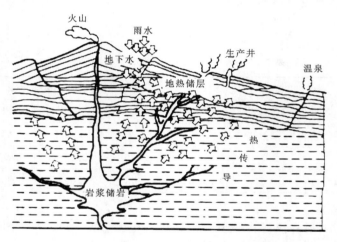

图2-2 地球内部通过热传导、热对流生成地热储层图

与此同时,在十万年以至数十万年中,地球内部连续不断地以传导方式释放热能,在有活火山地区,热能传至地表,在某些地方富集形成地热资源。

第二节 地热资源的分类

一、按性质和赋存状态

根据地热资源的性质和赋存状态,可将地热系统分为蒸汽型、热水型、地压型、干热岩型和岩浆型5种类型。蒸汽型和热水型统称为水热型,是目前开发利用的主要对象;地压型在自然界中较为少见,但其能量潜力巨大,除了热能以外,往往还储存有甲烷之类的化学能及高压所致的机械能,有较大的利用价值;干热岩型和岩浆型类潜在价值也很大,但其开发利用也有待于地热开采经济技术条件的提高。

(一)蒸汽型

蒸汽型地热资源是指地下以蒸汽为主的对流热系统,以生产温度较高的蒸汽为主,其中夹杂少量其他气体,系统中液态水含量很低甚至没有。该类地热田的蒸汽出露地表后压力均高于当地大气压力,其温度至少等于饱和温度。在饱和状态下,汽水两相共存,此时蒸汽部分称饱和蒸汽;当温度超过饱和点时,蒸汽称过热态蒸汽。处于饱和态和过热态的蒸汽都属于地热干蒸汽。

地热蒸汽的饱和温度是热储埋深的函数,埋深越大,饱和压力越高,相应的饱和温度也越高。地热蒸汽中所含二氧化碳、硫化氢等不能被常规冷源冷凝的气体,统称为不凝气体,其所占蒸汽百分含量称为汽气比,是设计地热电站抽气器和考虑腐蚀问题的重要参数。地热蒸汽绝大部分来源于地热水的沸腾汽化,产生蒸汽的干度取决于蒸汽对流通道的热物理条件。

蒸汽型地热田比较容易开发,发电技术较为成熟,但全球资源少,地区局限性大,只要不是埋藏过深以至钻井费过高,就可充分开发利用。蒸汽型热田根据蒸汽的饱和状态又可以分为湿蒸汽型和干蒸汽型两类,就地热发电而言,后者经济性更佳,因为进入汽轮机的蒸汽干度(即热储中流体的汽水比)须不低于92%,含液态水较多的地热蒸汽不得不先进行汽水分离。

(二)热水型

热水型地热资源是指地下热储中以水为主的对流热液系统,此类地热田又可按温度的高低分为:高温(大于150℃)地热田、中温(90～150℃)地热田以及低温(小于90℃)地热田。

冰岛雷可雅未克、墨西哥赛罗普列托、法国莫伦、匈牙利盆地等以及我国绝大多数地热田都属于热水型地热田。

(三)地压型

地压型地热资源指热储层埋深在2～3km以下,新近纪滨海盆地碎屑沉积物中的地热资源。由于热储上覆盖层压力超过了静水压力,井口压力可达28～42MPa,温度一般在150～180℃之间,更深处甚至可达260℃。该类热储流体的能量由其中所含的热能、烷烃气体化学能以及异常高的压力势能三部分组成,因此它既是一种热能资源,也是一种水能资源,而且热流体中所溶解的甲烷、乙烷等烷烃气体,常常还可作为副产品回收利用。

地压地热现象是几十年前在美国墨西哥湾勘探开发石油过程中发现的。我国在南海石油勘探时也有揭露,并在"八五"期间开始进行研究。

地压型地热资源的一个基本特征是热储层的孔隙流体承受的压力超过水柱重量所形成的静水压力。这是由于在其形成过程中,滨海盆地的退覆地层因上覆的粗粒沉积砂的质量超过下伏泥质沉积层的承重能力时,砂体逐渐下沉,产生一系列与海岸近乎平行的增生式断层,沉砂体被周围透水性能很差的泥质层所圈闭。沉砂体中的孔隙水在上覆沉积层压覆作用下,又因固体砂粒和隙间水的可压缩程度极低,致使沉砂体含水层积蓄了较大的水压能,形成一个超压力区,即便是处于正常传导热流作为热源的区域,由于黏土圈闭层构成良好的隔热体,阻挡了热量的外流,使得沉砂体中的隙间水在长达几百万年的时间内储集了大量的热能,形成地热田。该类热储层的流体大多是具有一定温度的地下热水,其中的烷烃气体是石油烃在高温高压下发生天然裂解形成的。

与许多封闭型地热田一样,地压型地热田良好的封闭条件不可避免地限制了热储层地下流体的补给,呈现出与固体矿产资源类似的特征,用一点就少一点,并非取之不尽用之不竭。

(四)干热岩型

干热岩体型地热是储存在地球深部岩层中的天然热能。由于深埋于地下1600m或更深,温度高、含水少,开采此种能源的方法之一是直接采热,这一设想最初由美国新墨西哥州洛斯阿拉莫斯国家实验研究所的研究人员于20世纪70年代提出。有的国家还采用对偶井利用人工流体进行采热,即在一定距离内打两口深度大致相当的钻井,从其中一口注入或压入冷水,任其在干热岩体裂隙中渗透吸热,之后从另一口井回收热流体加以利用。据估计,美国在可及钻探深度内的干热岩有用热量,可供其5000多年的能源需求。此种能源具有良好的应用前景,目前我国此方面的研究工作尚处于初级阶段,还有很长的路要走。

(五)岩浆型

岩浆型地热资源是指蕴藏在熔融状和半熔融状岩浆体中的巨大能源资源,这类地热资源的热能寓于侵入地壳浅部的岩浆体或正在冷却的火山物质等热源体中,温度600~1500℃。主要分布于一些多火山地区,埋深大多在可钻深度以下,在当前的技术经济条件下,尚无法直接开发利用。美国、日本等国已开展了大量的试验工作,研究岩浆体钻井、直接放置换热器和热电转换设备等技术,并研究和论证利用岩浆型地热资源发电的可行性。冰岛、印度尼西亚、俄罗斯等国也先后对提取岩浆热能有关问题进行了试验研究,取得了一些成果。为了直接从熔融岩浆体中获取热能,首先需采用地质、地球化学、地球物理等多种方法和手段,查清熔融岩浆体所在位置、埋藏深度及其形态和规模;其次,需研制开发能直接放入炽热的熔融岩浆体中的换热器以及能抗高温、高压和耐腐蚀的材料等。

二、按温度分类

地热资源按温度分为高温、中温、低温三类,见表2-3。根据近年来所得的大量资料证明,高温地热资源的分布往往与近代火山活动、地壳断裂作用及年轻的造山运动紧密相关,而且与地壳板块的边界在全球地震带的轮廓相一致,从全球地质构造观点来看,大于150℃的高温地热资源主要出现在地壳表层的各大板块的边缘,如板块的碰撞带、板块开裂部位和现代裂谷带;小于150℃的中、低温地热资源分布于板块内部的活动断裂带、断陷谷地和凹陷盆地地区。

表 2-3 地热资源温度分级

温度分级		温度 t(℃)	主要用途
高温地热资源		≥150	发电、烘干
中温地热资源		90～150	工业利用、烘干、发电
低温地热资源	热水	60～90	采暖、工艺流程
	温热水	40～60	医疗、洗浴、温室
	温水	25～40	农业灌溉、养殖、土壤加温

三、按地质构造环境

(1) 现(近)代火山型。现(近)代火山型地热资源主要分布在台湾大屯火山区和云南西部腾冲火山区。腾冲火山高温地热区是印度与欧亚板块碰撞的产物。台湾大屯火山高温地热区属于太平洋岛弧,是欧亚板块与菲律宾小板块碰撞的产物,在台湾已探到293℃高温地热流体,并在靖水建有装机3MW地热试验电站。

(2) 岩浆型。在现代大陆板块碰撞边界附近,埋藏在地表以下6～10km,隐伏着众多的高温岩浆,成为高温地热资源的热源。如在我国西藏南部的高温地热田,均沿雅鲁藏布江即欧亚板块与印度板块的碰撞边界出露,就是这种生成模式的较典型的代表。西藏羊八井地热田ZK4002孔,在井深1500～2000m处发现329.8℃的高温地热流体;西藏羊易地热田ZK203孔,在井深380m处,提获204℃的高温地热流体。

(3) 断裂型。主要分布在板块内侧基岩隆起区或远离板块边界由断裂形成的断层谷地、山间盆地,如辽宁、山东、山西、陕西以及福建、广东等。这类地热资源的生成和分布主要受活动性的断裂构造控制,热田面积一般几平方千米,甚至小于$1km^2$。热储温度以中温为主,个别也有高温,单个地热田不大,但点多、面广。

(4) 断陷、凹陷盆地型。主要分布在板块内部巨型断陷、凹陷盆地之内,如华北盆地、松辽盆地等。地热资源主要受盆地内部断块、凸块或褶皱隆起控制。该类地热资源的热储层常常具有多层性、面状分布的特点,单个地热田的面积较大,达几十平方千米,甚至几百平方千米,地热资源潜力大,有很高的开发价值。

四、按地质环境和热量传递方式

地热资源按地质环境和热量传递方式可分为对流型、传导型两种类型。

(一) 对流型地热系统

(1) 与新近浅成酸性侵入活动有关,且出现在高孔隙或高渗透性地质环境中的水热系统。

这类系统由于新近浅成侵入岩浆体成为一个能够大量供热的天热热源,附近的地热异常十分明显,地面热显示多种多样。当存在高孔隙或高渗透性地层或含水层时,地热流体即拥有一定的储存和运移空间,有条件形成高温热储层,特别是在其上部若覆盖有渗透性和热导率都很低的盖层，该系统就好像把一个封闭完好的高压锅放在高能量热源上加热一样，势必形成中高温地热系统。所形成的热储可以分为以高温热水为主的液控型、以蒸汽占优的汽控型、两者兼有的汽液两相混合型以及仅有蒸汽的干蒸汽型。

控制该类水热系统的主要因素包括侵入岩浆体的规模、温度、时间及其与热储层之间的距离和传热通道（一般为深大断裂）的大小；其次是热储层中地下水的数量和盖层渗透性与热导率的多少；最后是热储层中流体向地表产生天然排泄通道的规模和大小。

一般情况下，岩浆体规模大、温度高、与热储层之间的距离较近者在很短时间内即可将赋存一定数量地下水的热储层加热为干蒸汽田；而岩浆体规模小、温度较低、与热储层之间的距离较远者，在很长时间也只能将赋存大量地下水的热储层加热为高温热水为主的液控热田。热储在岩浆体加热过程中总是先形成以热水为主的液控型地热田，继而蒸汽数量增加，过渡为汽液两相混合型地热田，再往后蒸汽聚集变为汽控型地热田，最后热液全部被蒸发为蒸汽，形成干蒸汽型地热田。

(2) 在区域热流值高(正常)的区域内，低裂隙率环境介质中的环流系统。

该类地热系统主要靠正常或偏高的区域大地热流量来供热，没有附加热源。由于区域内岩层本身的裂隙率低，渗透性能差，地下水必须通过岩层中的断裂破碎带或局部裂隙交汇破碎导水带进行一定深度的循环，才能在地下径流过程中逐渐将分散在岩体中的热量加以吸收和积蓄，形成中低温热水。因此，这类地热系统多出现在断裂破碎带或两组不同方向断裂的交汇部位，实践中常形象地称为断裂带型地热系统。地下水在地形高差以及相应的水力压差作用下，进行受压对流深循环，其对流机理与高温水热系统由于温差所致的自由对流截然不同。热水或温泉的温度主要取决于参与对流循环的地下水水量、循环深度和地热系统所处的区域热背景。在热背景一定的条件下，热水循环深度越大，地下水循环量越少，温热(泉)水的温度越高。

国际知名地热学家、美国科学院院士 White 博士在 20 世纪 60 年代末曾总结出中低温对流型地热系统的经典模式（图 2-3）。该模式显示，大气降水以及地表水体在补给区地形高处通过断层或断裂破碎带向下渗透后进行深循环，循环深度为 H，地下水在径流过程中不断吸取围岩中的热量成为温度不等的热水，围岩地温由正常或偏高的区域热流从底部传导供给。地下水受迫从补给区下渗开始循环，到达一定深度之后转为上升，在断裂交汇或构造侵蚀有利部位以温泉或热泉的形式出露地表，形成一个环流系统。这类系统大多发育于花岗岩体等结晶基岩中，一般盖层极薄，甚至根本没有松散沉积盖层，不起隔热保温作用，很少形成层状热储。

(二)传导型地热系统

(1) 存在于热流量正常或略高于正常区域的高空隙率和高渗透率沉积盆地中的中低温地热系统。

该类地热系统主要靠正常或偏高的区域大地热流量来供热，同样没有附加热源。但由于区域内存在高空隙率和高渗透率含水层，要形成地热田除了必备传导率极低的良好盖层以外，要么是热储层埋藏加热历史足够长，要么就是具有导热性很好的深大断裂能够作为热流传

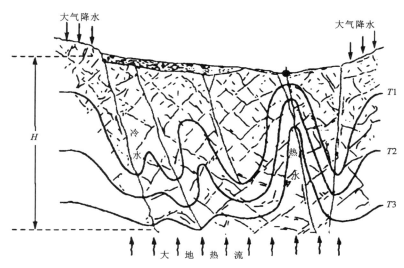

图 2-3 低裂隙率环境介质中温泉形成模式图

递的重要通道,使得大量热流可以在较短时间内沿之上涌,加热热储层,形成中低温地热系统。否则,很难形成具有经济价值的热储层。

对沉积盆地而言,一方面,断裂构造通常控制了盆地第四系沉积环境及厚度,决定着热储层良好盖层的分布;另一方面,深大断裂是导通深部热源的主要通道,沿其裂隙局部地段上涌的超常热流对地热田形成起着关键的"加速"作用。因此盆地中低温地热系统内的温场将显示出不均匀的特征,在主要导热断层的局部地段存在高温中心,地温从这些中心向边界方向逐渐降低。

(2)高温低渗透率环境中的炽热火成岩体地热系统。

该类地热系统又可分为干热岩型和岩浆型。干热岩型中的原岩浆体虽不再处于熔融状态,温度小于650℃,但仍非常炽热,蕴藏着丰富的热能。因其处于岩浆房的边缘,一般采用人造地下水循环系统的方法即可从中取出热能,加以开发利用。岩浆型的岩体仍有部分熔融,温度大于650℃,一般在650~1200℃之间。通常炽热岩体埋藏深度均大于几千米,而且温度又太高,目前经济技术条件下尚难进行开发利用,但随着人们对地热形成条件和规律的认识不断加深,开发新能源的技术手段不断提高,相信在不久的将来,这类深埋高温能源将造福于人类。

五、综合考虑热流体传输方式、温度范围以及开发利用方式等因素

综合考虑热流体传输方式、温度范围以及开发利用方式等因素,地热资源可分为浅层地热能、水热型地热能和增强型地热能(干热岩)3种类型。

(一)浅层地热能

浅层地热能指地表以下200m深度范围内,在当前技术经济条件下具备开发利用价值的蕴藏在地壳浅部岩土体和地下水中温度低于25℃的低温地热资源。浅层地热能包括浅层岩

土体、地下水所包含的热能,也包括地表水所包含的热能。浅层地热能属于低位热能,适合采用热泵技术加以利用,由于利用时不产生 CO_2、SO_2 等污染气体,目前主要用于城市冬季供暖和夏季制冷。

(二)水热型地热能

水热型地热资源,也称常规地热资源,是指较深的地下水或蒸汽中所蕴含的地热资源,是目前地热勘探开发的主体。地热能主要蕴含在天然出露的温泉和通过人工钻井直接开采利用的地热流体中。其中,水热型地热资源按温度分级,可分为高温地热资源($\geqslant 150℃$)、中温地热资源($90\sim 150℃$)和低温地热资源($<90℃$)三级;按构造成因,可分为沉积盆地型地热资源和隆起山地型地热资源;按热传输方式,可分为传导型地热资源和对流型地热资源。

(三)增强型地热能(干热岩)

干热岩(hot dry rock,HDR)一般指温度大于 $150℃$,埋深数千米,内部不存在流体或仅有少量地下流体的高温岩体。干热岩的热能赋存于各种变质岩或结晶岩类岩体中,较常见的干热岩有黑云母片麻岩、花岗岩、花岗闪长岩等。干热岩开发利用通常采用增强型地热系统,该系统需要人工制造热储,向注水井(回灌井)高压注入温度较低的水,使岩体产生裂缝。随着低温水的不断注入,裂缝不断增加、扩大,并相互连通,最终形成一个大致呈面状的人工干热岩热储构造。注入的水沿着裂隙运动并与周边的岩石发生热交换,产生了温度高达 $200\sim 300℃$ 的高温高压水或水汽混合物,从生产井中开采出来,利用后的尾水通过注入井返回地下,形成一个闭式回路。

第三节 地热资源的分布特征

一、世界地热资源的分布特征

全球实测热流数据分析研究表明,不同的地质构造单元的热流量具有很大的差异,地质构造控制了地热资源的分布。全球 80 多个国家和地区的大量地热资源分析研究成果表明,全球范围内,地热资源的分布具有明显的规律性。高温地热资源集中分布在相对较狭窄的地壳活动带及其附近,形成延伸上万千米的地球内热活动的地表显示带即环球地热带,其中,最为著名的是环太平洋地热带、地中海—喜马拉雅山地热带和大西洋中脊洋底地热带,三者均处于地球各大板块的边缘附近,而低温地热资源则广泛分布于板块内部。全球地热带可分为板缘地热带和板内地热带两大类。

(一)板缘地热带

板缘地热带包括环太平洋地热带、地中海—喜马拉雅地热带、红海—亚丁湾—东非裂谷地热带和大西洋洋中脊地热带四个大带。

板缘地热带属火山型,其地壳浅部存在强大的火山或岩浆热源,高温地热资源丰富。地表水热活动强烈,热储温度普遍高于当地水的沸点,多大于200℃。按沿板间界展布特征,可分为洋中脊型、岛弧型和缝合线型地热带。

1. 环太平洋地热带

环太平洋地热带是一个沿板块边界展布的巨型环球地热带。该地热带位于欧亚板块、印度洋板块、美洲板块与太平洋板块的边界,以年轻的造山、活火山运动和显著的高热流显示为特征,分布范围包括阿留申群岛、堪察加半岛、千岛群岛、日本、中国台湾、菲律宾、印度尼西亚、新西兰、智利、墨西哥和美国西部。世界上目前已开发利用的主要高温地热田大多位于该地热带上。如中国台湾的大屯、日本的松川和大岳、菲律宾的蒂威和汤加纳、印度尼西亚的卡莫将、新西兰的怀拉基和布罗德兰兹及卡韦劳、俄罗斯堪察加的波热特、墨西哥的塞罗普列托以及美国西部的盖赛斯和英佩里谷等地热田,其热储温度一般为250~300℃,最高温度大于300℃。由于几大巨型板块界面的力学性质复杂,沿板间界面展布的地热带类型较为齐全,具有洋中脊型、岛弧型和缝合线型,因此称其为复合型地热带,由此,又可将其划分为东太平洋洋中脊、西太平洋岛弧、东南太平洋缝合线三个地热亚带,其各自特征详见表2-4。

表2-4 环太平洋地热带三个亚带特征一览表

地热带名称	位置	类型	热储温度(℃)	典型地热田及温度(℃)
东太平洋洋中脊地热亚带	位于太平洋板块与南极洲和北美洲板块边界	洋中脊型	288~388	美国:盖赛斯(288)、索尔顿湖(360) 墨西哥:塞罗普列托(388)
西太平洋岛弧地热亚带	位于太平洋板块与欧亚及印度洋板块边界	岛弧型	150~296	中国台湾:大屯(293) 日本:松川(250)、大岳(206) 菲律宾:蒂威(154) 印度尼西亚:卡莫将(150~200) 新西兰:怀拉基(266)、卡韦劳(285)、布罗德兰兹(296)
东南太平洋缝合线地热亚带	位于太平洋板块与南美洲板块边界	缝合线型	>200	智利:埃尔塔蒂奥(221)

2. 地中海—喜马拉雅地热带

地中海—喜马拉雅地热带位于沿欧亚板块、非洲及印度洋大陆板块碰撞的拼合地带,属缝合线型。其范围西起地中海北岸的意大利,向东南经土耳其、巴基斯坦到我国西藏阿里地区西南部,再往东至雅鲁藏布江和怒江流域,折向东南抵云南西部腾冲地热活动带,以现代地质构造活动和高温热流为特征,热储温度一般为150~200℃,最高为西藏羊八井地热田北区,热储温度达329.8℃。该地热带上著名地热田包括中国西藏的羊八井、羊易,中国云南的腾冲热海,意大利的拉德瑞罗,土耳其的克泽尔代尔和印度的普加等。我国高温地热田均分布于此带。

3. 红海—亚丁湾—东非裂谷地热带

红海—亚丁湾—东非裂谷地热带位于阿拉伯板块（次级板块）与非洲板块边界。该地热带沿洋中脊扩张带及大陆裂谷展布，北起亚丁湾至红海，南至东非大裂谷连续分布。据已有勘查资料获知，该地热带内有非洲的吉布提、埃塞俄比亚的达洛尔和肯尼亚的奥尔卡利亚等高温地热田，热储温度均大于200℃。

4. 大西洋地热带

大西洋地热带位于美洲、欧亚、非洲板块边界，属洋中脊型，是出露于大西洋中脊扩张带的一个巨型环球地热带。其大部分在洋底，显示出高温地热活动和活火山活动特征，与现代断裂活动有着密切关系，主要有冰岛的克拉夫拉、纳马菲雅尔和雷克雅未克等高温地热田，热储温度为200~250℃。

（二）板内地热带

板内地热带系指板块内部皱褶山系和山间盆地等构成的地壳隆起区和以中新生代沉积盆地为主的沉降区内广泛发育的中低温地热带，以及少量热点。

与板缘地热带以近代火山喷发、岩浆侵入为热源条件不同，板内地热带的热源主要为在正常地温梯度下，地下水深循环所获得的地壳内部热量。板内地热活动的地表显示的大区域带状特征，一般表现为中低温地热活动，多见温泉、热泉等地表显示，少见沸泉。中新世到第四纪以来的火山喷发和岩浆侵入运动是内陆地热区形成的另一主要因素，也是板内高温地热活动形成的主要条件，在热柱等特定条件下也可形成高温地热带。但中新世以前的岩浆活动，因热量消失，一般不构成水热活动的热源。地质构造的近代活动，为地壳内深部地热的地表显示提供了通道，成为水热活动的主要热源，形成沿构造带发育的地热异常区，其温泉、沸泉呈现线状分布特征。地热水的化学组分与其热储岩性密切相关。

按地热带形成和分布的地质构造环境，板内地热带可分成断裂型和沉降盆地型两大类。

1. 断裂型地热带

断裂型地热带是指地壳隆起区沿构造断裂带展布的呈带状分布的温泉密集带。其规模主要受构造断裂带的延伸长度和宽度控制，数千米至几十千米不等，大者可达数百千米，其形成特征为：

（1）断裂带为主要热储和热流通道，地下水经深部循环加热，沿深断裂带上涌至地表或浅部，形成地热显示和地热异常，多出露温泉。

（2）无近代火山和浅部岩浆热源，大地热流为其增温热源，地下水的深循环（径流）和排泄条件决定了热流的增温程度。在热水主流带和地热异常中心，地温梯度高于正常值2~3倍以上。

（3）大气降水和地表水入渗为地下热水的主要补给源。热水水质取决于水流径流带岩性特征，不同的地层岩性，在地下热水的溶淋作用下，体现出明显的水质特征。花岗岩、火山岩、片麻岩地区，地下热水多为HCO_3-Na型水，多呈碱性，氟及硅酸含量较高。碳酸盐岩和碎屑

岩地区多为 $SO_4-Na\cdot Ca$ 和 $HCO_3\cdot SO_4-Na\cdot Ca$ 型水。气体组分以氮气为主,有少量氡。

(4)温泉多出露于山间盆地和滨海盆地或山前地带,以及河谷底部或阶地,沉积物多为钙质泉华。

2. 沉降盆地型地热带

沉降盆地型地热带(田)一般指地壳沉降区内(主要为中新生代沉积盆地),沿基底或盖层内构造断裂带展布的地热带或大型自流热水盆地。沉降盆地型地热带,根据其地质构造特征,又可分为断陷盆地型地热带和坳陷盆地型地热带两个亚类。

(1)断陷盆地型地热带。

断陷盆地型地热带(田)指沉降区有厚层沉积物覆盖的地堑式、地垒式构造盆地。其基底阶梯状断裂发育,盆地边界具控制性断裂。断陷盆地地热田的形成特征为:①热储结构明显,热储层上部具有较厚的保温隔热盖层,基底断裂构造发育,断裂为热水的主要运移通道。②地下水以深部循环形式获取地壳内正常地温梯度热量。地下水补给大部分来自于补给区的大气降水入渗,其径流途径一般较大,少量地区有可能存在少量的封存水。③地温梯度一般接近或大于正常地温梯度值,热异常中心每百米增温 7~8℃。④水质以氯化物-钠型或氯化物-重碳酸盐-钠型为主,矿化度一般小于 1g/L,富含氟和硅酸,与油田关系密切。油田钻探中常遇热水,我国华北盆地等即属此类型。

(2)坳陷盆地型地热带。

该类地热带(田)是在板内地壳稳定下降过程中,在边坳陷边沉积的条件下形成的,为连续沉积盆地,边界一般没有控制性断裂,其形成具有以下的特点:①地热田的地热水多为古沉积水,一般不具备完整的水文地质单元和系统的地下水补给、径流、排泄条件,地热水资源量一般属静储量资源,再生性差。②热储层中地热流体动力条件弱,地下水运移缓慢,水温与热储温度接近,地温梯度低于或接近正常值,水温较低(相同温度条件下,较断陷盆地型地热水温度低10~20℃)。③热储以层状为主,断裂通道不发育,水质矿化度很高,一般为 100~200g/L,高者可达 300g/L,为高矿化卤水。

我国的四川盆地、江汉盆地,法国巴黎盆地均属此类型。

二、中国地热资源的分布特征

(一)中国地热资源类型

特有的地质构造和大地构造背景,造就了中国从北到南、从东到西都广泛分布着丰富的地热资源,大地热流数据也较为丰富。除温泉分布密集外,广泛发育的中新生代沉积盆地深处均蕴藏有丰富的地热资源,且地热资源类型较为齐全。中国地热资源类型可分为高温地热资源和中低温地热资源。从成因类型上可划分为岩浆型、隆起断裂型和沉降盆地型三大基本类型。其中隆起断裂型和沉降盆地型地热田在我国分布普遍,而岩浆型则较为局限,著名的云南腾冲热海和西藏羊八井地热田成为该类型之典型代表。

(二)中国地热资源分布特征

我国在地质构造上处于欧亚板块的东南部,东部与太平洋板块相连,西南与印度洋板块相接,其特有的大地构造部位和现代板块运动形成了我国独特的地质构造、地壳热状况及水文地质条件,决定了我国地热资源的形成和分布格局。

我国地热资源的分布具有以下3个特征:

(1)浅层地热资源遍布全国。

(2)中低温地热资源分布于沉积盆地和隆起山区。

(3)高温地热资源分布于喜马拉雅地热带和台湾。

另外反映深部热背景的"大地热流"表明,我国的深部热背景呈现出"东高西低""南高北低"的趋势,这与我国不同温度的地热资源分布十分一致。

以下针对我国地热资源的分布特征分别进行描述,由于浅层地热资源遍布全国各地,这里就不展开描述。

1. 中低温地热资源分布

中低温地热资源广泛分布于中国内地(板内)地壳隆起区和地壳沉降区。

(1)板内地壳隆起区。主要表现在东南沿海地热带和胶辽半岛地热带,形成区内主要的水热活动密集。其中濒临东海、南海的福建、广东、海南三省,是地壳隆起区内温泉分布最密集的地带,共有温泉461处,水温大多在60~90℃,大于80℃的热泉有24处,其中有3处大于90℃,以广东阳江新州热泉水温最高,达97℃。区域平均热流值为75mW/m^2,地下热水循环深度在3.5~4.0km,推算地下热储温度小于或等于140℃,钻孔记录的最高温度为福建漳州地热田的一口深度90m的钻孔,井底温度为121.5℃,井口温度为105℃。本带属板内中低温对流型地热系统,是我国大陆东部直接利用地热潜力最大的地区。

胶辽半岛地热带,包括胶东半岛、辽东半岛和沿郯庐大断裂中段两侧地带,其水热活动密集,共有温泉46处。其中水温以40~80℃者居多,有26处;大于80℃热、沸泉有3处。该地热带包括辽宁鞍山市汤冈—西荒地和遂平—熊岳、山东招远汤东(即墨东温泉)等4个中温水热系统,热储温度为110~120℃,井口最高水温为98℃,其余均为低温水热系统。

此外,位于印度与欧亚板块交接带以东,沿南北构造带展布而纵贯川滇南北的川滇地热带也分布着大量温泉,其中以南段分布较密,水温较高,多大于60℃,个别大于90℃;北段较稀,水温多小于60℃。

(2)板内地壳沉降区。板内地壳沉降区的地热资源广泛分布于我国普遍发育的中、新生代盆地内,一般在断陷盆地形成热水的隐伏热储体。在坳陷盆地的不同深度形成大面积分布的含热水层,如华北、江汉、四川等盆地,已相继获取热水和热卤水,尤以华北中新生代沉积盆地开发潜力最大,初步测定大地热流值为62.8mW/m^2,已开凿数百口70~90℃热水井,成为我国地热资源直接利用最广泛地区。

2. 高温地热资源分布

我国的高温地热资源集中分布在西藏南部、四川西部、云南西部和台湾,这些地区构造上处于印度板块、太平洋板块和菲律宾板块(次级板块)的夹持地带,属全球构造活动最强烈的地区之一,沿板块边界展布出两条高温温泉密集带,即滇藏地热带和台湾地热带。

(1)滇藏地热带。滇藏地热带又称喜马拉雅地热带,或藏南—川西—滇西水热活动密集带。它是地中海—喜马拉雅地热带东支的重要组成部分,位于印度、欧亚两大板块的边缘,著名的雅鲁藏布江深大断裂是大陆板块碰撞的结合带（地缝合线）。滇藏地热带是我国大陆地区地热资源及地热发电资源潜力最大的区域，初步评估资料显示，藏南地区地热发电潜力约为10万～200万 kW，腾冲热海地热发电潜力约10万 kW，同时，可直接利用的地热资源达数百万千瓦。

（2）台湾地热带。台湾地热带位于太平洋板块与欧亚板块的边界，属环太平洋地热带的一部分。岛内地壳活动活跃，第四纪火山活动强烈，地震频繁。著名的台湾大纵谷深断裂带深入上地幔，带内蛇绿岩带发育，构成我国东南部海岛地热活动最强烈的区域。

第三章　地热资源勘查方法与评价

地热资源勘查的目的是确定地热异常区，寻找赋存温度达到使用用途的热流体或热储。地热资源勘查的任务是查明热储层的岩性、空间分布、孔隙率、渗透性及其与常温含水岩层的水力联系；查明热储盖层的岩性、厚度变化情况以及区域地热增温率和地温场的平面分布特征；查明地热流体的温度、状态、物理性质及化学组分，并对其利用的可行性做出评价；查明地热流体动力场特征、补给、径流和排泄条件；在查明地热地质背景的前提下，确定地热田的形成条件和地热资源可开发利用的区域及合理的开发利用深度；计算评价地热资源或储量，提出地热资源可持续开发利用的建议。

为了尽可能降低风险，地热勘探工作应遵循由表及里，由简单到复杂，由调查、分析、地球物理勘探到钻探的程序，工作内容和投入的工作量应根据勘探阶段、类型和工作区地热地质复杂程度等因素综合考虑确定。地热勘查方法包括地面调查、地球化学勘查、地球物理勘探、地热遥感技术、地热钻探方法等。

第一节　地热地面调查

地面调查的重点在于地热田的地质构造等地质背景条件，重点关注地温场，尤其是热储层及地热流体的特征。

一、地面调查内容

1. 地质构造

研究地热田的地层、构造、岩浆（火山）活动及地热显示等特点，以阐明控制地热田的地质条件，确定热储、盖层、导水和控热构造等要素。对于不同类型的地热田，研究重点有所不同。

(1) 对于受断裂控制的地热田，着重研究断裂的展布形态、规模、产状、组合配套关系等特点，阐明断裂系统与地热的成生关系。

(2) 对于层控（受地层层位控制）的地热田，应详细划分地层，确定地层时代，区分热储层和盖层。着重研究热储结构、热储层特性，特别是热储层的孔隙、裂隙或岩溶发育情况等影响地热流体储存、运移、富集的地质因素。

(3) 对地热田的外围有关地区应进行必要的地质调查和地球物理、地球化学工作，探索地热田的形成，地热流体的补给来源和循环途径。

2. 地温场

查明地热田内的地温及地温梯度的空间变化,圈定地热异常范围,计算大地热流,推算热储温度,并对地热异常的成因、热储结构特征、控热构造及可能存在的热源做出合理的分析推断。

3. 热储层

查明热储分布面积、岩性与厚度变化、埋深及边界条件;查明热储结构、各热储层之间的关系及热储层的渗透性能、地热流体的温度、压力及其变化规律,测定热储岩层的孔隙率、渗透系数、热导率、给水度(弹性释水系数)和压缩系数等,为资源或储量计算提供依据。

4. 地热流体

一般应测定地热流体的化学成分、同位素组成、有用组分以及有害成分等。分析地热流体与大气降水、地表水和常温地下水的关系,查明地热流体的来源及其补给、储集、运移、排泄条件。对高温地热田还应查明地热流体的相态、地热井排放的汽水比例、蒸汽干度、不凝气体成分,为地热资源开发利用与环境影响评价提供依据。

二、地热地质测绘

地热地质测绘是依据地质理论及常规的地质调查方法进行地热资源勘查的基本手段。地热资源勘查的初期一般在较大的范围内进行。其内容包括资料收集、地质填图、岩性分析、取样分析等方面。普遍做法是对调查区及相邻地区的航卫片或其他遥感资料进行地质解译,初步判断地热地质条件、地表热显示及有利的地热资源分布区,对调查区的主要地质构造、地质分层、地表热异常及热显示现象,以及井泉水温等进行实地调查分析,然后综合地表显示、地质、水文地质和地球物理、地球化学的研究结果选定有前景的地热区,并进一步确定勘查靶区。

对于有地表热显示的地区,地热地质调查重点围绕热显区及形成相关区开展调查,确定热异常范围及热异常形成的地质条件。对平原区的隐伏地热调查,则通过相邻区地质调查分析及浅井测温调查,找出相对的浅部热异常区,确定进一步实施勘查工作之区域。

1. 资料收集和分析

地热地质是水文地质的延伸和扩展,地质和水文地质资料是地热地质分析研究的基础资料。20世纪80年代末至90年代初,我国已经完成了1:20万区域地质和水文地质普查。大、中城市和经济发达地区进行了1:5万水文地质、工程地质、环境地质勘查和专项水文地质调查工作,且自20世纪70年代以来,许多地区进行了地热地质调查、普查、详查和分析研究工作。如北京、天津、西藏羊八井、云南昆明、云南腾冲等地区进行了较为详细的地热普查,成为地热资源开发利用程度较高的区域。

在进行任何普查勘探之前,应首先广泛收集、整理和分析该地区地质、水文地质和物化探等资料及地矿、石油、煤炭等部门的已有勘查资料,进而确定地热勘查区所处地质构造部位、基底埋藏特征、地层岩性特征、地热水储存和运移特征等,为地热勘查提供基础地质条件。地热地质调查是地热地质研究的第一步工作,地热地质的研究必须从地层、地质构造、新构造运动、水文地质条件的研究开始,已有资料的充分收集和利用是研究工作的重要环节,因此,资料的收集须着重以下几个方面。

(1)基础地质资料。调查区地层岩性分布、地质构造展布的总体情况。

(2)水文地质资料。井水、泉水基本特征,含水层组结构、富水特征和地下流体的补给、径流、排泄条件。

(3)岩体和地质构造资料。调查区内有无第四纪岩浆活动,有无与地热有关的成矿作用等,是寻找热源条件的重要依据。

(4)物化探资料。可以确定调查区内地层的深部结构和推断地热异常区的位置及范围。

(5)地热流体资料。对于地表显露的温泉、水文地质勘查孔、已有地下水开采孔尤其是地热水开采井的位置、水温、水量、水化学特征、井孔地层结构、抽水试验等须予以重点收集。

区域资料的收集,需包括完整的地质构造单元,并要兼顾相邻区域。此外,还需收集气象(平均气温和年变化,年降水量及降水的季节变化)、地形地貌、土壤、水文(河流、湖泊、分水岭、补排关系)等资料。

2. 地面测绘

地面测绘的内容主要是地热地质-水文地质填图,即在充分收集和研究已有资料及航卫片解译的基础上开展此项工作,以查明地热田的地层时代、岩性特征、岩浆的时代、分布范围、地质构造特征和地下热水的补给、径流、排泄条件。在地热地质勘查的各阶段应填制不同比例尺的地热地质图。图件比例尺则根据勘查类型和地质构造复杂程度,按《地热资源地质勘查规范》(GB11615—1989)规定,依据带状或层状热储类型选定区域性图件和地热田图件的比例尺表确定。填图精度则按所选定比例尺的水文地质测绘精度进行控制。

地面地质调查中,除实地验证航卫片解译的疑难点,查明地热田的地层时代、岩性特征、地质构造、岩浆活动、含水层的发育特征,阐明地热田形成的地质条件外,重点应放在泉、井(孔)和地热显示的调查上。而地热的地表显示(温-沸泉、气泉、沸喷泉、水热蚀变、热水井(孔)等)的调查则是重中之重,其调查内容一般包括位置、地层岩性、地貌特征、地质构造部位及其与地质构造的关系。此外,还必须查清水(汽)温、气温、流(涌)水量、水化学特征。对深井(孔),则应调查收集其深部地层结构和测温资料。对调查区内的泉、井(孔)等点,需逐一调查,并做详细原始记录,调查范围应包括可能的补给和排泄区或完整的地热地质形成单元。

当完成地热地质-水文地质调查后,即可大致确定有无远景的地热区。但有时在此基础上,进行更大比例尺的详查也是需要的。这时应配合一定量的勘探工作,以便解决前一阶段遗留下来的问题。对于一些覆盖层相当厚的地区来说,大比例尺的地面调查与勘探工作,特别是采用物探方法及地球化学方法同时并进、相辅而行,是十分必要的。

第二节 地热地球化学勘查

地热地球化学勘查,即采集具有代表性的地热流体(泉、井)、常温地下水、地表水等样品进行化验分析,分析其与地热流体的关系。地热水化学成分的变化规律,可作为分析热异常区的分布范围,深部热储的温度,深层水与浅层水的混合情况,成因、构造的发育情况的重要依据,故地球化学勘查是寻找地热显示,确定地热异常区、推断深部热储温度的重要勘查手段。

一、汞量测量法

汞量测量法是利用汞作为地热活动指标来圈定地热异常的勘查方法。汞与地热活动有明显关系,在地热异常区的土壤中都有汞异常或含有少量的硫化汞或其他汞矿物。汞具有强扩散能力,它从深处沿断层、裂隙上升达到地表,就显示出土壤中的汞异常,因此,土壤中汞测量成为寻找地下热水的重要方法。

汞测区选择应优先考虑地热远景区或地质上的有利地区。测网密度主要取决于要寻找的目标大小及要求取得资料的详细程度,同时兼顾实际地形及景观条件。在地形较好的地方,可以布置规则测网;明显受构造控制的热区采用加密采样;在地形较复杂或难以通行的地区,采用随机采样,可规定一个适当的采样密度,采样点尽可能均匀分布。

汞量测量在地热田勘查中的作用:①利用土壤汞作为地球化学指标,可快速发现和圈定地热远景区;②汞不仅可以用于区域调查,还可用于热田外围普查及热田详查;③土壤中气汞可快速揭示控制热异常及热水分布的构造因素;④高温热水中汞测量可区分热水和冷水。

二、水文地球化学法

水文地球化学法是通过研究地下热水的化学特征来圈定地热异常区分布的勘查方法。热矿水在深部循环和高温环境下进行着溶滤作用、混合作用和离子交换吸附作用,故具有独特的化学成分,这些成分含量的多少与地下热水在补给、径流、排泄过程中所形成的化学环境密切相关,并最终形成地下热水的化学特征。运用水文地球化学法圈定地热异常区一般分为如下两个阶段进行。

1. 野外调查

一般只限于对热水出露区做取样全分析,最好对气体成分和放射性物质成分也进行分析,从中确定要寻找的地下水的水文地球化学标性元素。

采集水样的取样点最好是天然露头或民井。采样的时间要考虑气候影响和水交替的特点。在潮湿而有大量水源的地方,采样应选在干燥季节;在干燥地区,则应选在降雨后取样。

2. 资料整理

根据水化学调查结果,整理编制出各种水化学图件,以便与其他方法所得成果进行综合分析对比,寻找地热异常。为便于分析比较,应先将调查结果汇编成地下热水化学分析成果总表,然后确定水化学标志。

水化学图件要能比较全面地表现调查区的水化学特征与地下热水分布规律的关系,一般都编制水化学平面图、剖面图和各种曲线图。水化学平面图包括各种离子等值线、总矿化度图以及地下水化学类型图等。从这些图中,可以看出作为水化学标志的某些离子含量高的地区就是高温地下水的分布图。编制水化学剖面图,将其与地质剖面图中温度曲线对比,就可圈出地下热水的水化学边界。

进一步分析热水水化学变化规律时,还需编制各种水化学曲线图,常见的有热水混合曲线图。各种图件编制好后,可与地质、水文地质、地热图件等进行综合研究分析。

三、化学温标法

化学温标法的原理是对温泉和地热井利用地球化学温标(指与地下热储温度相关的热水化学组分浓度或浓度比值)来估算热储温度,预测地热田潜力。各种地球化学温标建立的基础是:地热流体与矿物在一定温度条件下达到化学平衡,在随后地热流体温度降低时,此平衡会仍予保留。

选用各种化学成分、气体成分和同位素组成而建立的地热温标类型很多,各种温标都有一定适用条件,应根据地热田的具体条件,选用适当的温标。1985年地质矿产部部颁标准《地热资源评价方法》(DZ40—85)介绍了二氧化硅温标、钠钾温标和钠钾钙温标。

1. 二氧化硅地热温标(SiO_2温标)

SiO_2温标是最早及最常应用的地球化学温标。热水中二氧化硅的含量主要取决于不同温度、压力下石英在水中的溶解度,温度是调节水中SiO_2含量的主要因素,即使热泉水因传导损失而冷却,其中SiO_2含量仍对地下温度具有指示作用。根据热水与不同类型SiO_2达到溶解平衡的情况,可选用相应的各类温标。

2. 钠钾地热温标(Na-K温标)

Na-K温标是基于钠长石和钾长石在一定温度条件下达到平衡而建立的,即在具备钠、钾长石平衡环境的天然水中,Na、K的含量比值是温度的函数,这一比值不受以后温度降低的影响。据此事实,不同研究者根据实验资料的统计结果,提出了不同的计算公式。

3. 钠钾钙地热温标(Na-K-Ca温标)

在富钙水中,Na-K温标将得到异常高的结果,因此,前人提出了Na-K-Ca温标。

上述三种地热温标的众多计算公式,在部颁标准《地热资源评价方法》(DZ40—85)中有详细介绍。国家标准《地热资源地质勘查规范》(GB 11615—1989)中,对地球化学温标计算方法推荐了近年来国际上新创立的钾镁与钾钠地热温标,使用比较方便。

(1)钾镁地热温标。

钾镁地热温标代表不太深处热水储集层中的热动力平衡条件,尤其适用于中低温地热田,其计算公式为:

$$t = \frac{4410}{13.95 - \lg(C_1^2/C_2)} - 273.15 \tag{3-1}$$

式中:t——地下水中动热储温度,℃;
C_1——地下水中钾的浓度,mg/L;
C_2——地下水中镁的浓度,mg/L。

(2)钾钠地热温标。

钾钠地热温标是根据水岩平衡和热动力方程推导的用以计算深部温度的一种温标,其计算公式为:

$$t = \frac{1390}{1.75 - \lg(C_1 - C_3)} - 273.15 \tag{3-2}$$

式中:C_3——地下水中钠的浓度,mg/L;

C_1——地下水中钾的浓度，mg/L。

四、同位素法

同位素法的原理是利用高温地下热水与外围冷地下水之间在同位素组成上的显著差异来圈定出地热异常区，以研究热水的成因、年龄，示踪地热水系的补径排条件，推断深部热储的温度。

放射性同位素氚可以被用来确定地下水的年龄。同位素确定地下水年龄的方法是把某些放射性同位素用作指示剂来计算水在含水层中"滞留"时间（从补给区下渗通过深循环在含水层中径流并排泄到地表的时间）的方法。在地热研究中，氚的测定可以提供关于向该地热系统补给时间的信息。

氦(He)的异常值可用于推断隐伏构造和深部热储。He 的密度小，扩散速度大，可溶于水，溶解度与水温的关系不密切。由于深部的 He 可被地下水携带至浅部后富集在土壤中，故 He 的异常值可用于推断隐伏构造和深部热储。

根据钋(Po)异常可以判断构造破碎带的具体位置。Po 测量法是氡(Rn)测量法的一种形式，在铀(U)、镭(Ra)衰变链中产生的 ^{222}Rn，在温差和压差的驱动下，随地下水沿孔隙、裂隙和破碎带运移至地表，并逐渐衰变为半衰期较长（22 年）的 ^{210}Pb，部分衰变为具有强 α 放射子体的 ^{210}Po。^{210}Po 最大的特点是微溶于水（<0.5g/L）。因此在控热构造处的土壤中往往有明显的 ^{210}Po 异常。

第三节　地热地球物理勘探

地热地球物理勘查技术是依据地热资源的岩石物理特征、地球物理响应特征，落实地热田的生-储-盖-控热构造等地质问题的技术方法。该方法用于圈定地热异常范围、热储空间分布特征；圈定隐伏岩浆岩及蚀变带分布；确定基底起伏及隐伏断裂的空间展布；确定勘查区地层结构、热储物性及岩性特征、富集区分布；确定干热岩人工造储体积、换热面积大小等。地热地球物理勘探广泛采用地温勘探法、电法勘探、大地电磁测探法、重力探测法、磁法（航磁）勘探法、地震法勘探、遥感、测井等。

为了减小物探推断误差，除了提高单一方法本身的有效性外，采用多方法组合勘探是提高地球物理勘查准确性的有效途径。

正确的物探工作程序如下：

(1)接受工作任务后，首先要到实地踏勘，了解工作区概况。

(2)收集已有的资料，对资料进行详细论证分析，明确工作区附近的地质构造背景；收集工作区内地层的物性资料。

(3)根据工作目的和已有资料，做出合理的工作设计。

(4)选择有效的方法组合，投入足够的工作量，布置合理的测点网度。

(5)认真做好野外数据采集工作，确保数据质量。野外工作顺序，应是先做面积性工作，然后根据所获得的信息,有针对性地投入测深工作,即从面到点的工作顺序,必要时要适当调整工作设计。

(6)建立完善的野外验收程序,严格执行有关技术规范。

(7)室内资料处理要充分严谨,要根据已有的地质资料、地层物性特征做出合理的地质解释。

(8)进行钻井施工后,要密切重视钻孔揭示地层的情况,及时对物探资料进行总结,使物探的推断精度不断提高。

一、地温勘探法

地温勘探方法是研究地球温度场圈定地热异常区的基本地球物理方法,它不仅能圈出浅部的地热异常,还能把隐伏的地下热水探查出来。

测温勘探的基本原理是:地热异常区的热量可以通过热传导作用不断地向地表扩散,这样通过在地表以下一定深度的温度测量和天然热流量测定,便可圈定出地热异常区,并可大致推断出地下水的分布范围和高温地下热水的分布地段。

根据测温钻孔的深度不同,一般将地温勘探方法分为以下三类:

(1)米测温法,孔深 $0\sim 3m$。

(2)浅孔测温法,孔深 $10\sim 30m$。

(3)深孔测温法,孔深大于 $30m$。

上述(1)、(2)两类统称为浅层测温法。由于钻孔的施工成本随着深度的增加而急速上升,因而,浅层测温法特别是米测温法比较经济,这种浅层测温法在地热异常区一般有着良好的异常显示,故浅层测温方法就成为勘探地热田的主要地温勘探方法。浅孔测温的目的是要在最浅的深度上测得不受或少受气候和人为因素影响的真实温度,一般是在热储层以上的覆盖层中进行;而深孔测温的主要目的是测定热储层的稳定温度。

二、电法勘探

电法勘探是利用地壳中多种岩(矿)石间电学性质之差异,基于观测和研究电(磁)场(天然存在的或人工形成的)空间和时间分布规律,来勘察地质构造和寻找有用矿产的一组地球物理勘探方法。地热资源地球物理勘察常用的有电阻率法、自然电场法、激发极化法等。电法勘探是除了地温勘探法以外,使用最广泛的地球物理勘察方法,它可用来寻找储热断裂构造,推断地热异常区的分布范围和延伸方向。

(1)电阻率法。电阻率法的基本原理是基于水的电阻率随温度升高而减少。用于地热勘探的电阻率法主要有对称的极法、联合剖面法和电测探。对称的极法、联合剖面法一般用来确定控热断裂的平面位置,追索其走向;电测探能够定量地求出标志层的埋深和某些电性层的厚度和埋藏深度,可以用来了解热储的空间分布特征。

(2)自然电场法。自然电场法就是通过热田区的自然电位异常来勘探地热的一种方法。由于地下热水在水压力驱动下沿断裂、裂隙流动时,会产生电位差,热水温度的变化也会引起电位的变化,故通过研究自然电位的分布可寻找热水通道,并可大致确定热储的平面分布。自然电场法简单、快捷、成本低廉。

（3）激发极化法。地下热储中的水热蚀变和水热矿化现象都有可能产生激电异常，激发极化法就是通过地下蚀变矿物的激发极化效应来圈定水热蚀变带，研究热储分布规律的一种电法勘探方法。

尽管电法勘探方法有很多种，由于受各种因素的制约和影响，为了尽可能提高识别地热异常的能力，必须将上述几种电法获得的结果来综合分析和加以运用。

三、大地电磁测探法（MT 法）

大地电磁测探法是利用天然存在的变化着的大地电磁场作场源，通过在地面上所观测的天然大地电磁场来研究地下电性结构的一种方法。大地电磁测探法不仅能勘探埋藏在地壳浅部的热储，而且可以分析地壳深部或上地幔中形成地热系统的热源及其区域地质和地球物理背景。

大地电磁测探法的优点是勘探深度很大，且不用人工场源。对于实测结果的解释，通常遵循从定性到定量，最后进行地质解释的程序。通过定量解释，可以求出各电性层的电阻率和厚度。

四、重力探测法

重力探测的原理是基于岩石的密度和产状不同，使大地重力场发生畸变，从而可利用重力并结合其他地质和物探工作来探测地下热水区基底起伏变化及区域性的断裂构造和空间展布，寻找地下热水。在条件较好的地区，也可以用重力探测确定覆盖层的厚度。

重力探测的优点是仪器体积小，操作简便，费用较低，效果较好。重力探测也存在局限性，其成果只能反映基底断距较大而且两盘基岩顶面有显著高差的断层，或者是水平方向宽度大的断层带。面对这些断裂带也只能定其延伸方向，而无法断定其性质。

用重力探测法勘查地下热水，其主要成果有重力布伽异常图、剩余重力异常图、重力二阶导数图、重力剖面图及重力变化梯度图等图件。布伽异常指根据地形引力效应计算的重力异常（但不包括均衡补偿的重力异常），重力布伽图是其他图件的基础，它可以指出勘探区内重力变化的基本方向及较大的重力异常地段，从而查明基底的基本构造状况，包括大的凸起、凹陷及区域性断裂构造的展布等。剩余重力异常图和重力二阶导数图，主要是用来分析覆盖较浅的局部构造，因为它们在布伽异常图上往往被大的重力异常所掩盖，或显示不明显，或根本无显示。而这些局部异常所反映出的局部构造，往往与地下热水的分布、运动有着密切的关系。因此，剩余重力异常图和重力二阶导数图这两张图是地热研究中重要的分析图件。

用重力探测法分析地热区的地质构造，特别是对于基底起伏情况和断层的推断是一项重要工作。一般情况下，重力值高的地方是基底凸起（构造凸起或古地形侵蚀形成的凸起），重力值低的地方为凹陷。他们对地下热水有着不同的控制作用，在重力图上表现的特点也不一样。断层或断层破碎带在重力图上的表现为：局部重力异常如呈带状分布，说明这一带可能为一个大的断裂破碎带；重力梯度变化大，在平面图上表现为重力线密集，有一定的延伸并构成条带状，也是大断层的表现；重力异常区走向如有明显变化，说明基底有断层通过。

五、磁法（航磁）勘探法

磁法（航磁）勘探可作为一种辅助的方法用于地热普查，它是综合物化探方法的一种。磁法勘探可以在地面进行，称地面磁法；也可在空中进行，即航空磁法（简称航磁）。磁法探测主要是了解火成岩的分布，尤其是当岩体近于直立时。利用航磁资料，不仅能有效地确定地热系统的区域地质构造、基底起伏和寻找地下隐伏岩体，还可计算与地热有直接关系的居里温度等深面，甚至在小范围内还可以圈定热水蚀变带等，因为在有些高温地热田，已发现蚀变地面与磁性强度减弱有明显的关系，减弱是由于磁性矿物的蚀变引起的。

目前，磁法也被用来确定多数高温地热田的热源。如上所述，这是通过圈定居里温度等深面来解决的，因为这是一个磁性界面，低于这个面，岩石无磁性。

六、地震法勘探

地震法勘探地热的原理就是通过测量由地震产生的弹性波来确定岩层的结构和它的力学性能，从而确定与地热系统有关的构造。地震法可分为主动地震法（有源地震）和被动地震法（无源地震）。

主动地震法是将炸药放在浅孔中爆炸或采取其他机械能源作为人工地震震源，用人工激发的地震波，如反射波和折射波等来传递地震信息，主要用来勘探与地热系统有关的构造。主动地震法目前主要应用反射波法和折射波法。用反射波法勘探石油效果明显，对有平坦地质结构或地层的地热区也有效；折射波法有助于确定浅层的地质结构，适用于勘测中低温地热。

被动地震法主要是利用微地震和地噪声两种天然震动的信息来勘测地热。

微震信息在地热勘探中大致可起到如下作用：①根据微震确定的震中位置，推断地热系统的通道位置；②根据微震信息确定的震源深度估算热储的埋深；③根据微震震源机制研究断层的性质；④根据微震信息求得的泊松比值研究热田的性质。

用地噪声来研究地热系统是由于：热田上产生的地噪声是一种稳定的连续振动，高于周围噪声水平约 $10\sim30dB$；反映深部热源的高噪声水平的能量集中在 $1\sim5Hz$ 的频率范围内，低于工业噪声的频谱；在冲积岩和松软沉积盆地上的地噪声振幅比坚硬岩石上的地噪声振幅要高。通过地噪声信息可以确定噪声源的位置，研究热源的深度，还可利用地噪声强度的平面图研究热储范围。

目前，用于勘探地热的地球物理技术很多，它们的特点各不相同，效果与成本也各异，使用时要有主有次，相互补充，综合解释。要强调的是，在综合解释各种地球物理勘测的资料时，经验是十分重要的。

第四节　地热遥感技术

遥感技术是一种从远处探测、感知物体或事物的技术，即不直接接触物体本身，从远处通过仪器（传感器）探测和接收来自目标物体的信息（如电场、磁场、电磁波、地震波等信息），经过信息的传输及其处理分析识别物体的属性及其分布特征的技术。地热遥感技术即是一种利用遥感客观地反映地质体空间信息特点,获取与地热地质体相关区域地质构造及热储构造、热储盖层、热储、地热异常等信息的技术,该技术在地热勘查中可快速直观地获取地热异常及其相关地学信息、热储分布状况,进而有效指导地热勘查工作部署。

一、地热遥感应用基础原理

地热异常信息除直观表现为地热异常区本身温度差异外,地热的运移、储存等还受到地热地质条件的控制。在地热勘查遥感应用中,主要基于地热异常及地热地质条件进行信息提取。

1. 地热异常信息

(1)基本原理。

对于一个发射率等于 ε 的物体(一个发射体)来说,表示它的发射辐射热红外能量的大小通常用式(3-3)表示:

$$E_{\lambda 灰} = \varepsilon \delta T^4 \tag{3-3}$$

式中:$E_{\lambda 灰}$——物体热辐射能量,W/m^2;

ε——物体的发射率($\varepsilon < 1$);

δ——斯特藩-波尔兹曼常数,等于 $5.68 \times 10^8 \, W/(cm^2 \cdot K^4)$;

T——物体的绝对温度,K。

从式(3-3)中可见,由于物体的热红外辐射能量随物体绝对温度的 4 次方成正比,所以两个物体温度之间的微小差异就会引起它们的热红外辐射能量出现明显的变化,而地热所表现出来的红外辐射是非可见电磁波段,可通过遥感摄影或电子扫描探测获知,并在遥感影像中以灰度值的方式被记录下来,基于该原理,遥感影像灰度值可直接反映地热异常信息。

(2)遥感数据选择。

不同类别遥感数据可以反映出地热异常地段与背景地质体的差异、热储、热储构造等,再配合实地调查和地面测温等资料的综合分析,可以进行地热异常区的综合遥感预测。

热红外波段为 $4 \sim 12 \mu m$,而其中 $3.5 \sim 5.5 \mu m$ 是反射辐射交叉的波段,$8 \sim 14 \mu m$ 是热辐射探测的大气窗口,故具有接收这一波段范围辐射信息的遥感数据均可作为地热应用的数据源。在专为热辐射探测设计的传感器所获取的遥感数据中,地热信息可以得到较好的反映。地热异常区均出现在影像中灰白色调范围内,显示出高热流值特征,低热流值区域则由于其灰度值偏低,多显示为暗色调。

(3)遥感数据处理。

在使用这些遥感数据提取地热信息时,一般采用热红外单波段辐射图像、图像彩色合成、热红外单波段辐射图像密度分割等图像增强处理以突出地热异常信息,并划分地热异常等级。

2. 地热地质条件

(1)基本原理。

与地热异常区赋存密切相关的地质条件如构造(深大断裂、活动断裂等)、岩性、隐伏岩体等在遥感影像上均有较好的反映。这些地质条件在影像上具有明显的影像色调、形状、纹理特征,从而为遥感影像直接识别地质体提供了依据。

(2)地质体解译标志建立。

为较好地获知地热地质条件信息，一般需先对遥感数据进行增强处理，这些遥感图像的增强处理包括假彩色合成、方向卷积、滤波、主成分分析等，目的是为了突出地质构造形迹及地质构造方向、热储盖层范围、热储位置等信息。地热勘查遥感解译一般主要从建立地质体解译标志入手：

①深大断裂。在遥感影像上，断裂一般表现为地形陡缓突变，多形成陡崖、线性尖脊、深切沟谷、线性山麓线、线性鞍部，具刀砍或刀切痕、彩纹错移或影纹突变、线性色块、色斑或色点异常。在遥感影像上长而粗宽的线性构造密集带，是深大断裂存在的表征。

②活动构造。活动构造为第四纪以来活动强烈的构造，其活动主要表现形式为继承性叠加和新生非继承性活动型两类。继承性叠加活动构造在遥感影像上多具有线带或色线粗宽特征，新生非继承性活动构造在遥感影像上则多表现为线细而平直。遥感影像上构造形迹越清楚，表明构造形成时间越晚；构造形迹呈模糊者，形成时间多为早期；线性构造延伸越长，断裂规模越大；从断裂两侧同一地质体错移位置分布，可判识断裂的错移方向和性质。

二、热红外遥感地热资源应用

我国对地热资源的遥感研究始于 20 世纪 80 年代，分别在福建、天津和辽南地区开展过地热探查工作，其中辽南地区地热调查试验取得了明显的应用效果，在技术方法应用方面也取得了比较成功的经验，而应用遥感技术在地热资源勘测中比较成功的范例是西藏地热的遥感勘测研究，该成果应用了 47 幅 1∶50 万 MSS 卫星图像制作的假彩色影像镶嵌图，进行了 100 余万平方千米的大面积调查工作。

进入新世纪以来，随着科技的发展，利用遥感技术对地热资源的探索研究也逐渐向区域化、模型化和实用化方向发展。利用遥感影像的红外、热红外波段的波谱特征，快速检测到地表温度，从而成为了探索地下热水比较适用的方法。

热红外遥感技术所取得的热图像资料具有直观、形象、精度高、速度快、不受通行条件限制等许多优点，使得温度检测技术产生取得突破性进展，因此它被广泛应用到地热资源勘查方面，并取得了显著的经济效益和社会效益。从 20 世纪 60 年代初到现在，研究者们做了大量试验与研究工作，取得不少成果，大致可以归纳为以下几点。

(1)航空热红外遥感技术，可提供精确的地表温度图像，且有足够的温度分辨率和地物分辨率。因此，可区分地面微小温度差异，为探测地热提供了可能。

(2)航空热红外图像可清楚地显示热水出露点，它不仅可以作为寻找地热的标志，也可以通过地热点的分布规律来研究控热构造，指导地热勘探工作。

(3)航空热红外图像可发现未出露于地表的浅层"盲热"异常，这些异常多是控制地下水上升的构造通道显示，或是地下水沿渗透性岩石或松散层的孔隙、裂隙渗透、扩散作用的显示。可做寻找地热的直接或间接标志，从而帮助确定地热远景区和指导地热勘探工作。

航空热红外遥感技术在地热调查中的应用已有几十年的历史，但它只作为地热调查中的一种技术手段加以使用，并没有取得突破性的进展，这就说明了它在地热调查中有很大的局限性，可归纳为如下几点。

（1）热红外遥感方法只能取得地表温度信息，而开采利用价值比较大的地热资源多埋藏在地下深部，或被巨厚的沉积盖层所掩盖，在没有热通道通向地表的条件下很难被发现。

（2）来自地球内部的热源产生的地表温度异常，主要靠地层岩石的热传导和地下水的热对流作用，热传导率极低的岩石限制了这种异常的产生。

（3）成像条件选择至关重要。理想的成像条件应综合考虑：①成像季节；②成像时间；③大气对地表温度产生的干扰影响；④地表物质成分单一，不同物质发射率混合效应影响最小；⑤图像地面辐射分辨率及地面分辨率。

（4）热红外遥感方法只能作为地热调查中的一种技术手段使用，它不能代替常规的地热勘探方法。该技术必须与其他技术方法相配合，与专业知识相结合才能取得比较好的应用效果。

第五节 地热钻探法

钻探是查明地下热流体分布和储存条件的基本手段，是地热勘察中的重要环节。钻探是在经过初步的普查工作及对各种物化探资料充分综合分析后进行。钻探的目的主要在于验证过去工作所圈定的地热范围是否正确，并查明地下热水埋藏条件、运动规律、水温、水量、水位、水质等水文地质情况。

1. 钻探工程控制

在勘察程序上必须严格遵循在充分搜集利用已有资料的基础上，先进行航卫解译、地面地质、地球化学、地球物理等项工作，然后再上钻探的原则。

钻探应区别不同地热田勘察类型和规模，以能控制热储分布，取得有代表性的储量计算参数和查明地热田的开采条件和边界条件，满足相应阶段的要求为原则。勘探井的设计、施工以及勘探井内各种测试应满足查明地热地质条件，查明热储的压力、水位、温度、流量、水质等，取得有代表性计算参数和评价地热资源的需要。

根据我国目前地热资源勘察和开发的实践经验，地热田钻探工程控制可参照表3-1执行。

表3-1 地热田钻探工程控制表

勘察级别	钻探井数量（个/热田）		
	普查	详查	勘探
Ⅰ-1	0~2	5~10	7~15
Ⅰ-2	0~2	5~7	10~15
Ⅰ-3	0~2	7~10	7~15
Ⅱ-1	0~2	5~7	7~10
Ⅱ-2	0~2	3~5	5~7
Ⅱ-3	0~2	3~7	5~10

2. 地热田钻探具体工作

地热田内存在多个热储时,应分别查明热储的压力、水位、温度、流量和地热流体质量。勘探井穿透不同热储时应做好下套管固井或止水工作,防止破坏热储的自然特征。

除专门设计的定向井外,勘探井应保持垂直,在100m深度内其井斜不应大于1°。

勘探井口径应满足取样测井以及完井后安装抽水试验设备要求,探采结合井还应满足生产井设计抽水量及止水填料的要求。

每一热田应有1~2个勘探井要求全部取芯,探采结合井可间断取芯,但必须做好岩屑录井。岩芯采取与岩屑录井应满足划分地层、确定破碎带、储层岩性、厚度等要求。松散地层和断层破碎带采取率不应小于40%,完整基岩不低于60%。对中、高温地热勘探井要特别注意采取水热蚀变岩芯或岩屑。岩屑录井要求每2m取一包岩屑,在标志层、目的层及破碎带等地段,要求加密捞取岩屑,每0.5~1m取一包岩屑。必要时在接近容易大量漏浆的含水层顶板时,需要连续捞取岩屑,以防塌孔、埋钻乃至井孔报废。岩芯采取按总体设计考虑,应不少于总进尺的3%,所取岩样应满足地层的岩性识别、物理/化学特性鉴定、古生物分析及时代测定的需要。

勘探井在钻进过程中和完井后必须进行地球物理测井,测井项目取决于地质需要,一般井段做井径、井斜、电阻率、自然电位、自然伽马、井温和井底温度等项目。完井后还应进行稳态井温测量。对高温地热田和中低温大型地热田还应做密度、声波、中子和流量测井。电测井的主要目的是划分地层、确定热储层、测定泥质含量、测定地层孔(空)隙度及渗透率等。测井项目包括1:500的标准测井及综合测井。综合测井项目具体要求如下。

砂、泥岩剖面综合测井必须测8条曲线:①井径;②自然电位;③自然伽马或微侧向微球型聚焦与临近侧向型聚焦任选一种;④中深感应与深探感应任选一种;⑤中深探向与深探向任选一种;⑥补偿声波与长源距声波任选一种;⑦补偿密度与岩性密度任选一种;⑧井壁中子与补偿中子任选一种。

碳酸盐岩剖面综合测井必须测8条曲线:①双井径;②自然伽马;③裂缝识别测井;④电视测井;⑤双侧向微球型聚焦(微侧向);⑥补偿中子;⑦补偿声波;⑧补偿密度。

3. 钻井过程中的简易观测要求

(1)在目的层井段,现场技术负责人必须经常对泥浆槽液面及泥浆量的变化进行观察,注意有否漏失,漏失量及速度、漏失前后泥浆性能的变化等。

(2)详细记录钻进时涌水、井喷、漏水、涌砂、逸气、掉块、塌孔、缩径等现象的起止时间、井深、层位及采取的处理措施等。对井涌或井喷还应详细观察记录涌、喷量及高度,连续或间断的涌喷规律。

(3)系统测定井口泥浆的温度变化,在钻入热储目的层段时应加密观测并做好记录。

(4)钻进过程中对蹩钻、跳钻、放空等情况应认真记录起止时间、井深、层位、蹩跳程度、钻时情况,做好地质方面的分析判断。

4. 地热流体、土、岩实验分析

(1)水样应满足化学成分全分析需要。主要分析项目如下:主要阴阳离子;F、Br、I、SiO_2、

B、H_2S 等;微量元素 Li、Sr、Cu、Zn 等;放射性元素 U、Ra、Rh 及总 α 总 β 放射性的分析;污染指标分析,如酚、氰等;可溶性气体分析。

(2)凡有逸出气体的井、泉均需采集气体样品。气体分析应尽量包括 H_2S、CO_2、O_2、N_2、CO、NH_3、CH_4、Ar、He 等。

(3)岩、土样岩、土分析鉴定应依据地热田实际情况有选择地进行。对热储及代表性盖层的岩芯或岩石,一般可测定其热物理、水力学性质,项目包括:密度、比热容、导热率、渗透率、孔隙度等。

与热储密切相关的岩芯或岩石可进行同位素年龄、古地磁、微体古生物、化石、孢粉、重矿物、岩石化学等测定和鉴定,以确定其地层时代和岩性。

应用岩石薄片鉴定水热蚀变矿物并研究其演化过程,如发现矿物包体则可进行包体测温。

应用岩石中 Po、Th、K 放射性含量,研究形成区域性热异常的产热率背景。

5. 完井试验

完井试验是指低温井的抽水、涌水试验和中、高温井的放喷试验。勘探井和探采结合井都应进行完井试验,测定地热资源评价必需的计算参数(水温、水量、水位、水质及含水层渗透系数、给水度或弹性释水系数、压力传导系数等)。

6. 回灌试验

为保持热储的生产压力,延长地热田寿命,防止地面沉降;防止地热流体随地排放造成环境污染,通过试验选定合适的回灌位置、深度、压力以及回灌量等参数,为地热田如何进行生产回灌提供依据。

7. 动态监测

在勘察工作中,应及早建立地热流体动态监测网,以掌握地热流体的天然动态和开采动态变化规律。对已开发的地热田应继续监测,以了解开采降落漏斗范围及其发展趋势,为研究地热田水位下降、地面沉降或地面塌陷等环境地质问题提供基础资料。

观测井的布设应以能控制地热储量动态为目的。普查阶段每个地热田建立控制性监测点1~2 个,详查阶段每一热储建立 1~2 个,勘探阶段每一热储建立 2~3 个。监测点应尽量应用已有井、泉。

监测内容包括:水位(压力)、温度、流量及热流体化学成分。监测频率可根据不同动态类型而定。水位(压力)、温度、流量监测,一般每月 2~3 次。水质监测,一般每年 1~2 次。

动态监测资料应及时进行分析,编制年鉴或存入数据库,为地热田的合理开采提供信息。

钻探的最终目的是确定地下蒸汽或地下热储最合理的开发层位,力求经济合理,尽可能在埋深浅的部位钻取到具有高压、高温位和高流量的地热流体。

第六节 地热资源评价

地热资源系指在当前的技术经济条件下可以开发利用的地下岩石和水中的热能,也包括在未来条件下具有潜在价值的热能。地热资源评价就是估算在利用费用上能与其他能源相竞争的可以从地壳取出的地热能数量,其中也考虑到将来可能的技术改进和费用降低。

地热资源评价对于一个国家或一个地区,可以为政府制定新能源发展规划和确定能源政策提供科学依据;对于每一个地热田,地热资源评价则是大规模开发利用地热的重要基础,地热资源评价工作的广度和深度,实际上也反映了一个国家在地热开发利用方面的水平。我国的区域地热资源评价虽然开始较晚,但是经过近 40 年的努力,已对全国重要的地热资源作出了初步的评价。

地热资源类型不同,其计算方法也不相同。我国已发现的地热资地热资源的评价方法也有多种,适用的场合也不同。现介绍部颁标准《地热资源评价方法》(DZ40—85)推荐的几种主要方法。

一、热储法

热储法又称体积法,是一种常用的比较简便的方法,它不但适用于非火山型地热资源量的计算,而且适用于与近期火山活动有关的地热资源量计算;不仅适用于孔隙型热储,而且也适用于裂隙型热储。部颁标准提出,凡条件具备的地方,一律采用这种方法。热储法实际上就是估算开采热储层体积(可开采深度的岩石和水)内存储的热量。热储法计算地热资源量的公式如下:

$$Q_R = \overline{C} A d (t_r - t_j) \tag{3-4}$$

式中:Q_R——地热资源量,kJ;

A——热储量面积,m^2;

d——热储埋藏深度,m;

t_r——热储温度,K;

t_j——基准温度(即当地下恒温层温度或年平均气温),K;

$\overline{C}$——热储岩石和水的平均热容量,$kJ/(m^3 \cdot K)$。

$$\overline{C} = \rho_c C_c (1-\phi) + \rho_w C_w \phi \tag{3-5}$$

式中:ρ_c、ρ_w——岩石和水的密度,kg/m^3;

C_c、C_w——岩石和水的比热容,$kJ/(kg \cdot K)$;

ϕ——岩石的孔隙度。

将式(3-5)代入式(3-4)得:

$$Q_R = A d [\rho_c C_c (1-\phi) + \rho_w C_w \phi] (t_r - t_j) \tag{3-6}$$

用热储法计算出的资源量不可能全部被开采出来,只能开采出一部分,两者的比值称为采收率,以式(3-7)表示:

$$R_E = \frac{Q_{wh}}{Q_R} \times 100\% \tag{3-7}$$

式中：R_E——采收率，%；

Q_{wh}——开采出的地热资源量，即从井口得到的地热资源量，kJ；

Q_R——埋藏在地下热储中的地热资源量，kJ。

由于采收率的大小对地热资源评价影响很大，在某些水热对流系统中，R_E可能达到25%，但是，在多数自然系统中，这个系数要低得多。在无裂隙不透水岩石中，这个系数可减少到零。因此，在大多数情况下，人们对采收率只能作出主观的估计。它取决于许多因素，最重要的是地热系统类型、孔隙度、孔隙中流体的性质、热储温度及开采技术等。为此，国家标准对评价不同类型热储的采收率取值作了明确规定。

二、自然放热量推算法

自然放热量推算法又称地表热流量法，是初步评价地热资源量的一种花费较小、简易可行的方法。在天然状态下，地球内部的热量通过热传导和对流，并以温泉、喷气孔等形式释放的热量称为自然放热量或天然放热量。用从地表测量获得的放热量来推算地下储藏的热量，是假定地下热量与自然放热量有成正比的倍数关系，一般从几倍到一千倍。所以用自然放热量推算地热资源量是一种比较粗略的估算办法。但是在进行地热资源规划时，特别在钻探深孔前的普查阶段，仍不失为一种较好的办法。《地热资源评价方法》(DZ40—85)规定用10倍来估算地热资源量。

自然放热量推算法推算地热资源量的计算公式如下：

$$Q_Z = Q_d + Q_k + Q_h + Q_g + Q_p \tag{3-8}$$

式中：Q_Z——计算区的总放热量，kJ；

Q_d——从热传导求出的放热量，kJ；

Q_k——从喷气孔求出的放热量，kJ；

Q_h——从河流求出的放热量（应扣除温泉水流入河中的流量），kJ；

Q_g——从温泉求出的放热量，kJ；

Q_p——从冒气地面求出的放热量，kJ。

式(3-8)比较全面地表达了一个地热区所要测量的内容，但一个地热区不一定都具有式(3-8)所表达的各项内容，因此只要测量所具有的几项即可。

三、水热均衡法

水热均衡法主要通过一个汇水区（热水盆地或山间盆地）内的水、热均衡计算，了解地下深部水、热储存量和汇水区外水热补给情况。这种方法对山区裂隙水、山间盆地比较适用。

1. 水均衡法

此法的基本原理就是在一个汇水区内，水的收入量有：降水量q_{vs}、深部的热水量及地下水补给量q_{vr}。水的支出量有：温泉水量q_{vq}、河水流出量q_{vh}、实际蒸发量q_{vz}。

根据水的收入量＝水的支出量，有

$$q_{vs}+q_{vr}=q_{vq}+q_{vh}+q_{vz} \qquad (3-9)$$

因此,求得深部的热水量及地下补给水量为

$$q_{vr}=q_{vq}+q_{vh}+q_{vz}-q_{vs} \qquad (3-10)$$

2. 热均衡法

与水均衡法相似,在一个汇水区内,热收入量有:阳光照射量 Q_y、大地热流量 Q_d、地热异常区热储存量 Q_r。热的支出量有:向大气散发的热量 Q_f、温泉等热显示点的放热量 Q_g。

根据热的收入量=热的支出量,有

$$Q_y+Q_d+Q_r=Q_f+Q_g \qquad (3-11)$$

因此,地热异常区热储存量为

$$Q_r=Q_f+Q_g-Q_y-Q_d \qquad (3-12)$$

水热均衡法是建立在长期动态观测的基础上的。特别是在山区,热储厚度、分布以及有关参数不清楚的情况下都可以使用。

第四章　地热资源利用

第一节　地热制冷

地热制冷是指以地热热源（地热蒸汽或地热水）提供的热能为动力，驱动吸收式制冷设备制冷的过程。即利用足够高温度的地热水（一般要求地热水温度在65℃以上）驱动吸收式制冷系统，制取温度高于7℃的冷冻水，用于空调或生产。地热制冷具有高效、环保、经济、可持续等优点。

用地热制冷的制冷机有两种：一种是以水为制冷剂、溴化锂溶液为吸收剂的溴化锂吸收式制冷机；另一种是以氨为制冷剂、水为吸收剂的氨水吸收式制冷机。氨水吸收式制冷机由于运行压力高、系统复杂、效率低、有毒等因素，除了要求制冷温度在0℃以下的特殊情况外，一般很少在实际中应用。

溴化锂吸收式制冷机具有无毒、无味、不燃烧、不爆炸、对大气无破坏等优点。虽然机组要求保持高度真空，且输出的冷媒水最低只能达到3℃左右，但溴化锂吸收式制冷机仍然是低温热源制冷系统中的最佳制冷机型。地热制冷的溴化锂吸收式制冷机有单级溴化锂吸收式制冷机和两级溴化锂吸收式制冷机两种机型。

一、单级溴化锂吸收式制冷机

（一）基本原理

吸收式制冷机就是利用物质吸收水蒸气的特性来实现制冷降温的目的。在溴化锂制冷机中，水是制冷剂，溴化锂溶液是吸收剂。在一个大气压下，水的沸点为100℃，但在改变压力时，水的沸点（蒸发温度）也随之改变，当压力降低到870Pa时，水的蒸发温度可降低到5℃，在如此低温下，就可以制取适合于空调或生产工艺所需要的低温冷水了。为了保持水在低温下不断蒸发，就必须及时排出所产生的水蒸气，保持真空环境，溴化锂溶液就具有强力吸收水蒸气的特性。如果将两个容器分别装入水和溴化锂溶液（图4-1），并抽成真空，然后打开阀门，这时就可见到左边容器中的水不断蒸发，产生制冷效果，右边容器中溴化锂溶液的液面会慢慢上升。这是由于溴化锂溶液在不断地吸收蒸发的水蒸气，当吸收到一定时候，溴化锂溶液达到饱和，就不再吸收水蒸气，制冷效果也就停止了，这个过程就叫吸收-蒸发制冷过程。

为了使溴化锂溶液能重新具有吸收能力，就必须使吸收的水分从溴化锂溶液中蒸发出来。

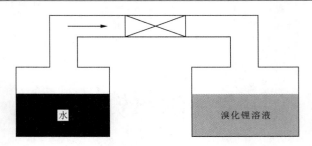

图 4-1 吸收-蒸发制冷过程

如果在右边容器的溶液中输入温度足够高的地热水,其中的水就会蒸发出来;如果在左边容器的水中输入冷却水,蒸发的水蒸气就重新冷凝成液态水,这个过程叫发生-冷凝再生过程,如图 4-2 所示。

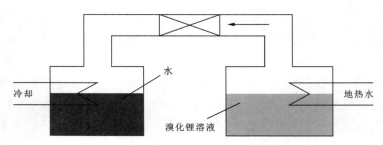

图 4-2 发生-冷凝再生过程

以上过程是一个间歇的制冷过程,为了达到连续制冷的目的,可以用管子将上述过程连接起来,组成如图 4-3 所示的单级吸收式制冷循环系统。系统由蒸发器、吸收器、冷凝器、发生器、溶液热交换器和溶液循环泵组成。

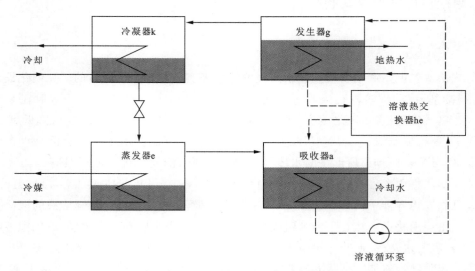

图 4-3 单级吸收式制冷循环系统原理

(二)设计计算

为了更好地评价制冷机的性能、确定制冷机的设计方案,需要进行单级溴化锂吸收式制冷机的设计计算,主要是进行机组热负荷的计算,而计算机组热负荷需要确定相应参数,包括已知参数和未知参数。图4-4为设计计算简图。

图4-4 单级溴化锂吸收式制冷机设计计算简图

1. 已知参数

(1)冷量决定于建筑物的空调负荷。

(2)冷媒水出口温度:一般可选取10℃。

(3)冷却水进口温度:一般可选取29~32℃。

(4)地热水温度:当选用单级吸收式制冷机时地热水的温度要求85℃以上。由于地热水普遍对金属材料有腐蚀性,不能直接输入制冷机,必须通过换热器,用地热水加热其他清洁水,然后将被加热的水输入制冷机。

2. 选择参数

(1)蒸发器内冷剂水的蒸发温度 T_0 决定于流出的冷媒水温度,一般比它低2~3℃。蒸发压力 P_0 为蒸发温度对应的饱和蒸气压。

(2)吸收压力 P_a 一般比蒸发压力低0.2~0.6mmHg。

(3)由于地热吸收式制冷机的驱动热源一般较低,所以吸收器和冷凝器的冷却水采用并联方式,从中流出的冷却水温度一般可取35℃。

(4)冷凝温度 T_k 决定于从冷凝器流出的冷却水的温度,在低温热源驱动的吸收式制冷系统中,T_k 与冷却水的温差可取3℃。冷凝压力 P_k 为 T_k 对应的饱和蒸气压,可从水蒸气图表中查得。

(5)发生器压力与冷凝压力近似。

(6)从吸收器流出的稀溶液的温度 T_a 一般比流出的冷却水的温度高5℃。

(7)从吸收器流出的稀溶液的浓度决定于 P_a 和 T_a,通常的浓度范围为54%~60%。

(8)从发生器流出的溶液的浓度决定于发生器的压力和流出的溶液的温度,浓度范围在59%~64%之间,其大小应根据地热水的温度和制冷机的效率进行综合分析。

(9)从热交换器流出的溶液温度一般应比从吸收器流出的稀溶液的温度高10~15℃。

3. 机组热负荷的计算

单级吸收式制冷热负荷的计算主要包括发生器、冷凝器、蒸发器、吸收器和溶液热交换器几部分,分别根据各自的热平衡计算出热负荷。

(1)发生器(图4-5)。

热平衡方程:
$$Q_g + Q_{ds} = Q_s + Q_{cs} \tag{4-1}$$

(2)冷凝器(图4-6)。

热平衡方程:
$$Q_k + Q_{rw} = Q_s \tag{4-2}$$

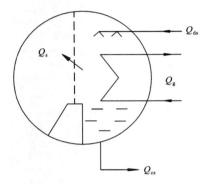

图4-5 发生器热平衡

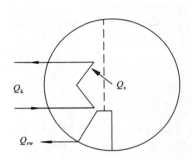

图4-6 冷凝器热平衡

(3)蒸发器(图4-7)。

热平衡方程:
$$Q_{rw} + Q_0 = Q_{rs} \tag{4-3}$$

(4)吸收器(图4-8)。

吸收器采用喷淋式结构,有浓溶液直接喷淋和混合溶液喷淋两种形式。由于溶液混合过程是内部发生的过程,两种方式并不影响吸收器的热平衡,因此在计算热平衡时可不予考虑。

热平衡方程:
$$Q_a + Q_{sds} = Q_{rs} + Q_{he} \tag{4-4}$$

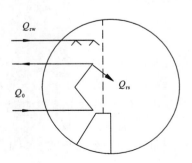

图4-7 蒸发器热平衡

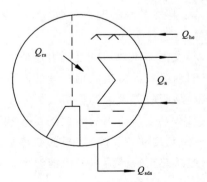

图4-8 吸收器热平衡

(5)溶液热交换器(图4-9)。

热平衡方程:
$$Q_t = (G_a - D)(h_1 - h_3) = G_a(h_4 - h_2) \quad (4-5)$$
$$q_t = (a - 1)(h_1 - h_3) = a(h_4 - h_2) \quad (4-6)$$

式中：Q_{ds}——进入发生器稀溶液容量；

Q_g——发生器输入热源热量；

Q_{cs}——流出发生器浓溶液带走的热量；

Q_s——进入冷凝器的冷剂蒸汽的热量，即流出发生器的蒸汽带走的热量；

Q_k——冷却水带走的热量；

Q_{rw}——冷剂水带走的热量，即进入蒸发器的冷剂水的热量；

Q_0——吸收冷媒水的热量；

Q_{rs}——蒸发器冷剂蒸汽的热量；

Q_{he}——溶液热交换器的浓溶液的热量；

Q_a——浓溶液吸收水蒸气放出的热量；

Q_{sds}——吸收水蒸气后稀溶液所排出的热量；

Q_t——溶液热交换器的热负荷；

G_a——吸收器的稀溶液流量；

D——蒸汽质量；

$G_a - D$——发生器的浓溶液流量；

h_1——发生器的浓溶液比焓；

h_2——吸收器出口稀溶液比焓；

h_3——溶液热交换器的浓溶液比焓；

h_4——热交换器出来稀溶液的比焓；

q_t——溶液热交换器的单位热负荷，$q_t = Q_t/D$；

a——溶液循环倍率，$a = G_a/D$。

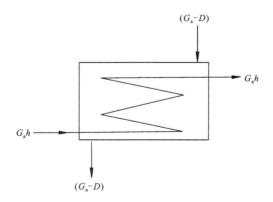

图4-9 溶液热交换器热平衡

4. 单级吸收式制冷机的热平衡、性能系数

(1) 单级吸收式制冷机的热平衡。

单级吸收式制冷机的总输入热流量为蒸发器、发生器、溶液循环泵和冷剂循环泵带入热量的总和,即 $Q_0+Q_g+Q_p$。机组释放的热量为冷凝器和吸收器释放的热量和,即 Q_k+Q_a,由于溶液循环泵和冷剂循环泵所消耗的能量很小,可忽略不计。机组在稳定工况下,输入热流量与输出热流量相等,即

$$Q_0+Q_g=Q_k+Q_a \tag{4-7}$$

或

$$q_0+q_g=q_k+q_a \tag{4-8}$$

以上两式为单级吸收式制冷机的热平衡式。

在设计时可用上述两式来验证各换热设备热负荷是否正确,一般应满足下式要求:

$$\frac{|(q_g+q_0)-(q_k+q_a)|}{q_g+q_0} \leqslant 1\% \tag{4-9}$$

如果计算结果大于 1%,说明计算错误或选择的参数不当,应重新计算或调整参数。

(2) 单级吸收式制冷机的性能系数(说明计算结果)。

单级溴化锂吸收式制冷机的性能系数由式(4-10)计算,即

$$\mathrm{COP_s} = \frac{Q_0}{Q_g} \tag{4-10}$$

单级溴化锂吸收式制冷机的性能系数为 0.6~0.75,低于一般制冷机的性能系数,但其所需热源品位低,电能耗用较少,除此之外还具有噪声低、冷量调节范围广、对外界条件变化的适应性强、安装简便、制造简单等优点,因此是地热能直接利用的一种有效途径。

二、两级溴化锂吸收式制冷机

(一)基本原理

两级溴化锂吸收式制冷循环系统由蒸发器、低压吸收器、高压吸收器、低压发生器、高压发生器、冷凝器、低压溶液热交换器、高压溶液热交换器、溶液循环泵和冷剂水泵组成(图 4-10)。制冷过程由三个循环组成,但基本原理与单级吸收式制冷机的原理相同,因此不再赘述。两级吸收式制冷机与一级吸收式制冷机的区别是增加了高压吸收器和低压吸收器,增加的目的是在相同的环境条件下,当地热水温度较低时还可获得同样低温的冷冻水。

(二)设计计算

图 4-11 为两级溴化锂吸收式制冷机的设计计算简图。

1. 已知参数

(1) 制冷量决定于建筑物的空调负荷。

(2) 从蒸发器流出的冷媒水温度:它对制冷机性能影响较大,一般制冷机为 7℃(我国现行标准有 7℃、10℃、13℃三种名义工况参数),由于地热水的温度一般都在 100℃以下,因此在设

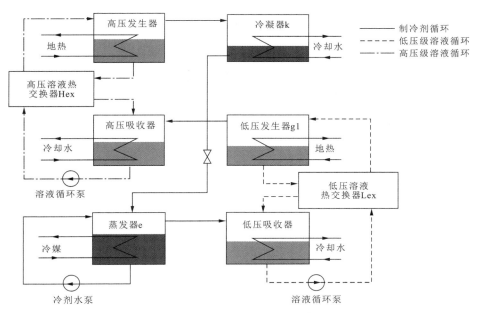

图 4-10 两级溴化锂吸收式制冷原理

图 4-11 两级溴化锂吸收式制冷机设计计算简图

计地热吸收式制冷机时,一般可选取 10℃。

(3)冷却水温度:吸收式制冷系统一般使用循环冷却水,冷却水的温度受夏季气候环境的影响,不同地区有较大的差别。在设计地热型吸收式制冷机时,应充分了解当地的气候环境,一般冷却水进口温度为 29℃~32℃。

(4)地热水温度:地热水是驱动制冷机的动力,当选用两级吸收式制冷机时地热水的温度要求大于 70℃。

2. 选择参数

(1)蒸发器内冷剂水的蒸发温度 T_0,一般比流出蒸发器的冷媒水温度低 2~3℃。蒸发压力 P_0 为蒸发温度对应的饱和蒸汽压力。

(2)低压吸收压力 P_a 一般比蒸发压力低 0.2~0.6mmHg。

(3)由于地热吸收式制冷机的驱动热源一般较低,所以高压吸收器、低压吸收器和冷凝器的冷却水采用并联方式,冷却水的温升一般可取 5℃。

(4)冷凝温度 T_k 由冷凝器流出的冷却水温度决定,在低温热源驱动的吸收式制冷系统中,两者相差 3℃。冷凝压力 P_k 为冷凝温度 T_k 对应的饱和蒸汽压,可由水蒸气图表查得。

(5)高压发生器压力与冷凝压力近似。

(6)高压吸收器和低压发生器压力一般取 15～20mmHg。

(7)从低压吸收器流出的稀溶液温度 T_{l2} 一般应比流出的冷却水温度高 5℃。

(8)从低压吸收器流出的稀溶液浓度由 P_a 和 T_{l2} 决定,通常的浓度范围为 54%～60%。

(9)从低压发生器流出的溶液浓度由低压发生器压力和浓溶液出口温度确定,一般在 59%～64%之间,其大小应充分考虑地热水温度以及制冷机的效率,进行综合分析。

(10)从高压吸收器流出的稀溶液温度 T_{h2} 一般应比流出的冷却水温度高 5℃。

(11)从高压吸收器流出的稀溶液浓度由 P_m 和 T_{h2} 决定,通常为 45%～50%。

(12)从高压溶液和低压溶液热交换器流出的溶液温度应高于从吸收器流出的稀溶液温度 10～15℃。

3. 机组热负荷的计算

两级吸收式制冷热负荷的计算主要包括冷凝器、蒸发器、高压发生器、高压吸收器、低压发生器、低压吸收器和高、低压溶液热交换器几部分。

(1)冷凝器(图 4-12)。

热平衡方程:

$$Q_k + Q_{rw} = Q_{rs} \tag{4-11}$$

(2)蒸发器(图 4-13)。

热平衡方程:

$$Q_{rw} + Q_0 = Q_{srs} \tag{4-12}$$

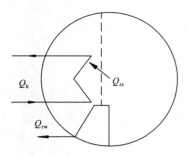

图 4-12 冷凝器热平衡

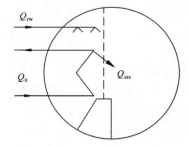

图 4-13 蒸发器热平衡

(3)高压发生器(图 4-14)。

热平衡方程:

$$Q_{hg} + Q_{hds} = Q_{rs} + Q_{hcs} \tag{4-13}$$

(4)高压吸收器(图 4-15)。

高压吸收器采用喷淋式结构,有浓溶液直接喷淋和混合溶液喷淋两种形式。由于溶液混合过程是内部发生的过程,两种方式并不影响吸收器的热平衡,因此,在计算热平衡时可不予考虑。

热平衡方程:
$$Q_{ha} + Q_{hsds} = Q_{lrs} + Q_{hhecs} \qquad (4-14)$$

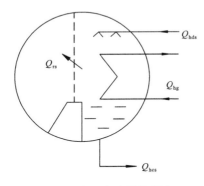

图 4-14　高压发生器热平衡

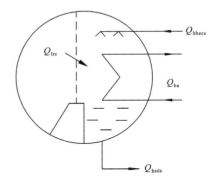

图 4-15　高压吸收器热平衡

(5)低压发生器(图 4-16)。

热平衡方程:
$$Q_{lg} + Q_{lds} = Q_{lrs} + Q_{lcs} \qquad (4-15)$$

(6)低压吸收器(图 4-17)。

低压吸收器采用喷淋式结构,有浓溶液直接喷淋和混合溶液喷淋两种形式。由于溶液混合过程是内部发生的过程,两种方式并不影响吸收器的热平衡,因此,在计算热平衡时不予考虑。

热平衡方程:
$$Q_{la} + Q_{lsds} = Q_{srs} + Q_{lhecs} \qquad (4-16)$$

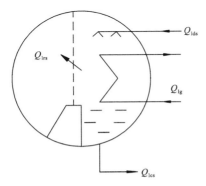

图 4-16　低压发生器热平衡

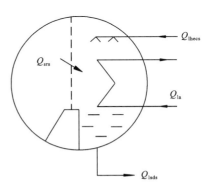

图 4-17　低压吸收器热平衡

(7) 高压溶液热交换器(图 4-18)。

热平衡方程：

$$Q_{ht} = (G_{ha} - D)(h_{h1} - h_{h3}) = G_{ha}(h_{h4} - h_{h2}) \quad (4-17)$$

$$q_{ht} = (a_1 - 1)(h_{h1} - h_{h3}) = a_1(h_{h4} - h_{h2}) \quad (4-18)$$

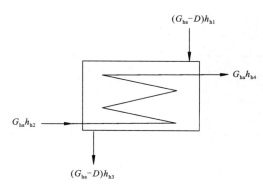

图 4-18 高压溶液热交换器热平衡

(8) 低压溶液热交换器(图 4-19)。

热平衡方程：

$$Q_{lt} = (G_{la} - D)(h_{l1} - h_{l3}) = G_{la}(h_{l4} - h_{l2}) \quad (4-19)$$

$$q_{lt} = (a_2 - 1)(h_{h1} - h_{h3}) = a_2(h_{l4} - h_{l2}) \quad (4-20)$$

式中：Q_k——冷却水带走的热量；

Q_{rs}——进入冷凝器的冷剂蒸汽的热量，即流出高压发生器的蒸汽带走的热量；

Q_{rw}——冷剂水带走的热量，即进入蒸发器的冷剂水的热量；

Q_0——吸收冷媒水的热量；

Q_{srs}——蒸发器流出的冷剂蒸汽流量，即蒸发器的冷剂蒸汽的热量；

Q_{hds}——进入高压发生器稀溶液的热量；

Q_{hg}——高压发生器输入热源热量；

Q_{hcs}——流出高压发生器的浓溶液带走的热量；

Q_{hhecs}——高压溶液热交换器的浓溶液的热量；

Q_{ha}——浓溶液吸收水蒸气放出的热量；

Q_{lrs}——低压发生器的冷剂蒸汽的热量，即流出低压发生器的蒸汽带走的热量；

Q_{hsds}——吸收水蒸气后的稀溶液流量所排出的流量；

Q_{lds}——进入低压发生器稀溶液的热量；

Q_{lcs}——流出低压发生器的浓溶液带走的热量；

Q_{lg}——低压发生器输入热源热量；

Q_{lhecs}——低压溶液热交换器的浓溶液的热量；

Q_{la}——浓溶液吸收水蒸气所放出的热量；

Q_{lsds}——吸收水蒸气后的稀溶液流量所排出的热量；

Q_{ht}——高压溶液热交换器的热负荷;

G_{ha}——高压吸收器的稀溶液流量;

D——蒸汽质量;

$G_{ha}-D$——高压发生器的浓溶液流量;

a_1——溶液循环倍率,$a_1=G_{ha}/D$;

h_{h1}——高压发生器的浓溶液比焓;

h_{h2}——高压吸收器出口稀溶液比焓;

h_{h3}——高压溶液热交换器的浓溶液比焓;

h_{h4}——高压热交换器出来稀溶液的比焓;

q_{ht}——高压溶液热交换器的单位热负荷,$q_{ht}=Q_{ht}/D$;

Q_{lt}——低压溶液热交换器的热负荷;

G_{la}——低压吸收器的稀溶液流量;

D——蒸汽质量;

$G_{la}-D$——低压发生器的浓溶液流量;

a_2——溶液循环倍率,$a_2=G_{la}/D$;

h_{l1}——低压发生器的浓溶液比焓;

h_{l2}——低压吸收器出口稀溶液比焓;

h_{l3}——低压溶液热交换器的浓溶液比焓;

h_{l4}——低压热交换器出来稀溶液的比焓;

q_{lt}——低压溶液热交换器的单位热负荷,$q_{lt}=Q_{lt}/D$。

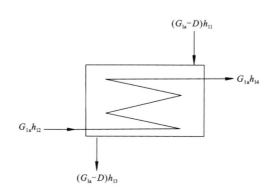

图 4-19 低压溶液热交换器热平衡

4. 两级吸收式制冷机的热平衡和性能系数

(1)两级吸收式制冷机的热平衡。

两级吸收式制冷机的总输入热流量为蒸发器、高压发生器、低压发生器、溶液循环泵和冷剂循环泵输入热量的总和,即 $Q_0+Q_{hg}+Q_{lg}+Q_p$,机组排出的热量为冷凝器、高压吸收器和低压吸收器排出的热量和,即 $Q_k+Q_{ha}+Q_{la}$。由于溶液循环泵和冷剂循环泵所消耗的能量很小,可忽略不计。机组在稳定工况下,输入热流量与输出热流量应相等,即

$$Q_0 + Q_{hg} + Q_{lg} = Q_k + Q_{ha} + Q_{la} \quad (4-21)$$

或

$$q_0 + q_{hg} + q_{lg} = q_k + q_{ha} + q_{la} \quad (4-22)$$

在设计时可用上两式来验证各换热设备热负荷是否正确,一般应满足下式要求

$$\frac{|(q_0 + q_{hg} + q_{lg}) - (q_k + q_{ha} + q_{la})|}{q_0 + q_{hg} + q_{lg}} \leqslant 1\% \quad (4-23)$$

如果上述计算超过 1%,说明计算有误或选择的参数不当,应重新进行计算或调整参数。

(2)两级溴化锂吸收式制冷机的性能参数。

两级溴化锂吸收式制冷机的性能参数为

$$COP_s = \frac{Q_0}{Q_{hg} + Q_{lg}} \quad (4-24)$$

从式(4-24)可知,在两级溴化锂吸收式制冷机中,发生器输入两份热量得到一份冷量,因此性能系数(约为 0.4)通常小于单级溴化锂吸收式制冷机的性能系数(0.6~0.75)。然而在冷却水温度、制取的冷冻水温度相同的情况下,两级溴化锂吸收式制冷机所需热水温度和热水量都小于单级溴化锂吸收式制冷机所需热水温度和热水量,所以在实际工程中应根据需要选择相应的制冷机。

三、单级、两级溴化锂吸收式制冷机性能的比较

据上所述,单级溴化锂吸收式制冷系统和双级溴化锂吸收式制冷系统有比较大的区别,例如当冷却水为 32℃,要制取 9℃ 的冷冻水时,两个系统的运行性能和参数完全不同(表 4-1)。

表 4-1 两种溴化锂吸收式制冷机的性能比较

编号	项目	单级溴化锂吸收式制冷系统	两级溴化锂吸收式制冷系统
1	热水温度(℃)	>85	>70
2	热水出口温度(℃)	约 78	约 60
3	需要热水量	大	小
4	需要冷却水量	小	大
5	系统的复杂性	简单	复杂
6	制造成本	低	高
7	性能系数	0.6~0.75	约 0.4
8	与电制冷系统比较	节电大于 60%	节电约为 60%

第二节 地热供暖

地热供暖指的是以地热能为主要热源对建筑群进行供暖的技术。在供暖的同时满足生活热水以及工农业生产用热的要求。地热供暖是近年来发展较快的一种地热利用形式,我国地热供热的利用总量已位居世界的首位。

地热供暖与常规的锅炉供暖有很大区别:

第一,地热井的热水温度是变化的,九十多摄氏度、八十多摄氏度、七十多摄氏度甚至五六十摄氏度都可能用来供暖,不像常规锅炉供暖,热水95℃出,70℃回,因此,地热水供暖不能一概套用常规供暖手册中的数据和方法,需要另行计算。

第二,地热水从井中抽出经供暖系统后随即排放,不像锅炉供暖回水再返回锅炉。因此,地热水必须充分利用其热能,供暖排水温度必须尽量降低以提高地热利用率,否则地热井的经济性就得不到体现。

第三,由于地热井凿井费用高,为了充分利用地热能,应将地热水提供的热负荷作为基本负荷,满足初寒期和末寒期的负荷要求,对严寒期热负荷不足的部分,在地热系统中配置调峰热源(如锅炉、热泵等),专门在严寒期启动调峰,补充负荷的不足。这样,锅炉调峰的时间很短,耗煤很少,而地热井所带的负荷却可以大大增加,达到充分利用地热能的目的。

第四,地热水一般都有不同程度的腐蚀性,直接进入供暖系统会腐蚀系统的金属管道或散热设备,缩短系统的使用寿命,因此需要采用配有钛板换热器的间接供暖系统或采用防腐的非金属设施,就连系统监测所用的仪器仪表也有防腐要求,在选型上不能与常规供暖完全一样。

一、地热供暖系统的组成和分类

(一)地热供暖系统的组成

地热供暖系统主要由三个部分组成。

第一部分为地热水的开采系统,包括地热开采井和回灌井,调峰站以及井口换热器。

第二部分为输送分配系统,它是将地热水或被地热加热的水引入建筑物。

第三部分包括中心泵站和室内装置,将地热水输送到中心泵站的换热器或直接进入每个建筑中的散热器,必要时还可设蓄热水箱,以调节负荷的变化。

(二)地热供暖系统的分类

(1)根据热水管路的不同,地热供暖系统分为直接供暖系统、间接供暖系统、混合供暖系统三种类型。

直接供暖系统:水泵直接将地热水送入用户,然后从建筑物排出或者回灌。直接供暖系统投资少,但对水质要求较高,且管道和散热器系统应使用耐腐蚀材料。

间接供暖系统:利用井口换热器将地热水与循环管路分开,可避免地热水的腐蚀作用。

混合供暖系统:采用地热热泵或调峰锅炉将上述两种方式组成为一种混合方式。

(2)根据所选终端散热设备的不同,地热供暖系统可分为散热器供暖系统、低温地热辐射供暖系统、地热热风供暖系统。

散热器供暖系统:使用柱形铸铁(钢制)散热器作为终端设备,该散热器在设计工况下,最低排水温度可以设计在35℃左右,但这种散热器占用室内空间较多。

低温地热辐射供暖系统:是一种利用建筑物内部的地面、顶面、墙面或其他表面进行供暖的系统。供暖的散热设备是埋设在地板或其他表面内的管道,地热水在管内通过,热量经管壁传出加热地板,产生对室内空间的辐射,进而提升室内温度。

地热热风供暖系统:是使用暖风机或风机盘管作为终端设备的地热供暖系统,具有热惰性小、升温快、设备简单、投资少等优点。地热热风供暖系统包括水系统和风系统两大部分。水系统分为直接式和间接式,与上文直接供暖系统和间接供暖系统对应,不再赘述。风系统分为集中式和分散式两种形式,集中式系统是将空气集中加热到一定参数,然后输送到供暖房间承担热负荷;分散式系统是在各供暖房间内分别独立地加热空气进行供暖。分散式系统灵活方便,适用范围较广。

二、地热供暖系统的设计

地热供暖系统形式多样,不同的系统有不同的设计,这里只介绍地热供暖设计中一些共性的设计。

(一)供暖设计热负荷计算

供暖实际上是一种热平衡。冬季室内外有温差,室内的热量就会通过建筑物的围护结构向室外传输,造成建筑物的热损耗。为使室内维持人们生活所需的舒适温度,就要通过供暖系统的散热设备补充室内散失的热量。

供暖系统设计热负荷是供暖设计中最基本的数据,它指的是在设计室外温度下,为达到建筑物要求的室内温度,保持房间的热平衡,供暖系统在单位时间内向建筑物供给的热量。供暖系统设计热负荷直接影响地热供暖方案的选择、供暖设备的容量以及供暖系统的使用效果和经济效果。

1. 单位面积热指标法

在地热开发利用的规划阶段和进行可行性论证时,若没有建筑物的详细资料,可按建筑物的类型和使用性质,采用单位面积热指标法来估算供暖系统设计热负荷。一般称单位建筑面积的热耗量为热耗指标,简称热指标,单位 W/m^2,用 q 表示,指每平方米供暖面积所需消耗的热量。表4-2为常见民用建筑供暖设计热指标。

根据热指标和建筑物的供暖面积,就可估算建筑物的供暖设计热负荷:

$$供暖设计热负荷(W) = 热指标(W/m^2) \times 建筑物的供暖面积(m^2)$$

表 4-2 民用建筑供暖设计热指标

建筑物	热指标（W/m²）	建筑物	热指标（W/m²）
住宅	46～70	商店	64～87
办公楼、学校	58～81	单层住宅	80～105
医院、幼儿园	64～80	食堂、餐厅	116～140
旅馆	58～70	影剧院	93～116
图书馆	46～75	大礼堂、体育馆	116～163

2. 简易估算法

如果有每栋建筑物的详细资料，则可以通过估算建筑物的供暖热耗量来得到供暖设计热负荷。

供暖热耗量的估算方法可以分为两类：一类是建立在不稳定传热理论基础上的动态模拟法；另一类是建立在稳定传热理论基础上的简易估算法。前者计算所得的结果虽然比较精确，但计算比较繁杂，工作量大，所以工程界实际上很少应用。后者应用普遍，是将供暖期或供暖期中的各旬、各月的热耗量按稳定传热进行计算，而不考虑各部分围护结构的蓄热影响。这里介绍的是建立在稳定传热理论基础上的简易估算法。

建筑物的供暖热耗，是由建筑物围护结构传热耗热、建筑物冷风渗透耗热及建筑物内部得热三部分组成，即

$$Q_0 = Q_1 + Q_2 - Q_3 \tag{4-25}$$

所以，热耗指标 q 可以表示为

$$q = \frac{Q_0}{24ZA} = \frac{Q_1 + Q_2 - Q_3}{24ZA} \tag{4-26}$$

式中：Q_0——建筑物供暖热耗，W·h；

Q_1——围护结构的传热耗热，W·h；

Q_2——建筑物的冷风渗透耗热，W·h；

Q_3——建筑物的内部得热量，W·h；

q——供暖热耗指标，W/m²；

Z——供暖期天数，d；

A——建筑物面积，m²。

供暖期内围护结构的传热耗热、冷风渗透耗热及内部得热，可按下列各式进行计算。

（1）围护结构的传热耗热

$$Q_1 = 0.024 \sum_{i=1}^{m} \varepsilon_i k_i A_i (D_{18} + \Delta t Z) \tag{4-27}$$

或

$$Q_1 = 0.024 \sum_{i=1}^{m} k_{yi} A_i (D_{18} + \Delta t Z) \tag{4-28}$$

式中：ε_i——太阳辐射和天空辐射影响的修正系数；

k_i——围护结构的传热系数,W/(m²·K);

A_i——围护结构的面积,m²;

D_{18}——以室温 18℃为基准的供暖期度日数,℃·d;

Δt——全部房间的平均计算温度减 18℃后的度数,取 $\Delta t = -2$℃;

k_{yi}——有效传热系数,W/(m²·K)。

(2)冷风渗透耗热

$$Q_2 = 0.024 C_p \rho n V(D_{18} + \Delta t Z) \tag{4-29}$$

式中:C_p——空气的定压比热容,kJ/(kg·K);

ρ——空气的密度,kg/m³;

n——建筑物的平均换气次数,h^{-1};

V——建筑物体积,m³。

(3)内部得热

$$Q_3 = 0.024 q' A Z \tag{4-30}$$

式中:q'——单位建筑面积的得热量,一般住宅可取 3.8W/m²;

A——建筑物面积,m²。

有关 Q_1、Q_2 和 Q_3 计算公式中的各种物性参数与系数,都可在供暖设计手册中查到。

(二)供暖的气象参数

使用简易估算法需要知道相关的气象参数,与供暖有关的气象参数有:室内计算温度、室外计算温度、供暖期始终温度、供暖期天数等。

1. 室内计算温度

室内计算温度一般指距地面 2m 以内人们活动地区的环境温度。室内计算温度应能满足人们生活舒适要求和生产工艺要求。人们生活舒适要求的温度则主要决定于人体的热平衡,包括房间的用途、生活习惯、生活水平等。生产要求的温度一般由工艺设计提出。部分居住及公共建筑物供暖室内计算温度可由供暖手册查取。在设计集中供暖系统时,对于民用建筑,其主要房间的供暖室内计算温度,也可按建筑物的等级采用下列数据来计算:甲等高级民用建筑 20~22℃;乙等中级民用建筑 18~20℃;丙等普通民用建筑 16~18℃。

对于工业企业的生产厂房,规定的是其工作地点的空气温度,一般按下列规定:

轻作业 15~18℃;中作业 12~15℃;重作业 10~12℃。

2. 室外计算温度

按国家规定,供暖室外计算温度应采用该地区历年平均每年不保证 5d 的日平均温度(历年有记录的日平均温度,除去有 5d 不符合要求外,其余都符合条件的日平均温度)。我国主要城市的采暖室外计算温度都可在供暖手册中查到。例如,北京、天津−9℃,石家庄−8℃,张家口−15℃,唐山−10℃,沈阳−14℃,哈尔滨−26℃,济南−7℃,南京−3℃,上海−2℃,西安−5℃,拉萨−6℃,那曲−20℃等。

3. 供暖始终温度和供暖期天数

供暖始终温度指开始采暖和停止采暖的室外平均温度。供暖期天数就是按累计日平均温度稳定低于或等于供暖始终温度的总天数。

(三)供暖度日值和累积热负荷

供暖累计热负荷指供暖系统全年供暖热量的总和,可根据供暖设计热负荷 Q 与供暖度日值 H. D. D. T 求得。

1. 供暖度日值

"度日"的概念是:当室外日平均温度等于某一基准温度 t_B 时,靠太阳辐射以及人体照明、设备等散发的热量就能使室温维持在设计温度,而不需要供暖系统运行时,建筑物就达到热平衡,t_B 就是建筑物的热平衡温度。很显然,t_B 应小于一般的供暖室内设计温度 18℃,有的专家建议可取 $t_B=13\sim15$℃。如果我们取 $t_B=18$℃为基准温度,那么,供暖能耗必然正比于这一基准温度(t_B)和室外日平均温度(t_0)之差,即供暖能耗正比于 t_B-t_0。因此,对于某一天的度日值,就是该天的日平均温度与基准温度的差值,例如,12 月 28 日室外日平均温度为 -2℃,则这一天的供暖度日值 H. D. D. T $=18-(-2)=20$℃ · d。供暖度日值 H. D. D. T 可按下列公式计算

$$\text{H. D. D. T} = \sum_{i=1}^{N}(t_B - t_i) \tag{4-31}$$

式中:N——供暖期的天数,d;

t_B——度日值基准温度,℃;

t_i——供暖期室外平均温度,℃。

采暖与通风设计手册中,一般都给出了全国主要城市的供暖度日数(基准温度 18℃),如北京为 2470℃ · d;天津为 2340℃ · d;哈尔滨为 4938℃ · d;长春为 4497℃ · d;沈阳为 3587℃ · d;石家庄为 2109℃ · d;济南为 1782℃ · d 等。

根据供暖地区的气象资料,按每一室外气温 t_w 下出现的累积天数 $\sum \text{day}$(天)画出曲线,可得到供暖度日值的曲线图,例如图 4-20 是天津地区供暖度日值的曲线图,由 $\sum \text{day} - t_w$ 曲线与坐标轴间包括的面积,即可求得供暖度日值。

2. 供暖累积热负荷

供暖累积热耗量的计算公式如下

$$\sum Q = \frac{Q \text{H. D. D. T}(24 \times 3600)}{t_i - t_0} \tag{4-32}$$

式中:$\sum Q$——供暖累积热耗量,kJ;

Q——供暖设计热负荷,kW;

H. D. D. T——供暖度日值,℃;

t_i——供暖室内计算温度,℃;

t_0——供暖室外计算温度,℃。

我国目前规定室外日平均温度低于 +5℃ 时开始供暖,因而供暖期前后相当长的一段时间里,室内温度达不到设计标准。由于冬季实际的室温受人为规定的供暖期影响,用 18℃ 作为

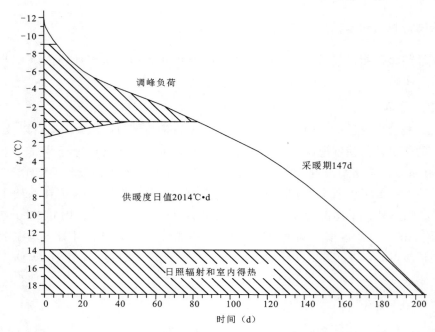

图 4-20 天津地区供暖度日值曲线（又称供暖负荷延时图）

基准的度日值计算出的能耗，要比实际供暖能耗高。因此要根据实际情况修正用 18℃ 作为基准的度日值计算出的能耗。通常实际能耗可用修正系数 r 乘以按 18℃ 作为基准的度日值计算出的能耗求得。一般取 $r=0.6\sim0.9$。

从公式(4-32)看，对于任何一个供暖地区，供暖度日值和室内、外计算温度是确定的，因此，供暖累积耗热量只与供暖设计热负荷有关，供暖度日值曲线的变化反映了供暖累积耗热量的负荷性质，由此又将供暖度日值曲线称作供暖负荷延时图。

三、地热供暖系统的调控

(一)地热供暖系统的调峰

为节约能源，目前我国规定长江以北地区全部需要供暖，长江以南只有个别地区如贵州山区需要供暖。但是，随着人民生活水平的提高，长江以南冬季较寒冷的地区和城市也会需要供暖，如果该地区有地热资源，就可以考虑利用地热供暖，但是这时就必须考虑供暖期长短对年利用率的影响。为此，要引入一个负荷系数(LF)，并由此提出供暖系统的调峰问题。

负荷系数(LF)表示某区域供暖系统全年高峰热负荷（即供暖设计热负荷或满负荷小时）占年总耗热量的百分比，即

$$\text{LF} = \frac{\text{负荷小时数}}{8760} = \frac{\dfrac{r\sum Q}{Q}}{8760} = \frac{r\sum Q}{8760 Q} \tag{4-33}$$

式中：$\sum Q$——年累积耗热量，kJ；

Q——供暖设计热负荷（高峰热负荷），kW；

r——中间修正系数，如京津地区为 0.85，一般为 0.6～0.9。

知道了负荷系数，就可以计算泵的费用；同时，只要知道高峰热负荷（供暖设计热负荷）就可确定年耗热量。

利用气象资料获得的室外温度和相应的小时数就可作出地热年热负荷累积曲线。各种室外温度与相应的年高峰热负荷比值关系见图 4-21。利用热负荷累计曲线可以求出地热水用峰锅炉升温时，锅炉调峰负荷占百分之几更为经济有利。因为高峰热负荷一年中出现的小时数不多，用烧燃料的锅炉调峰能减少管道设施和泵的初投资并提高地热利用率。

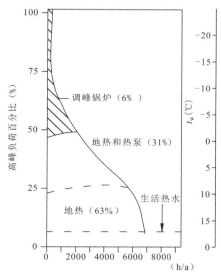

图 4-21 地热热负荷累积曲线

从图 4-20 和图 4-21 可以看出，供暖系统在室外气温 t_W 较低时，供暖累积时数很少，而单位热负荷很大，即设计热负荷下运行的持续时间很短，大部分时间供暖是在比设计热负荷低的状态下运行。由于这一特点，地热供暖系统也有其特殊要求。如果供暖系统的设计热负荷全部由地热负担，那么只有在供暖高峰期（即在设计工况下）地热能才得以满负荷运行，而在绝大部分非供暖高峰期，地热能未得到充分利用，如果以满足设计热负荷作为地热供暖设计的基础数据，那么，这眼地热井供暖的建筑面积就不可能很大。如果我们将供暖设计热负荷（Q）分为地热设计热负荷（Q_D）和调峰设计热负荷（Q_r）两部分，地热热负荷为图 4-20 和图 4-21 中的基础面积，调峰热负荷为图中尖峰部分面积，且有 $Q=Q_D+Q_r$，那么，计算地热井供暖面积时，就不必满足地热设计热负荷，而只要满足较低的地热设计热负荷即可，这样，地热供暖建筑面积将大大增加。

所以，为使地热水在整个供暖期得以充分利用，地热供暖系统的设计热负荷应分为两部分：一部分为基本热负荷，由地热承担；另一部分为调峰热负荷，由调峰设备承担。基本热负荷必须有一个高负荷系数和低运行费，调峰热负荷设备则要求投资低，但燃料价格可以高。由于调峰热负荷相对较小，因此，即使使用较贵的燃料（如油、天然气）供调峰设备使用，其整个供暖系统的经济性还是很好的。确定基本热负荷与调峰热负荷的负荷比，应以技术经济比较为依据。

各种地热供热系统，可因地制宜地选用最经济、最合理的调峰方式和负荷比例。在选择不同的地热系统并确定调峰手段等一系列问题时，应给出该系统的年负荷运行曲线，以帮助确定最佳运行方式。

设计热负荷与累积热负荷是两个不同的概念，设计热负荷确定了供暖设备的热容量，而累积热负荷确定的是燃料量和运行费。选定了某调峰比例后，在负荷延时图上（图 4-20）纵坐标可代表设计热负荷比，负荷曲线下的面积可代表累积热负荷。以天津地区为例，相应的数值如表 4-3 所示。

表 4-3　天津地区供暖数据分析

设计调峰热负荷比例(%)	10	20	30	40	50
调峰累积热负荷占总供暖量比(%)	1.3	4.1	9.0	19.4	29.7
地热累积热负荷占总供暖量比(%)	98.7	95.9	91.0	80.6	70.3
与纯地热供暖相比,采用调峰后供暖面积增加的百分比(%)	11.0	25.0	43.0	67.0	100.0

从上述数字看,当设计调峰热负荷占30%时,调峰累积热负荷还不到10%,而地热累积热负荷大于90%;即使设计调峰热负荷达到50%,调峰累积热负荷也不超过30%,地热累积热负荷仍达70.3%。从供暖面积看,由于增加调峰措施,与单纯地热供暖期相比,当设计调峰热负荷分别为30%和50%时,供暖面积分别增加了43%和1倍。另外,由于增加了调峰措施,使供暖系统的供水温度提高,从而相应减少了终端散热设备的投资费。

有人认为低温地热水温度不够高才加调峰措施,这是一种误解。即使在地热水温超过90℃时,地热供暖也应加调峰措施,这是因为地热系统的初投资高,运行费低,正好适用于基本负荷;相反,调峰措施的初投资低,燃料费用高,用作尖峰负荷,累积燃料消耗少。地热加调峰两者配合,扬长避短,可以有效地提高地热利用率。

地热供热系统调峰所用的热源可以有多种,如用燃煤、燃油、燃气锅炉或热泵取热等。各种调峰措施的投资和运行费会有差异,可根据技术经济方法来计算地热加调峰措施的供暖成本,寻求供暖成本最低的方案。一般规律是:调峰的年度费用高,调峰占的比例就应小些;反之,调峰年度费用低的,调峰比例就可大些。在选择以何种方式作为供热调峰热源时,除经济性外,还要考虑环境因素、能源来源是否有保证等。

(二)供热调节

为使供暖系统获得符合设计要求的稳定的供暖质量,供热调节是一项非常重要而且必需的技术措施。目前,供暖中常用的供热调节方式有质调节、量调节、分阶段改变流量的质调节和间歇调节四种。

(1)质调节:只需在热源处改变供水温度。运行管理方便,管网热水流量保持不变,水力工况稳定,但消耗电能较多。

(2)量调节:只改变热网热水流量,使供水温度保持恒定。采用量调节时,随着室外温度的升高,管网的热水流量必将减少,从而容易产生水力失调,导致热力失调。这种调节方式一般可作为质调节的一种辅助方式。

(3)分阶段改变流量的质调节:它是在供暖期中按室外温度分成几个阶段,分别进行分阶段的质调节。在室外温度较低的严寒阶段,系统中保持较大的流量;而在室外温度较高的供暖初期和末期,则保持较小的流量。每一阶段中循环水量保持不变,可以减少循环泵运行电耗。

(4)间歇调节:即改变每天供暖小时数,可以在室外温度较高的供暖初期和末期,作为一种辅助的供热调节措施。当采用间歇调节时,管网流量和供水温度均保持不变,供暖系统每天供暖小时数随室外温度的升高而减少。

地热供暖,地热水温基本恒定,对于有调峰设备的地热直接供暖系统,在供暖调峰期可以通过改变调峰设备供热量来改变管网供水温度,实现质调节;对于无调峰的地热直接供暖系统或有调峰系统的无调峰阶段,则可以通过调节地热水量来改变供暖系统的供热量。目前多数地热直接供暖系统都属于无调峰的地热井泵直流供系统。然而由于井泵供水量的变化会引起管网流量的变化,因此,这种调节方式很容易导致水力失调,最终导致热力失调。

为了在供热调节时使系统的水力工况稳定,可以采用让部分供暖排水返回,并将其与地热水相混合,混合后由循环泵供给用户系统,以保证管网流量的恒定。当室外气温升高时,适当减少地热水量增加回水量,管网供水温度就可以降低,而循环水量保持不变;反之,当室外气温降低时,可通过增加地热水量减少回水量使混合后的供水温度提高,而循环水量仍保持不变。这样,通过改变地热水量与回水量的混合比来改变管网供水温度,可以保证管网流量恒定,从而既实现地热直接供暖系统的调节,也使系统水力工况稳定。

(三)调节地热水量的方法

调节地热水量的方法主要有间歇运行法、井口回流法、节流法和井泵调速法四种。

(1)间歇运行法:该法是利用储水箱使井泵间歇运行来调节地热水量。由于井泵间歇运行,时停时开,会使井泵产生比较严重的振动负荷,导致井泵损坏,缩短使用寿命,同时,储水箱会使箱中地热水因接触空气而增加溶氧量,加剧系统的腐蚀。

(2)井口回流法:该法是将泵出的地热水一部分回流至井内,以调节地热井向外界的实际供水量。这种方法虽然可以节约地热水,但地热井泵却始终处于满负荷工作状态,既不节电,也不利于管网压力的稳定,有时还会造成井内设施的损伤。

(3)节流法:该法是用阀门来调节水泵的出水量。这种方法实质上是通过改变管路特性曲线来调节流量。根据井泵的特性,阀门节流后出水量减少,泵的工作点沿特性曲线偏移,扬程有不同程度的提高。因此,节流法的特点就是简单地通过外加的摩擦阻力消耗这部分过剩扬程,同时因井泵工况点离开了额定工况点导致井泵效率降低。可见节流法虽然简便,却增加了不可逆损失,浪费了能量。流量变化越大,浪费也就越严重。若是在井口直接采用这种方法,水泵一直处于满载,还容易损坏井泵。因此,一般不提倡采用这种调节方法。

(4)井泵调速法:该法是采用调节井泵转速的办法来调节地热水流量。这种调节方法能减少或消除节流产生的剩余扬程,降低井泵耗电。这是因为井泵调速后,根据相似理论可得到一组密集的特性曲线,这组井泵特性曲线与管路性能曲线的交点就是井泵变速后的一系列工况点。当水量变化时,改变井泵转速,并配以适当的恒压控制方式,泵工作点就可沿系统管路特性曲线移动而无剩余扬程。另外,井泵工作扬程下降,井泵的转速也下降,由流体机械相似理论中的比例定律可知,泵的高效率区也相应改变,结果,井泵仍处于高效区运行,因而减少了井泵的电耗。可见,井泵调速法在节水的同时可以降低井泵输出功率,减少井泵电耗,是节水节电、延长井泵寿命的好方法,现已普遍应用。

井泵调速的方法有多种,如变极调速、变频调速、无换向器电机调速、闸流管串级调速、绕线型异步电动机转子串电阻调速、液力耦合器调速、电磁离合器调速以及定子降压调速等。其中,变频调速是一种高效无级调速方法,它通过改变井泵的电机电源供电频率达到井泵变速运行的目的。变频调速的优点是被调速的电机具有优良的变速运转性能,可实现无级调速,工况点稳定,节能效果好,而且整套设备安装使用方便,占地小,可以达到节水、节电,减少能源浪费的目的,因而受到广大用户的重视和采纳。

第三节 地热发电

一、地热发电技术

地热发电指的是利用地下热水和蒸汽为动力源,利用蒸汽的热能推动汽轮发电机组发电的一种新型发电技术。其基本原理和火力发电类似,地热发电实际上就是把地下的热能转变为机械能,然后再将机械能转变为电能的能量转变过程。与传统火力发电不同,地热发电不消耗燃料,没有庞大的锅炉设备,没有灰渣和烟气对环境的污染,是比较清洁的能源。

针对可利用温度不同的地热资源,地热发电可分为地热蒸汽发电、地下热水发电、全流地热发电和干热岩发电四种方式。

(一)地热蒸汽发电

地热蒸汽发电主要适用于高温蒸汽地热田,是把蒸汽田中的蒸汽直接引入汽轮发电机组发电,在引入发电机组前需对蒸汽进行净化,去除其中的岩屑和水滴。这种发电方式最为简单,但是高温蒸汽地热资源十分有限,且多存于较深的地层,开采难度较大,故发展受到限制。地热蒸汽发电主要净化分离器有背压式汽轮机发电和凝汽式汽轮机发电两种。

(1)背压式汽轮机发电:背压式汽轮机发电系统是最为简单的地热蒸汽发电方式,如图4-22所示。工作原理是:把干蒸汽从蒸汽井中引出,净化后送入汽轮机做功,由蒸汽推动汽轮发电机组发电。蒸汽做功后可直接排空,或者给用户送热,用于农业生产等,这种系统大多用于地热蒸汽中不凝结气体含量很高的场合,或者综合利用,排气用于工农业生产和生活用水。

(2)凝汽式汽轮机发电:为了提高地热电站的机组输出功率和发电效率,凝汽式汽轮机发电系统将做功后的干蒸汽排入混合式凝汽器,冷却后再排出,如图4-23所示,在该系统中,蒸汽在汽轮机中能膨胀到很低的压力,所以能做出更多的功。为了保证冷凝器中具有很低的冷凝压力(接近真空状态),设有抽气器来抽气,把由地热蒸汽带来的各种不凝结气体和外界漏入系统中的空气从凝汽器中抽走。美国盖瑟斯地热电站和意大利拉德瑞罗地热电站就是采用此种发电方式。

(二)地下热水发电

地下热水发电是地热发电的主要方式,目前地下热水发电系统有两种方式:闪蒸地热发电系统和中间介质法地热发电系统。

1. 闪蒸地热发电

闪蒸地热发电基于扩容降压的原理,从地热水中产生蒸汽。水的汽化温度与压力有关,在

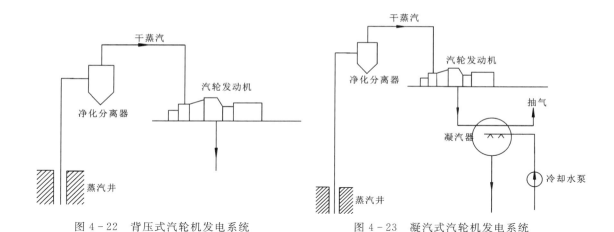

图 4-22 背压式汽轮机发电系统　　　　图 4-23 凝汽式汽轮机发电系统

1个绝对大气压下水的汽化温度是100℃,如果在0.3个绝对大气压下水的汽化温度是68.7℃。通过降低压力而使热水沸腾变为蒸汽,以推动汽轮发电机转动而发电。由于热水降压蒸发的速度很快,是一种闪急蒸发过程,同时,热水蒸发产生蒸汽时体积要迅速扩大,因此这个容器叫作闪蒸汽或扩容器。用这种方法产生的蒸汽发电系统,叫作闪蒸地热发电系统或减压扩容法地热发电系统。它又可以分为单级闪蒸发电系统和两级闪蒸发电系统。

单级闪蒸发电系统简单、投资省,但热效率较低,厂用电率较高,适用于中温(90~160℃)的地热田发电。单级闪蒸发电系统如图4-24所示。

为了增加每吨地热水的发电量,可以采用两级闪蒸发电系统,即将闪蒸汽中降压闪蒸后剩下的水不直接排空,而是引入第二级低压闪蒸分离器中,分离出低压蒸汽引入汽轮机的中部某一级膨胀做功。两级闪蒸发电系统热效率较高,一般可以使每吨地热水的发电量增加20%左右,但蒸汽量增加的同时冷却水量也有较大的增长,这会抵消部分采用两级扩容后增加的发电量。两级闪蒸发电系统如图4-25所示。

采用闪蒸法的地热电站,若热水温度低于100℃,全热力系统处于负压状态。这种电站的缺点是:设备尺寸大,容易腐蚀结垢,热效率较低;由于是直接以地下热水蒸气为工质,因而对于地下热水的温度、矿化度以及不凝气体含量等有较高的要求。

2. 中间介质法地热发电

中间介质法采用双循环系统,即利用地下热水间接加热某些低沸点物质来推动汽轮机做功的发电方式。例如,在常压下水的沸点为100℃,而有些物质如氯乙烷和氟利昂在常压下的沸点温度分别为12.4℃及-29.8℃,这些物质被称为低沸点物质,根据这些物质在低温下沸腾的特性,可将它们作为中间介质进行地下热水发电。利用中间介质发电方法,既可以用100℃以上的地下热水(汽),也可以用100℃以下的地下热水。对于温度较低的地下热水来说,采用降压扩容法效率较低,而且在技术上存在一定困难,而利用中间介质法则较为合适。

中间介质法地热发电系统中采用两种流体,一种是采用地热流体做热源,它在蒸汽发生器中汽轮机被冷却后排入环境或打入地下;另一种是采用低沸点介质流体作为一种工质(如氟利

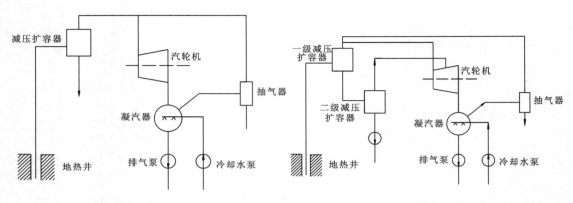

图 4-24 单级闪蒸发电系统　　　　　图 4-25 两级闪蒸发电系统

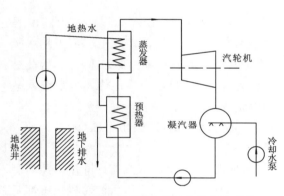

图 4-26 单级中间介质法地热发电系统

昂、异戊烷、异丁烷、正丁烷、氯丁烷等），这种工质在蒸汽发生器内由于吸收了地热水放出的热量而汽化，产生的低沸点工质蒸汽送入汽轮机发电机组发电。做完功后的蒸汽，由汽轮机排出，并在冷凝器中冷凝成液体，然后经循环泵打回蒸汽发生器再循环工作。该方式分单级中间介质法和双级（或多级）中间介质法系统。如图 4-26 所示为单级中间介质法地热发电系统。

单级中间介质法地热发电系统的优点是：能够更充分地利用低温度地下热水的热量，降低发电的热水消耗率，设备紧凑，汽轮机尺寸小，易于适应化学成分比较复杂的地下热水。缺点是：设备较复杂，大部分低沸点工质传热性都比水差，采用此方式需有相当大的金属换热面积，增加了投资和运行的复杂性；而且有些低沸点工质还有易燃、易爆、有毒、不稳定、对金属有腐蚀等特性，安全性较差，如果发电系统的封闭稍有泄漏，工质逸出后容易引发事故。

单级中间介质法地热发电系统发电后的热排水还有很高的温度，可达 50～60℃，因此，可采用两级中间介质法地热发电方式以充分利用排水中的热量并再次用于发电。采用两级利用方案，各级蒸发器中的蒸发压力要综合考虑，选择最佳数值。如果选择合理，那么可使两级中间介质法比单级中间介质法的发电能力提高 20% 左右。

（三）全流地热发电

全流地热发电系统是把地热井口的全部流体，包括蒸汽、热水、不凝气体及化学物质等，不经处理直接送进全流动力机械中膨胀做功，而后排放或收集到凝汽器中，这样可以充分利用地热流体的全部能量。该系统由螺杆膨胀器、汽轮发电机组和冷凝器等部分组成。它的单位净输出功率可比单级闪蒸法和两级闪蒸法发电系统的单位净输出功率分别提高60%和30%左右。全流地热发电系统如图4-27所示。

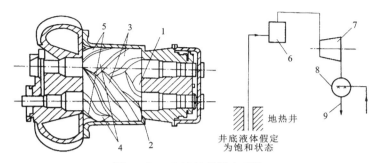

图4-27 全流地热发电系统

1—高压气室；2～4—啮合螺旋转子；5—排出口；6—全流膨胀器；7—汽轮发电机组；8—凝汽器；9—热水排放

(四) 干热岩发电

干热岩是指地下不存在热水和蒸汽的热储岩体。干热岩地热资源专指埋藏较浅、温度较高且具有较大经济开发价值的热储岩体,它是比蒸汽热水和地压热资源更为巨大的资源。要取出干热岩体中的热能,无法通过地下自然的热水和蒸汽作为媒介。

从干热岩取热的原理十分简单。首先钻一口回灌深井至地下4～6km深处的干热岩层,将水用压力泵通过注水井压入高温岩体中,在此处岩石层的温度大约在200℃,用水力破碎热岩石;然后另钻一口生产井,使之与破碎岩石形成的人工热储相交。这样从回灌井压入的水经地下人工热储吸取破碎热岩石中的热量,变成热水或过热水,再从生产井流出至地面,在地面,通过热交换器和汽轮发电机将热能转化成电能。而推动汽轮机工作的热水冷却后再通过注水井回灌到地下供循环使用。干热岩发电系统如图4-28所示。

在特定地区内,干热岩资源的开发很大程度上取决于在经济合理的深度内获取岩石高温的方法。寻求高品位的干热岩资源的难度和成本比开发水热资源和矿物燃料小,这是因为开发水热资源或石油、天然气时,勘探者必须弄清岩石的渗透率、孔隙率、裂隙和填充物。而勘探干热岩时,只要找到干热岩就

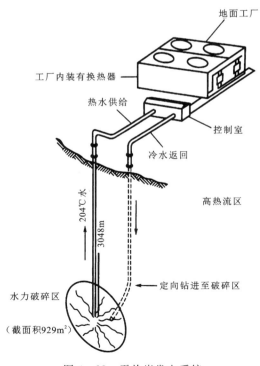

图4-28 干热岩发电系统

可以钻进和完成任意数量的井。

干热岩发电在许多方面比天然蒸汽或热水发电优越。①干热岩数量的储量比较大,可以较稳定地供给发电系统热量,且使用寿命较长;②从地表注入地下的清洁水被干热岩加热后,热水的温度高;③由于热水在地下停留的时间短,来不及溶解岩石中大量的矿物质,因此热水所夹带的杂质较少。

二、地热电站实例

(一)世界第一个地热电站——意大利拉德瑞罗地热电站

世界地热发电始于1904年,在意大利拉德瑞罗成功试验了利用天然地热蒸汽的发电装置,点亮了5个灯泡。接着,在那里开始了地热勘探钻井和建设商业性地热电站。拉德瑞罗地热电站建成后,开始发展兆瓦级机组,地热发电持续增长,1916年地热发电总装机容量达到10.75MW,到1940年猛增至128.35MW,至1957年达273.35MW,仍是世界上独树一帜的地热发电。1958年以后,新西兰、美国等国家陆续加入地热发电行业,但意大利拉德瑞罗地热发电仍然遥遥领先,直至20世纪70年代才被美国超越。1985年,拉德瑞罗地热电站装机容量达到380.05MW,这是老机组的容量峰值,共41台机组,大多数单级容量为26MW。从20世纪90年代开始,拉德瑞罗地热电站陆续淘汰旧机组、建设新机组,新机组技术先进,单机容量扩大,大部分为20MW机组,并有4台60MW机组。2013年拉德瑞罗地热电站运行机组22台,总装机容量594MW,全部都是90年代以来的新建机组,最新的机组是2009年安装的2台20MW机组。拉德瑞罗地热电站2013年庆祝发电100周年,而实际上它已是一个全新的先进阵容在持续工作。

(二)中国最大的地热电站——西藏羊八井地热电站

西藏羊八井地热电站是目前国内最大的地热电站,位于拉萨市西北约90km处,属当雄县羊八井区。热田位于羊八井盆地的中部,地势开阔平坦,海拔4300m左右。藏布曲河从热田东南部流过,夏季流量可达几十立方米每秒,枯水期最小流量仅$1m^3/s$左右,河水年平均水温5℃,对发电很有利。当地的大气压只有0.06MPa左右。

羊八井地热田热储埋深较小,地热生产井的深度一般不超过100m,汽水混合流体的最大流量为160t/h,其中蒸汽量为7.8t/h,地热水中不凝结性气体含量约占1%(质量分数)。

羊八井最早的第一台1MW试验机组是用闲置的国产25MW汽轮发电机组改装的。由于当时地热资源尚未探明,只能依据少量井口参数进行设计,使机组设计的进汽参数比热田实际参数高,因出力达不到设计要求而未能连续发电。后来通过一系列试验研究和改进,至1978年10月才投入正常运行。由于1号机的试验为地热发电积累了经验和数据,为以后3MW地热机组的设计提供了宝贵的资料。

除5号机(日本进口机组,单击容量为3.18MW)外,2~9号机单机容量均为3MW机组。设计和制造上吸取了1号机的经验和教训,采用了两级扩容,而且汽水混合流体通过井口分离器分离后分别由汽、水两根母管送到各机组扩容器,使热效率由3.5%提高到6.0%。另外根据热田的实际参数所计算的最佳发电值,使汽轮机的参数和热田参数能很好匹配。

汽轮机采取小岛式布置,运行层标高 6m。冷凝器为混合式,采用高位布置。汽轮机的调节方式为节流调节,其优点是调节系统的结构简单,气流阻力小。汽轮机的通流部分共由 4 个压力级组成,第一、二进汽口后面各有两个压力级。

羊八井地热电站已经连续运行了 40 多年,其 3000kW 的汽轮发电机组的批量投入运行,标志着我国地热发电设备设计和制造的水平已能满足生产要求。

(三)目前世界上最成功的干热岩地热电站——法国苏茨地热电站

法国苏茨(Soultz)工程是目前世界上最为成功的 EGS 项目。Soultz 项目始于 1987 年的欧盟干热岩科研项目。一开始的想法是在没有渗透性的岩层当中通过压裂手段创造裂隙。1997 年开展了首期对井循环换热实验。在取得一定的经验后,从 2001 年开始,项目的科研工作内容逐渐开始转向如何实现稳定的井下热流循环,并同时开始引入工业界投资。2008 年,在井口边建设了第一套有机朗肯循环(ORC)发电机组。2009 年建成 1.5MW 的 EGS 试验电站,在人工热储示踪技术、环路流通、微震、在线腐蚀监测、防垢技术、潜水井泵等方面取得较大研究进展。2011 年实现首次商业售电。2013 年在进行了地面管线和机组的技术改造之后,实现了商业化的连续发电,并且未来计划新增 1.5MW 的装机容量。它从 30 多年前的欧盟科研开发项目,通过一步一步地扎实推进和发展,在 2013 年实现了稳定利用干热岩技术路线的地热发电。苏茨地热项目的成功,证明了增强型地热系统发电的可行性,大大增加了世界开发深部干热岩资源的信心。

第四节 地热其他利用

一、地热温室

地热温室以地热能和太阳能作为热源,因而生产成本低,在各种能源温室中占据十分有利的地位。温室栽培已经成为调节产期、减少污染、净化环境、生产各种优质农产品的重要途径。

目前大多数地热温室大棚的结构选用塑料或玻璃作为覆盖物,以最少的成本覆盖最大限度的地面,获得最大的日照,并采用坚固方便的结构。

地热温室的加热方式主要有热风采暖、热水采暖和地下采暖等。其中热水采暖是通过热水管或散热器散热,只要热水管或散热器布置均匀,温度分布就很均匀,70℃左右的管道温度即便接近茎叶对作物生长也没有多大影响。地热水温度变化甚小,管理比较容易。但是热水采暖的散热设备不能移动,温室面积大或分散的时候,管道延伸过长,各温室温度难以一致。

热风采暖不需要很长的输热管道,温室内直接利用地热水通过散热设备加热空气,因此设备简单、造价低廉、质量轻、容易搬动、便于控制。但是室内温度不如热水采暖好,特别是在温室上部可能温度较高,而地面温度低,不利于地温提高。

随着农业技术和材料科学的发展,现在地热温室大多数采用热风采暖和地下采暖相结合的方式,同时利用散热器加热和地下埋管加热。温室外管网大多采用并联布置,这样各个温室里面的温度比较均匀。

二、地热养殖

地热养殖指利用地热水进行水产养殖,采用地热养殖不仅可解决鱼类的越冬问题,还可解决鱼、虾类等名贵水产的亲本保种、种苗早繁以及冬季养殖问题。与天然水相比,利用地热水冬季养殖是一种省能源、易掌握的有效途径。

用于水产养殖的温室越冬方式基本类型有两种:一种是玻璃温室,另一种是塑料棚温室。玻璃温室可以充分利用地热能,节省土地,容易管理,但成本较高;塑料棚温室一般采用拱形钢管骨架,拱面覆盖塑料薄膜。水产养殖温室着眼点在于室内池水温度。当水质符合要求时,地热水可直接送入鱼池。水质不宜直接用于水产养殖时,可以在池内铺设蛇形管或盘管热交换器,利用地热水间接将池水加热。

三、地热孵化

随着家禽业的发展和农场规模的不断扩大,大型孵化机的需求量日益增加。目前我国投入使用的孵化机均以电为能源,这不仅能耗大,而且不利于广大农村和边远地区使用。近年来,由于能源紧缺状况加剧和地热资源的开发利用,以地热为热源的孵化机日益受到人们的重视。

地热孵化指的是利用地热作为热源来孵化家禽的技术。地热孵化的原理是以地热为热源的加热器提供孵化机内需要的温度,保持鸡蛋在最适宜孵化的环境温度(37.8℃),胚蛋在此温度下经过21d孵化发育成为雏鸡。

同电孵化相比,地热孵化有许多优点:节能电力,合理利用了低品位能源;减少了采用电加热器加热时对胚蛋热辐射的影响;地热水水温较低(一般在50～80℃),孵化机内的温度较易控制。

对于家禽孵化,温度和翻蛋时间起着决定作用。地热孵化与其他人工孵化相比,改变了热源,取消了箱内鼓风,整个孵化过程有所创新。地热孵化主要的几个技术环节是水温水量,孵化前的试水试温,升温入孵,节流调湿,水盘散湿,定时不定位翻蛋,落盘更温和照蛋检胚。

四、地热干燥

地热干燥指的是利用中低温地热水中的高焓部分经过换热器产生热风,对不同物料进行脱水干燥的一种技术。干燥后的尾水还可进行其他项目的综合利用。地热干燥在地热资源丰富的国家,如美国、日本、冰岛和匈牙利等国早已开展,并已达到较高水平。美国夏威夷州的社会地热技术计划第一阶段(1986—1987年)有两项地热干燥项目:果品干燥和木材干燥。用于果品干燥的装置为一地热能干燥室,该室尺寸为 $5.5m \times 1.2m \times 1.8m$。由地热蒸汽盘管加热的空气靠7台风机在干燥室中充分循环,保证料盘上的果品均匀干燥,并有一台备用的电加热器。该干燥室可容纳3部装满片状果品料盘的"车轮式"手推车。干燥的果品是菠萝片、香蕉片和木瓜片。果品干燥温度约为49℃。用于木材干燥的装置为一座地热干燥窑炉,被干燥的木料为相思树木板,木板干燥周期比自然空气干燥缩短到1~2个月。在美国内华达州布雷迪温泉地区,设有一座利用地热能的蔬菜脱水加工厂,用被地热水加热的空气作干燥流体,进行洋葱、芹菜和胡萝卜等蔬菜的脱水。另外,冰岛还将地热用于硅藻土干燥,日本用地热水干燥香菇,匈牙利则通过地热水加热空气进行农副产品的脱水等。

国外地热干燥所用的地热流体温度大都在100℃以上,而国内所利用地热流体的温度大多在100℃以下。除此之外,我国地热干燥利用大多都是与地热综合梯级利用相结合,使地热流体的"高温"段得到充分合理的利用,提高了单井的能源利用率,同时提高了单井地热利用的经济效益。

第五节 地热梯级利用

由于目前单组或单台供热设备所能产生的温降是有限的,而导致深井抽出的地热水经一次换热后直接排放(或回灌)的温度偏高。为了提高地热能利用率,可将不同使用目的、不同使用温度要求的换热设备通过串联运行的方式,将地热流体的热量由高温到低温逐级提取利用,使地热尾水降至理想的温度后直接排放(或回灌)。这种充分利用地热能的方式被称为地热梯级利用系统。

实现梯级取热的可行性在于,众多用热设备(或场所)均有其要求的温度区间,如表4-4所示。

表4-4 部分应用技术对流体温度的要求

温度区间(℃)	可应用技术或场所	备注
100~90	鱼类资源干燥和快速除冰作业	
90~80	采暖和温室供热	
80~70	制冷	温度低限
70~60	动物饲养及温室、温床联合供热	
60~50	培植蘑菇、医疗保健淋浴	
50~40	土地加温	
40~30	游泳池、生物降解、发酵及利用温水采矿防冻	
30~20	鱼类孵化、土地加温	

经发电或采暖后的地热尾水的温度仍在30~40℃左右,可充分利用,如进行水产养殖、灌溉等。

地热梯级利用系统原理如图4-29所示。地热水经抽水井出井后依次通过一级换热器、二级换热器,直至最后一级换热器,通过换热器提取的热量再经循环进入各个采暖设备中,地热尾水经过充分取热,最终以理想的温度回灌至地下。

与常规供热方式(如城市集中供热)相比,地热梯级利用系统要复杂得多,原因主要有下面3个方面。

(1)地下水富含矿物质,水质复杂,通常情况下包含大量泥沙或氯根、硫酸根、游离二氧化碳和硫化氨等组分,对金属有一定的腐蚀性,亦可导致设备堵塞,因此,地热水需进行水质处理后才能应用到供暖系统中,且直接接触地热水的换热器必须选用耐腐蚀材质换热器(如铁板换热器等)。

(2)常规供暖系统热源水一般经过一次换热即可,地热梯级利用系统中由于热源水来自地层深处,抽水与回灌需要消耗大量电能,且对于大多数采暖设备而言,一次换热的利用温差是极其有限的,因此,需经过采暖设备多级提热后才能体现经济性与节能性。

(3)在地热尾水的处理方面,不同于常规供热方式(如:地表水源热泵的热源水尾水只需排至江河湖泊中;闭式系统的热源水水量原则上是无消耗的,不存在热源水尾水处理的问题等),地下水有直接排放和地热回灌两种方式。

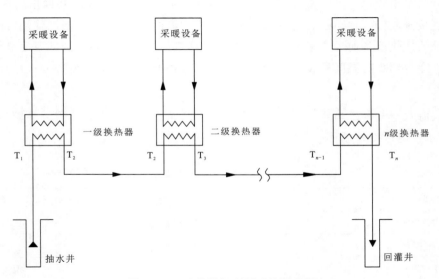

图4-29 地热梯级利用系统原理图

直接排放:不仅会造成地下水资源的浪费,不符合"取热不取水"的地下水使用要求,而且地下水中富含的重金属成分会对周围土壤产生严重污染。

地热回灌:对于处理地热废水、改善或恢复热储的产热能力、保持热储的流体压力维持地热田的开采条件等方面均具有重要意义,是国家对地下水使用的强制性要求,所采用的地热回灌措施有3类:同井分层回灌、对井回灌、群井生产性回灌。但回灌能力受堵塞等问题影响严重,是目前亟待解决的问题。

第五章 浅层地热能工程技术

第一节 浅层地热能及其特征

浅层地热能是指地表以下一定深度范围内的岩土体、地下水和土壤中,温度一般低于25℃,在当前技术经济条件下具有开发利用价值的热能。主要来自太阳的辐射能和地球内部热能,储量巨大,赋存于地下数百米至地表冻土层以下的恒温带中。它是可再生的低温能源,取之不尽、用之不竭。过去这种低温能源被人们所忽视。随着制冷技术及设备的进步和完善,成熟的热泵技术使浅层地热能的采集、提升和利用成为现实。

除大量存在的浅层低温地能外,大自然还赋予给我们其他的可利用的低温能源,如地表水(江、河、湖、海)、空气等。当然,它们的温度变化较大,往往受地域和季节气候的影响。城市污水、工业废水及电厂冷却循环水也是可以利用的低温能源,应加以关注和利用。

浅层地能热作为一种远有前景、近有实效的新能源,是一种可持续开发的能源,它的开发和利用在建筑供暖(冷)行业中具有举足轻重的作用。它拓展了地热能可采集的范围,实现了传统地热能的梯级利用,它的开发利用已经引起国内外建筑供暖制冷行业用能的重大变革。

一、浅层地热能的优点

(1)分布广泛。浅层地热能在地球表层以下接近均匀分布,到处都有,从地下水、地下土壤和江河湖海等地表水中都能采集到浅层地热能,可以根据项目的条件在周边就近提取和利用,输送距离短。

(2)储量巨大。据测算,我国近百米内的土壤每年可采集的浅层地热能是我国发电装机容量 4×10^8 kW 的 3750 倍,而百米以内地下水每年可采集的浅层地热能也有 2×10^8 kW。

(3)稳定持续。浅层地热能是一种温差势能,其温度一年四季相对稳定,冬季比环境空气温度高,夏季比环境空气温度低,是很好的热泵热源和空调冷源。

(4)清洁环保。浅层地热能作为一种清洁的可再生能源,主要通过热泵技术进行采集利用。利用浅层地热能不会产生 CO_2、SO_x、NO_x、粉尘等产物。因此,开发利用清洁环保的浅层地热资源已是社会发展的必然趋势。

二、浅层地热能的不足

(1)品位低。浅层地热能不能作为独立的能源使用,必须借助热泵才能利用,运行时需要消耗一部分电能。同时，浅层地热能的有效利用是一项系统工程，涉及能量的采集、提升、释放三部分。

(2)受水文地质条件影响大。尽管浅层地热能理论上均匀分布于地球表层以下，存在于地下水、地下土壤和江河湖海等地表水中，但实际应用中，在不同的水文地质条件下利用浅层地热能的成本有差异。

(3)受场地限制。采集浅层地热能最常用的方式是地下水井方式和地埋管方式，这两种方式都需要较大的场地。现在城市中建筑物的密度越来越大，建筑物周边的空地越来越少，这使得利用地下水井或地埋管方式采集浅层地热能变得十分困难，尤其是地埋管方式，在城市中心地区已经很难实施。

三、浅层地热能的存在形式

(一)地下水

地下水是指地下含水层中的水体。地下水存在于各种自然条件下，其聚集、运动的过程各不相同，因而在埋藏条件、分布规律、水动力特征、物理性质、化学成分、动态变化等方面都具有不同的特点。地下水温度常年稳定，水量也比较稳定，水质比地表水好，地下水的水温、水量和水质基本不受外部环境条件的影响，取水也比较容易。

地下水按其埋藏条件可分为 3 类：上层滞水、潜水和承压水。

(1)上层滞水。上层滞水埋藏在透水性较好的岩层中，夹有不透水岩层。上层滞水一般埋深较浅，范围小，储量小，受季节性影响大，不宜作为储能含水层。

(2)潜水。潜水是埋藏于地下第一个稳定含水层之上、具有自由表面的重力水。它的上部没有连续完整的隔水顶板，通过上部透水层可与地表相通，其自由表面称为潜水面。潜水通过包气带与地表水相连通，大气降水、地表水、凝结水通过包气带的空隙通道可以直接渗入补给潜水，所以其水温受天气变化影响较大，一般情况下不作为储能介质。

(3)承压水。承压水也叫层间水，它指充满于上下两下稳定隔水层之间的含水层中的重力水。承压水由于有稳定的隔水顶板，水体承受静水压力，故没有自由水面，同时承压水与地表的直接联系也被隔绝，所以承压水的水温和水质等受外界的影响较小，是季节性储能的首选介质。

(二)地下土壤

利用地下水作为热泵的热源，需要解决水量和回灌等问题，只有在地下水量丰富、有稳定的补给、含水层孔隙率较大的条件下才比较适用。然而在很多地方并不具备这样的条件。因此，可以将一定数量的换热管埋在地下土壤中，让水在管内循环流动并通过管壁与地下土壤中的能量采集上来，提供给热泵，这就是土壤源热泵。

如果不考虑土壤冷热平衡的因素，土壤源热泵在任何地区都可以使用，因为它不受地下水量、水质和回灌等因素的限制，运行更稳定。这是土壤源热泵与地下水源热泵相比所具有的最主要的优势。

但与地下水源热泵相比,它也有一些不足:①换热管内的水与土壤之间存在温差,所含能量的品位低于地下土壤和地下水,使热泵系统的效率下降,运行成本提高,而且埋设的换热管越少,管内的水与土壤之间的温差越大,对热泵效率的影响也越大;②由于土壤的热导率小,因而能流密度小,一般在 $25W/m^2$ 左右,换热管内的水与地下土壤之间的热交换率很低,在热泵系统承担较大的供暖或制冷负荷时,换热管与地下土壤之间的换热面积必须足够大,需要在地下土壤中埋设大量换热管,不仅造价很高,而且需要较大的场地和空间。

对土壤源热泵系统影响比较大的因素主要是土壤的温度和土壤的传热性能。不同的地质条件不仅对传热性能有很大影响,对系统造价也有很大的影响。

第二节 地源热泵技术

地源热泵技术是以浅层地热能作为低品位热源,通过热泵为建筑物提供供热和制冷的一种技术。它只需消耗少量电能就可以将大量的低品位的浅层地热能转移给品位相对较高的空调循环水,冬天把浅层地热能从地下取出来提高温度后给建筑物供热;夏天把建筑物内的热量取出来释放到地下,为建筑物制冷。

一、地源热泵技术的主要优势

通过地源热泵技术利用浅层地热能为建筑物的空调系统提供冷热源,具有既能供暖又能制冷、既节能节水又清洁环保等很多其他建筑供能方式无法比拟的优势。

(1)节能。利用地源热泵技术供热,每消耗 $1kW\cdot h$ 的电能,可以获得 $4\sim 5kW\cdot h$ 的地热能,多获得的热能就是从地下水、地下土壤中采集的可再生浅层地热能,所以在多数情况下利用地源热泵技术可以降低供热成本。

利用地源热泵技术制冷,与传统中央空调技术相比可以降低能耗20%以上。地源热泵系统用温度基本恒定的浅层地热能来冷却,不会因气候的变化而影响运行效率,因此,利用地源热泵技术制冷的能耗和成本低于传统的中央空调。

(2)节水。以地下水或地表水作为低位热源时,地源热泵系统仅提取水中的能量,水在热泵机组中进行换热后还一滴不少地被送回去,不仅不消耗水资源还不污染环境;以地下土壤作为低位热源时,地源热泵系统更不会消耗和污染水资源。

(3)环保节约空间。浅地热能是一种可再生能源,地源热泵系统的运行没有任何污染物排放,没有燃烧,没有废气和其他固体颗粒排放,没有废弃物,不需要堆放燃料或废渣的场地,无须远距离输送。地源热泵系统则将建筑内的热量取出来后送入地下,不影响大气环境,降低了城市的"热岛"效应,这对应对地球气候变化具有实际意义。

(4)具有供暖与制冷双重作用。地下水、地下土壤或者地表水的温度相对稳定,既能为热泵提供热源,也能为热泵提供冷源,所以地源热泵技术既能为建筑物提供供热,也能提供制冷。一套地源热泵设备可以取代两套锅炉和制冷机组设备的作用,并且不需要冷却水塔、燃气管道、烟囱烟道等设施。

地源热泵系统可供暖、制冷和提供生活热水，一机多用，运行稳定、可靠，节省了建筑物的配套建设费用和配套设施占用面积，从而也增加了经济性。

正是由于地源热泵技术的这些优势，自1994年清华大学徐秉业教授研制出我国第一台地源热泵机组并成功应用以来，地源热泵技术在全国的应用面积已经超过5亿km^2，为数万个项目提供了供暖、制冷和卫生热水，绝大多数项目都取得了很好的效果，并得到了发改委、住建部和财政部等部委以及许多地方政府的明确支持，为各个地区的节能减排和环境保护工作做出了重要的贡献。

二、地源热泵技术的系统组成

地源热泵系统主要由能量提升系统、能量采集系统和能量释放系统三部分组成。

能量提升系统是指热泵机组，它是地源热泵系统的核心设备。地源热泵机组一般采用压缩式热泵，也称为"水源热泵"。由于工作原理不同，热泵可分为压缩式热泵和吸收式热泵。压缩式热泵效率高，并且以电为驱动能源，应用方便经济。吸收式热泵需要有蒸汽或高温热水作为驱动能源，运行成本高。

能量采集系统指的是室外地能换热系统，主要有地下水系统、地埋管系统和地表水系统等几种形式。

能量释放系统即室内末端循环系统，是指建筑物内的供暖、通风、空调系统，主要由水泵、管道和末端设备等组成。末端设备主要有风机盘管、空气处理机组、辐射供暖（冷）装置、散热器等几种形式。其功能是，将冷量和热量分配到各个房间或区域，并组织空气合理地流动，以创造出温度舒适的室内环境。

三、地源热泵的类型

根据能量采集系统形式的不同，地源热泵技术分为地下水源热泵技术、地表水源热泵技术和土壤源热泵技术，它们分别以地下水、地下土壤和地表水作为低位热源。3种地源热泵技术各有优缺点，在应用时要根据实际情况本着因地制宜的原则选择合适的地源热泵类型。

（1）地下水源热泵。由于地下水温度稳定，开采容易，所以地下水源热泵技术投资少，运行成本低，具有良好的经济性和节能性，能够很好地发挥地源热泵技术节能环保的优势。但是，随着地下水含水层埋深增加，地下水系统输送泵的能耗也随之增加，成本优势不再明显。

地下水源热泵技术对水文地质条件的要求很高。项目所在地既要有丰富而且稳定的地下水资源，又要求含水层有很好的渗透性，能把抽取上来的地下水顺畅地回灌回去。回灌是目前制约地下水源热泵技术应用的主要瓶颈之一。某区域地质条件是否可以采用地下水源热泵技术，可参考表5-1所给参数进行初步评价。

（2）土壤源热泵。土壤源热泵技术对水文地质的要求相对较低，原则上在任何地质条件下都可以应用，它不再受地下水的水量、水质的制约，并且不受地下水回灌、地下水含沙等影响。虽然土壤源热泵对地质条件的要求不高，但对设计施工的要求很高。在地下埋设换热管需要很大的场地，限制了土壤源热泵在很多项目中的应用。根据表5-2可以初步判断一个地区是否适宜采用土壤源热泵技术。

表 5-1　地下水源热泵适宜性区域判断参数表

分区	单项指标				综合评判标准
	单位涌水量（每延米每日涌水量）[m³/(d·m)]	单位回灌量单位涌水量（％）	地下水位年下降量(m)	特殊地区	
适宜区	>500	>80	<0.8	—	符合三项指标
较适宜区	300～500	50～80	0.8～1.5	—	除适宜区和不适宜区以外的其他地区
不适宜区	<300	<50	>1.5	—	符合任一指标

表 5-2　土壤源热泵适宜性区域判断

分区	分区指标(地表以下200m范围内)			综合评价
	第四系厚度(m)	卵石层总厚度(m)	含水层总厚度(m)	
适宜区	>100	<5	>30	符合三项指标
较适宜区	<30 或 50～100	5～10	10～30	不符合适宜区和不适宜区分区条件
不适宜区	30～50	>10	<10	至少符合两项指标应

应用土壤源热泵时需要注意的问题是地下土壤的温度恢复。如果热泵系统夏季向地下土壤释放的热量大于冬季从地下土壤吸收的热量，则有可能会导致土壤温度逐年上升，最终会影响夏季制冷系统的能效及制冷效果，甚至导致系统不能正常运行；反之，热泵系统冬季从地下土壤吸收的热量大于夏季向地下土壤释放的热量，则有可能会导致土壤温度逐年下降，最终会影响冬季供暖时的能效及供暖效果，甚至导致系统不能正常运行。长时间的冷/热堆积，还会导致对土壤环境的热污染，甚至引发生态问题。《民用建筑供暖通风与空气调节设计规范》(GB 50736—2012)中明确指出，如果夏季向地下释放的热量与冬季从地下吸收的热量之比超出80％～125％时，就需要在热泵系统中增加热源或冷源以调节地下土壤的温度使其保持平衡。

(3) 地表水源热泵。地表水源热泵由于利用看得见摸得着的地表水，所以它与地质条件没有过多的关系，但是它对地表水资源条件的要求很苛刻。首先是水量充足，采用江、河水时水流要稳定，采用湖水或水库水时水体要足够大，水足够深。如果是没有流入流出的封闭小湖，很容易使水温受热泵运行的影响出现大幅波动的情况。其次是水温要稳定，地表水温度不像地下水那样常年恒定，而是随气温的变化而波动。故《民用建筑供暖通风与空气调节设计规范》(GB 50736—2012)条文中明确指出，湖水水体的周平均最大温升不大于1℃，周平均最大温降不大于2℃，冬季气温较低的北方地区不适宜使用地表水源热泵技术。在长江流域及以南的地区，如果项目既需要供暖又需要制冷，并且项目附近有比较好的地表水资源，水量充足，温度基本稳定，就可以采用地表水源热泵技术。

第三节　地下水源热泵

在几种形式的地源热泵中,地下水源热泵最为简单实用,应用也最为普遍。在地下水比较丰富的地区,如果能够通过勘察获取准确的水文地质资料,并根据项目需求和实际条件进行合理的设计,严格按照工程规范进行施工,地下水源热泵就能取得很好的供暖制冷和节能效果。

一、地下水源热泵系统的组成

地下水源热泵分为直接式和间接式两种。直接式地下水源热泵系统将地下水直接供给热泵机组。其系统主要由能量采集系统、能量提升系统、能量释放系统构成,如图5-1所示。

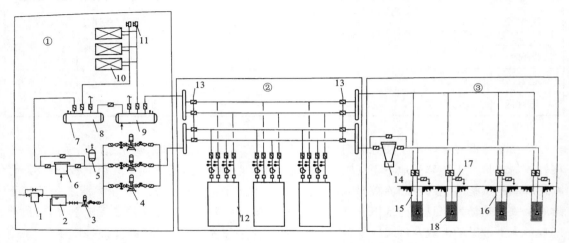

图5-1　典型的直接式地下水源热泵空调系统示意图
①能量释放系统;②能量提升系统;③能量采集系统
1—软水装置;2—软水箱;3—补水泵;4—制冷(采暖)循环泵;5—定压罐;6—全程水处理器;7—排污与泄水阀;
8—集水器;9—分水器;10—风机盘管;11—放气装置;12—水源热泵机组;13—制冷与采暖切换阀门;
14—除砂设备;15—取水井群;16—回灌井群;17—排污与回扬阀门;18—潜水泵

能量采集系统即地下水换热系统,主要由抽水井、回灌井、潜水泵、除砂器和管道阀门等组成,其功能是将地下水从地下含水层中提取出来,输送给热泵机组进行热交换,完成换热后再将地下水回灌到地下同一含水层中。抽水井和回灌井也称为热源井,两者均位于地下,如果出现问题很难维修和改造,对系统的运行将产生致命的影响。

能量提升系统即热泵机组,它将地下水的能量提取出来,转移给用户,地下水源热泵机组一般都采用压缩式热泵。能量释放系统即室内末端及其循环系统,主要由末端设备(风机盘管、暖气片、地板采暖以及空调机组等)、循环水泵、分集水器、除污器以及补水装置和定压装置组成,其功能是将热泵产生的冷或热输送到需要的地方。

热泵机组、电气控制设备以及能量释放系统中的循环水泵、分集水器、除污器、补水装置、定压装置以及能量采集系统中的除砂器等设备均位于热泵机房。

间接式地下水源热泵系统使用板式换热器把水源热泵的水源系统和地下水系统分开,地下水井与板式换热器形成地下水的回路,板式换热器与热泵机组形成中介水的回路,地下水通过板式换热器与中介水进行换热,中介水再作为低位热源进入热泵机组。由于中介水与地下水之间存在温差,供热时其温度低于地下水,制冷时其温度高于地下水,所以间接式地下水源热泵系统的效率低于直接式,再加上中介水自身循环需要消耗一定的能量,所以间接式地下水源热泵系统的运行成本高于相同条件的直接式热泵系统,并且投资增加。但是,如果出现地下水因水质不好而引起的结垢、泥沙和腐蚀等问题,间接式系统有利于保护热泵机组,可以减少设备的维护费用和提高设备的使用寿命。

但对于泥沙问题,应该尽量从地下水成井工艺上去解决,只有保证地下水中的泥沙含量在规定的范围以内,才能保证地下水源热泵系统长期稳定正常地运行,并且不对地质环境产生影响。

如果地下水具有腐蚀性,既可以采用间接式系统,也可以采用直接式系统。如果选用间接式系统,需要采用防腐蚀的板式换热器;如果选用直接式系统,必须采用抗腐蚀的热泵机组,可以根据地下水所含腐蚀性物质的成分和浓度,在生产热泵设备时选用合适的材料。

对于结垢问题,虽然利用间接式系统只需要清洗式换热器,但是仍然会给运行维护带来不小的麻烦,并会降低系统的效率,提高运行的成本。因此,当 Fe^{2+}、Ca^{2+}、Mg^{2+} 等容易形成垢质的成分含量较高时,应安装能够满足使用要求的防结垢的装置,否则应慎重选择地下水源热泵技术。

二、地下水换热系统设计的步骤

地下水换热系统设计的主要工作包括地下水的资源勘察、所需的地下水总水量计算、抽水井和回灌井的设计、潜水泵的选择等。

地下水换热系统设计一般可按下列步骤进行。

(1)通过计算确定工程项目所需的地下水总水量。工程项目所需地下水水量是由该项目的设计冷热负荷、地下水水温、地下水系统(直接式或间接式)以及热泵机组性能等因素决定。

(2)初步判断地下水源热泵应用的可能性。调查收集项目所在地区已有的水文地质勘察资料以及项目周边区域已有水井的相关资料。根据现有的水文地质资料,粗略计算抽水井及回灌井的个数;根据项目场地的面积和条件,初步判断项目应用地下水源热泵技术的可能性。如果完全没有可能性,则选择其他方式解决项目的供暖和制冷的需求。如果具有可能性,则继续以下步骤。

对水源井相关数据的预测应尽可能以地下水水文地质勘察报告为依据,而不能仅以岩土工程勘察报告为依据。岩土工程勘察报告主要是为建筑基础的设计服务的,一般仅涉及地下 0~30m 之间的地质情况,不足以作为热泵水源井的设计依据。

(3)对水文地质条件和地下水资源情况进行勘察。通常以打试验井的方式,通过抽水和回灌试验,确定单口水井的抽水量和回灌量,同时获取地下水的温度、水质、流动方向和速度以及变化趋势等数据和信息。

(4)确定地下水井的数量。根据所需地下水总水量和单井抽水量和回灌量等数据,确定热源井的数量。

(5)最终判定地下水源热泵应用的可能性。对工程项目的场地条件进行勘察,并根据所需热源井的数量和地下水的流动情况确定该项目是否有足够的场地布置抽水井和回灌井,以最终判定该项目是否具备应用地下水源热泵技术的条件。

判定项目是否能够应用地下水源热泵技术还要考虑热泵运行时地下水温度的影响。这种影响主要有两方面:一方面是一个采暖季或制冷季内地下水温度的变化,需要让抽水井和回灌井保持一定的距离来减小这种变化;另一方面是在冬季热负荷和夏季冷负荷不平衡的情况下,逐年累积形成的地下水温度的变化。如果冷热负荷严重不平衡,且地下水流动性较差,需要考虑增加辅助冷源或热源进行补偿。地下水的流动对上述两方面的影响都有抑制作用,因此在判定是否应用地下水源热泵技术以及进行系统设计时都需要考虑地下水的流动性。

(6)布置井位并设计管路。根据水文地质勘察的结果(主要是抽水量、回灌量、地下水的流动方向和流动速度等指标)、工程项目的场地情况及热泵机房的位置等条件,布置井位并进行管路设计。通过水力计算,确定管径和计算阻力损失。对于间接式水系统,还要有中间介质水系统的设计。

(7)潜水泵的选择。根据单井抽水量、热源井的动水位与静水位以及井水系统管路的阻力损失等条件来选择适合的潜水泵。

三、地下水总需求量的确定

工程项目冬季和夏季所需的地下水总量是由系统的供水方式(直接式或间接式地下水系统)、水源热泵机组的性能、地下水水温及建筑物采暖空调的冷热负荷等因素决定的。在夏季,热泵机组按制冷工况运行时,地下水总水量可用式(5-1)计算:

$$m_{gw} = \frac{Q_e}{C_p(t_{gw2}-t_{gw1})} \times \frac{EER+1}{EER} \qquad (5-1)$$

式中:m_{gw}——热泵机组按制冷工况运行时所需的地下水总水量,kg/s;

t_{gw1}——井水水温,即进入热泵机组的地下水温,℃;

t_{gw2}——回灌水水温,即离开热泵机组的地下水温,℃;

C_p——水的定压比热容,通常取 C_p=4.19kJ/(kg·K);

Q_e——建筑物空调设计冷负荷,kW;

EER——热泵机组的制冷能效比,是指热泵机组的制冷量与输入电功率之比。式中,$Q_e(1+1/EER)$表示的是热泵机组按制冷工况运行时,由地下水带走最大热量,它与建筑设计冷负荷 Q_e 直接相关,是空调冷负荷与热泵机组的缩机耗电量之和。

在冬季,热泵机组按制热工况运行时,地下水总水量可用式(5-2)计算:

$$m_{gw} = \frac{Q_c}{C_p(t_{gw1}-t_{gw2})} \times \frac{COP-1}{COP} \qquad (5-2)$$

式中:m_{gw}——热泵机组按制热工况运行时所需的地下水总水量,kg/s;

t_{gw1}——井水水温,即进入热泵机组的地下水温,℃;

t_{gw2}——回灌水水温,即离开热泵机组的地下水温,℃;

C_p——水的定压比热容,通常取 $C_p=4.19kJ/(kg \cdot K)$;

Q_c——建筑物供暖设计热负荷,kW;

COP——热泵机组的制热性能系数,是指热泵机组的制热量与输入电功率之比。式(5-2)中,$Q_c(1-1/COP)$表示的是热泵系统按制热工况运行时,从地下水中吸取的最大热量。它也与建筑设计热负荷直接相关,是空调热负荷与热泵机组的压缩机耗电量之差。

四、地下水资源勘察

在对地下水源热泵系统进行设计之前,必须详细准确地了解地下水的水量、水温和水质等情况。不仅要了解这些参数的静态情况,更要了解它们的动态情况,尤其是变化趋势,这对于保证热泵系统长期稳定的运行至关重要。要了解这些参数,首先可以收集有关水文地质资料,如果根据现有地质资料不能得到准确的地下水相关信息,就要对工程项目所在地的地下水水文地质条件进行勘察。勘察时一般要先凿两口试验井,一口抽水井,一口回灌井。凿井时获取水文地质的相关信息,如分层取岩土样品并分析地下分层情况。成井前后要进行一系列的水文地质试验,试验应包括以下内容:①物探测井;②抽水试验;③回灌试验;④测量井水水温;⑤地下水水质分析;⑥水流方向和水流速度试验。

通过水文地质的勘察和试验可以获取以下信息。

(1)地下水类型。地下水分为上层滞水、潜水、层间水、裂缝水和溶洞水等几类,其中上层滞水很不稳定,不适宜在热泵系统中应用,其他类型的地下水如果水量丰富,都可以用于地下水源热泵系统中。

(2)含水层岩性、分布、埋深、厚度以及富水性和渗透性。在凿试验井时可以取得地下各层土壤或岩石的样品,通过对岩土样品的分析可以把地下各层的分布情况绘成柱状图,如图5-2所示。

通过柱状图可以直观了解含水层的相关信息,这对于判断抽水和回灌的难易、设计地下水井的结构都十分重要。

(3)单井抽水量和回灌量。这是地下水源热泵技术应用最重要的数据。根据经验,地下水井的最大出水量可按照地下水井的降深为含水层累积厚度的一半时的出水量确定,且降深不大于5m。水井的安全出水量可按最大出水量的0.4～0.5倍计算。考虑到井壁残留的打井护壁泥浆层和过滤器的水阻,水井的安全出水量可以适当放大。

(4)地下水径流方向、速度、水力坡度、补给、排泄条件。通过这些信息,可以分析地下水的变化趋势,判定地下水的稳定性,并对如何布置抽水井和回灌井提供重要的参考依据。

(5)地下水水温及其分布。

(6)地下水水质。

(7)地下水水位动态变化。

通过以上信息,可以对地下水资源作出可靠性的评价,提出地下水合理的利用方案,并预测地下水的动态及其对环境的影响,为地下水井的设计提供依据。各地方的水务局在审批水

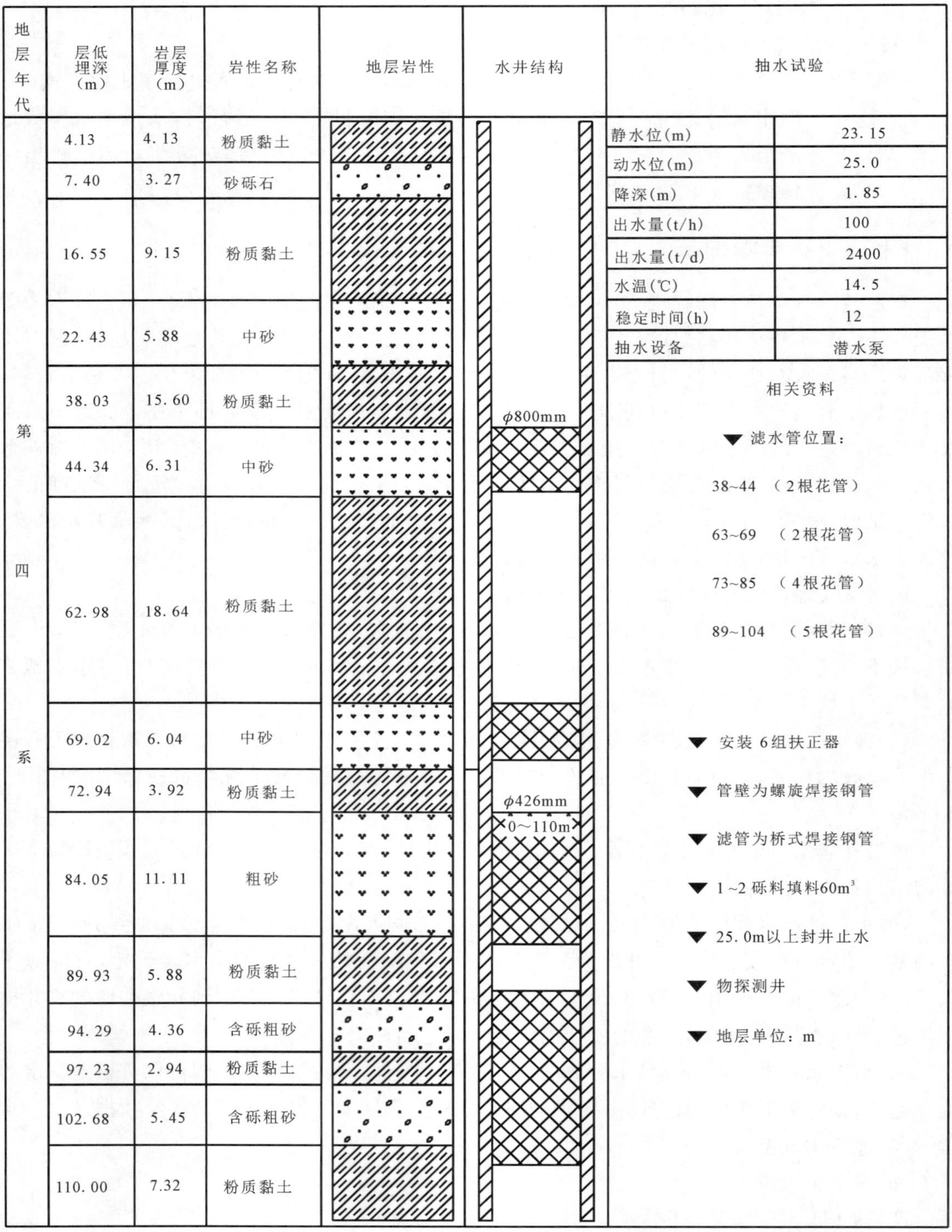

地层年代	层低埋深(m)	岩层厚度(m)	岩性名称	地层岩性	水井结构	抽水试验	
第四系	4.13	4.13	粉质黏土			静水位(m)	23.15
	7.40	3.27	砂砾石			动水位(m)	25.0
	16.55	9.15	粉质黏土			降深(m)	1.85
						出水量(t/h)	100
	22.43	5.88	中砂			出水量(t/d)	2400
	38.03	15.60	粉质黏土		φ800mm	水温(℃)	14.5
						稳定时间(h)	12
	44.34	6.31	中砂			抽水设备	潜水泵
	62.98	18.64	粉质黏土			相关资料	
						▼ 滤水管位置：	
						38~44 （2根花管）	
						63~69 （2根花管）	
						73~85 （4根花管）	
						89~104 （5根花管）	
	69.02	6.04	中砂			▼ 安装6组扶正器	
	72.94	3.92	粉质黏土		φ426mm 0~110m	▼ 管壁为螺旋焊接钢管	
	84.05	11.11	粗砂			▼ 滤管为桥式焊接钢管	
						▼ 1~2砾料填料60m³	
	89.93	5.88	粉质黏土			▼ 25.0m以上封井止水	
	94.29	4.36	含砾粗砂			▼ 物探测井	
	97.23	2.94	粉质黏土			▼ 地层单位：m	
	102.68	5.45	含砾粗砂				
	110.00	7.32	粉质黏土				

图 5-2 热泵抽水井柱状图

井的手续时,一般都要求先由专业单位出具水资源论证报告,并请相关专家进行论证,这对于地下水源热泵技术的设计和应用是很有帮助的,也是很有必要的,建议相关的使用单位以及设计、施工单位都应该认真参照水资源论证的结果进行设计、建设和使用,而不是作为应付审批的一种手段。

水文地质勘察和试验应参照《供水水文地质勘察规范》(GB 50027—2001)、《管井技术规范》(GB 50296—2014)进行。

五、地下水井的设计与施工

在地下水源热泵系统中,地下水井又称为热源井,分为抽水井和回灌井两种。热源井主要有管井、大口井、辐射井等类型。

管井是指用钻井机械开凿至含水层中,用井管保护井壁,垂直于地面的地下水井。井管分为井壁管、滤水管和沉淀管,是井的主要组成部分,所以这类井称为"管"井。由于管井由钻井机械开凿而成,所以又称"机"井。大口井和辐射井一般由人工或挖掘机械挖掘而成,开口较大,深度较浅,一般用于开采埋深20m以内的地下水,由于埋深很浅,很难保证地下水水量和温度的稳定,一般不建议作为地下水的取水井,但是在地质条件合适的地方,这类井对回灌具有很大的作用。

在回灌比较容易的地方,地下水井不必区分抽水井与回灌井,两者结构一样,一般都采用普通的管井,这样,抽水井和回灌井可以互换,运行时可以交替使用,既可以互为备用,又可以在无须洗井的情况下长期保持回灌的畅通。在回灌有难度的地方,可以根据地质条件的特点,增加大口井、辐射井等特殊的回灌井以确保地下水的回灌。

(一)管井的结构

管井的构造主要由井室、井壁管、过滤器、沉淀管等部分组成,如图5-3所示。井管的直径范围为一般200~650mm。

1. 井室

井室的功能是安装井口阀门、压力表等设施,保护井口免受污染,提供运行管理维护的场所。其形式可为地面式、地下式或半地下式。对井室的基本要求如下。

(1)井口应高出井室外地面0.3~0.5m,以防止井室外地面上的积水进入井内。

(2)井口周围需要用黏土或水泥等不透水材料

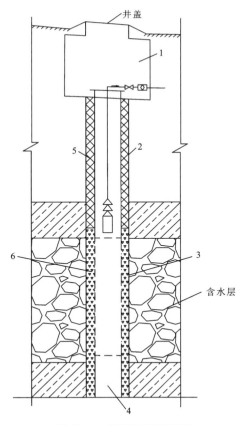

图5-3 管井构造示意图
1—井室;2—井壁管;3—过滤器;
4—沉淀管;5—黏土封闭;6—填砾

封闭,其封闭深度不小于 3m。

(3)地面式或半地下式井室应有采光、通风、采暖、防水等设施。

2. 井壁管

井壁管是支撑和封闭井壁的不透水的无孔管,它主要安装在不需要进水的岩土层段。井壁管的基本要求如下。

井壁管的内径应根据出水量要求、水泵类型、吸水管外形尺寸等因素确定,通常大于或等于过滤器的内径。当采用潜水泵或深水泵扬水时,井管的内径应比水泵井下部分最大外径大 100mm。

在井壁管与井壁间的环形空间内填入不透水黏土或水泥,形成封闭层,以防不良地下水沿着井管和井壁之间的环形空间流向填砾层,并通过填砾层进入井中。

3. 过滤器

过滤器由滤水管、缠丝或包网过滤层和填砾过滤层组成,设置于管井的地下水开采段,位于地下含水层中。其功能是集取地下水和阻挡含水层中的砂粒进入井管中。对过滤器的基本要求如下。

(1)要具有良好的透水性和阻砂性。

(2)要具有足够的强度和抗腐蚀性能。

(3)要保护人工填砾层和含水层的稳定性。

4. 沉淀管

沉淀管位于管井的底部,用于沉淀进入井内的细小砂粒和自地下水中析出的沉淀物。沉淀管的长度视井深和含水层的岩性确定,一般为 2~10m。

(二)管井过滤器的设计

过滤器的设计对出水量和回灌量以及地下水的含砂量等都有着很大的影响。在设计管井过滤器时,要重点考虑其结构形式和长度。

1. 过滤器的结构

过滤器主要由滤水管、缠丝或包网过滤层和填砾过滤层组成。在地质条件较好的地区,对过滤的要求不高,可以只选择一个过滤层。

(1)滤水管是由金属管材或非金属管材加工而成的。在管材上按一定的分布形状钻出圆孔或条孔,就成为滤水管。各种管材的滤水管的孔隙率一般为:钢管 30%~35%,铸铁管 18%~25%,钢筋混凝土管 10%~15%,塑料管 10%。

(2)缠丝或包网过滤层。缠丝过滤层是以滤水管为骨架,在滤水管外壁铺设若干垫筋,然后在其外面用直径为 2~3mm 的镀锌钢丝(或不锈钢丝、增强型聚乙烯滤水丝等)并排缠绕而成。包网过滤层也是以滤水管为骨架,在滤水管外壁铺设若干条垫筋,然后包裹铜网,或不锈钢网,或尼龙网,或棕树皮,或尼龙箩底布等,外面再用钢丝缠绕而成。因这种过滤器有效孔隙率小、进水能力低,且滤网易堵塞、结垢和腐蚀,导致管井使用寿命缩短,所以不推荐使用。但如果含水层中含有颗粒较细的粉细砂,就需要采用孔隙更小的包网过滤层以阻止这些细小颗粒随地下水被抽上来。

（3）填砾过滤层是在井管和井壁之间回填的具有一定规格的卵砾石，这些卵砾石称为砾料。砾料的规格和厚度都应按含水层的岩性确定，砾料的高度应超过滤水管的上端。砾料的规格主要是指砾料颗粒的大小，应根据含水层的岩性选择大小不同的卵砾石，按一定的比例进行混搭，使其既具有很好的透水性，又具有很好的过滤和阻砂的功能。砾料的选择对地下水井的抽水量、回灌量以及保证地下水的水质都具有重要的作用。

2. 过滤器长度的估算

对于抽水井，过滤器的长度可以按照下面的方法进行估算。

（1）当含水层厚度小于 10m 时，过滤器长度应与含水层厚度相当或略长。

（2）当含水层很厚时，过滤器长度可按式（5-3）进行粗略估算：

$$L = \frac{m_w a}{d} \tag{5-3}$$

式中：L——过滤器工作部分的长度，m；

m_w——热源井出水量，m^3/h；

d——过滤器的外径，mm，不填砾过滤器按过滤器缠丝或包网的外径计算，填砾过滤器按填砾层外径计算；

a——由含水层颗粒组成决定的经验常数，按表 5-3 确定，a 值的确定还应考虑泥浆护壁层的影响。

表 5-3 不同含水层经验常数 a 值

含水层渗透系数 $k(m/d)$	经验常数 a	含水层渗透系数 $k(m/d)$	经验常数 a
2～5	90	15～30	50
5～15	60	30～70	30

对于回灌井，过滤器则是越长越好，以保证回灌能够顺利、通畅。

（三）井管和井管的材料

井管是管井的主要组成部分，一般分为井壁管、滤水管和沉淀管三部分。井壁管和沉淀管都是用于支撑和封闭井壁的不透水的无孔管，而滤水管则带有很多孔眼或缝隙，用于集取地下水。井管应具有足够的强度，能经受地层和人工充填物的侧压力，不易弯曲，内壁平滑圆整，经久耐用。井管的材料，应根据水质、井深、造价等因素综合确定。井管的材料主要有水泥管、钢管、铸铁管和 PE（聚乙烯）管等几种。水泥管比较便宜，但透水性较差，且容易老化，尤其是在地下水呈酸性的地区应用，寿命较短；钢管比较常用，其强度和透水性都很好但耐腐蚀性较差，在水质较差地区不能使用；铸铁管的强度和耐腐蚀性都很好，尤其是球墨铸铁具有较好的韧性，用于热泵水源井中是比较理想的，但造价较高；PE 管的特点是耐腐蚀性很好，不受水中的各种离子的影响，但其强度较低，在深度超过 150m 的井中要慎用。

(四)管井的施工要点

管井的施工必须重视施工质量,应选择专业队伍,做好每一个工艺环节,才能获得较大出水量和优质水。一口优质的水井可使用 20 年以上。管井施工的程序应为:钻凿井孔→物探测井→冲孔→换浆→井管安装→填砾→黏土封闭→洗井→抽水和回灌试验→管井验收。下面简要介绍施工的主要过程。

1. 钻凿井孔

钻凿井孔的方法主要有回转钻进和冲击钻进。

回转钻进是用回转钻机带动钻头旋转对地层切削、挤压、研磨破碎而钻凿成井孔的。其过程是:钻机的动力(电动机或柴油机)通过传动装置使转盘旋转,转盘带动主钻杆,主钻杆带动钻杆,钻杆带动钻头,使钻头旋转并切削地层不断钻进。当钻进整个主钻杆深度后,由钻机的卷扬机提起钻具,将钻杆用卡盘卡在井口,取下主钻杆,再接一根钻杆,然后再接好主钻杆,继续钻进,如此反复进行,直至设计井深。

冲击钻进主要靠钻头对地层的冲击作用来钻凿井孔。冲击钻进过程是:钻机的动力通过传动装置带动钻具钻头在井中做上下往复运动,冲击破碎地层。当钻进一定深度(约 0.5m)后,即提出钻具,放下取土筒,将井内岩土碎块取上来,然后再放下钻具,继续冲击钻井,如此重复钻进,直至设计的井深。终孔直径应根据井管外径和主要含水层的种类确定:在砾石、粗砂层中,孔径应比井管外径大 150mm;在中、细、粉砂层中,应大于 200mm。采用笼状填砾过滤器时,应比井管外径大 300mm。

2. 物探测井

井孔打成后,需马上进行物探测井,查明地层构造、含水层与隔水层的深度、厚度、地下水的水质等,以便为井管安装、填砾和黏土封闭提供可靠的资料。

3. 冲孔、换浆

为了在井管安装前将井孔中的泥浆及沉淀物排出井孔外,应进行冲孔、换浆。即用钻机将不带钻头的钻杆放入井底,用泥浆泵吸取清水打入井中,将泥浆换出,直至井孔全为清水为止。

4. 井管安装

换浆完毕后,应立即进行井管安装(简称下管)。下管的顺序一般为沉淀管、滤水管、井壁管。安装中应注意下列问题。

(1)下管前应根据凿井资料,确定滤水管的长度和安装位置(称排管)。

(2)可采用加扶正器的方法,保证井管在井孔中顺直居中。一般每隔 30~50m 安装一个扶正器(如用长约 20cm、宽 5~10cm、厚度略小于井管外径与井壁之间距离的三块木板,在井管外壁按 120°放置,用钢丝缠牢)。

5. 填砾和黏土封闭

下管完毕后,应立即填砾和封闭。管井填砾和封闭质量的优劣,都直接影响管井的水量。为此,应注意下列问题。

(1)填砾时要平稳、均匀、连续、密实,应随时测量填砾深度,掌握砾料回填情况,以免出现中途堵塞现象。

（2）黏土封闭应用黏土球，球径约为25mm。

（3）当填至井口时，应进行夯实。

6. 洗井与抽水和回灌实验

洗井就是用抽水的方法，使地下水产生强大的水流，冲刷护壁泥浆层，将杂质颗粒冲带到井中，再抽到地面上去，从而达到清洗含水层中的泥浆、细小颗粒和冲刷井壁上的泥层的目的。其方法主要有水泵洗井、压缩空气洗井和活塞洗井等，应根据井管的结构、施工状况、地层的水文地质条件以及设备条件加以选用。

洗井的标准是彻底破坏泥浆壁，将含水层中残留的泥浆和岩土碎屑清除干净，当井水含砂量在1/200 000以下时，洗井为合格。

抽水试验一般在洗井的同时进行，但要求稳定延续12h以上。通过抽水试验对井的水质、水量、出水能力作出适当的评价。

回灌试验一般也在洗井的同时进行，但要求稳定延续36h以上，回灌量应大于设计回灌量。

7. 管井验收

管井竣工后，应由设计单位、施工单位和使用单位根据《GJJ 10—86供水管井设计、施工及验收规范》共同验收。

管井验收时，施工单位应提交下列资料。

（1）管井施工说明书。内容包括：管井的地质柱状图，如图5-2所示；井径、井深、过滤器规格和位置、填砾和封闭深度等；施工记录；井管安装、洗井、水质分析等资料。

（2）管井使用说明。内容包括：抽水设备的型号及规格；井的最大允许开采量；水井使用中可能发生的问题及使用维修的建议等。

（3）钻井中的岩样。

（4）抽水量、回灌量和含砂量等关键指标的确认。

（五）管井的维护与管理

目前，很多管井由于运行管理不当，出现了水量衰减、堵塞等现象，甚至导致早期报废。为此，必须加强管井的维护管理工作。在运行管理中应注意：①保持井室内的环境，不得积水；②建立和健全管井运行记录和维护管理档案；③严格执行管井、机泵的操作规章和维修制度，按时进行日常维修和定期维修；④如管井出现出水量减少，井水含砂量增大等情况，应请专家和工程技术人员进行仔细检查，找出原因并采取相应的技术措施解决；⑤在停泵期间，应隔一段时间进行一次维护性的抽水，以防止过滤器堵塞，并同时检查设备的完好情况；⑥对潜水泵易损易磨零件，要有足够的备用件。

（六）大口井和辐射井

除管井外，大口井和辐射井在地下水源热泵系统中也经常用到。

一般井径大于1.5m的井称为大口井，如图5-4所示。大口井可以作为开采浅层地下水的热源井。它具有构造简单、取材容易、施工方便、使用年限长、容积大、可调节水量等优点。但大口井深度小,对地下水水位的变化适应性差。

辐射井是由集水井与若干呈辐射状铺设的水平集水管(辐射管)组合而成,如图5-5所示。集水井用来汇集从辐射管来的水,同时又是辐射管施工的空间,也是抽水设备安装的位置。辐射管是用来集取地下水的,辐射管可以单层铺设,也可多层铺设。辐射井具有管理集中、占地省、便于卫生防护等优点。但它的施工技术难度大,成本较高。

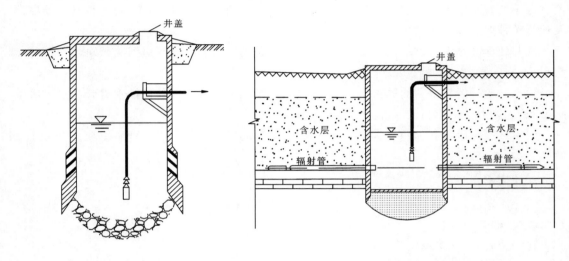

图5-4　大口井构造　　　　　图5-5　单层辐射管的辐射井

六、地下水回灌技术

地下水不仅是热泵优良的低品位能源,更是宝贵的资源,是人类赖以生存的最基本最重要的物质之一。我国很多地区的水资源都十分短缺,利用地下水源热泵技术提取浅层地热能时,必须保证地下水资源不被浪费和污染。地下水回灌技术是地下水源热泵技术应用最关键的技术之一,而且在应用地下水源热泵技术时,如果不能将抽取的地下水全部回灌到同一含水层内,将会带来一系列的地质问题以及生态环境问题,如地下水水位下降、含水层疏干、地面下沉、河道断流等。同时,也会导致无法长期、稳定地提供地下水,从而无法保证地下水源热泵系统的正常运行。为此,在地下水源热泵系统设计中,必须采取有效的回灌措施,以保证地下水全部返回抽水层,保持地下水的水位、水量和水压不变,维持地下水储量和地层压力的平衡。

目前,在我国的地下水源热泵技术的应用中,很多项目出现了回灌困难甚至无法回灌的问题,回灌成了地下水源热泵技术应用中的最大难点,是制约水源热泵技术发展的主要瓶颈。

(一)地下水回灌的方法

地下水回灌是指由抽水井抽出的地下水经热泵机组换热之后,再通过回灌井返回抽取水的含水层中。

回灌井的组成和构造与抽水井基本相同,但需要加强回灌井过滤器的抗腐蚀能力。这是因为回灌时水中增加了溶解氧与二氧化碳,从而会加剧金属过滤器的腐蚀,特别是缠镀锌钢丝的过滤器更容易腐蚀。

含水层渗透系数的大小是决定回灌难易程度的关键因素。如果含水层颗粒是比较大的卵砾石或粗砂,其渗透系数比较大,回灌比较容易,如果含水层颗粒是比较小的中细砂,回灌比较困难;如果含水层为粉细砂或含有黏性土,则不适合应用地下水源热泵技术。

在含水层渗透系数比较大的地质条件下,在理论上灌抽井数比(在保证全部回灌的条件下,回灌井数与抽水井数之比)可以为1,但是,由于回灌井的堵塞和腐蚀等因素的影响,实际灌抽井数比远大于1,而且回灌井的堵塞和腐蚀是随使用时间累加的,若不采取措施,使用时间越长,灌抽井数比越大,回灌井的腐蚀越严重,直到无法使用。在采取防堵塞和腐蚀措施情况下,为了保证回灌效果,灌抽井数比一般不小于2。

地下水源热泵系统的地下水回灌方法主要有4种:重力(自流)回灌、压力回灌、真空回灌以及大口井或辐射井回灌。

(1)重力回灌。重力回灌又称无压自流回灌。它是依靠水的自然重力,即依靠水井中回灌水位和静水位之差进行回灌。此方法的优点是系统简单,适用于低水位和渗透性良好的含水层。现在国内大多数地下水源热泵系统的地下水回灌都采用重力回灌方式。

(2)压力回灌。通过提高回灌水压的方法将热泵系统用后的地下水灌回含水层内,压力回灌适用于高水位和低渗透性的含水层和承压含水层。它的优点是有利于克服回灌的堵塞,也能维持稳定的回灌速率。但它的缺点是,回灌时对井的过滤层和含砂层的冲击力强,并使热泵系统的能耗增加。

(3)真空回灌。真空回灌又称负压回灌,在密闭的回灌井中,开泵扬水时,井管和管路内充满地下水。停泵后立即关闭泵出口的控制阀门,此时由于重力作用,井管内的水迅速下降,在管内的水面与控制阀之间造成真空度。在真空状态下,开启回灌水管路上的进水阀接通井管,因真空虹吸作用,水就迅速进入井管内,并克服阻力向含水层中渗透。真空回灌适用于地下水位埋藏较深(静水位埋藏深度大于10m)、渗透性良好的含水层。由于回灌时对井的滤水层冲击不强,所以此方法很适宜老井。

(4)大口井或辐射井回灌。在地下水位比较低的地质条件下,如果含水层以上还存在渗透性较好的卵砾石层或中粗砂层,可以利用大口井或辐射井进行回灌。在地质条件合适的情况下,大口井和辐射井可以大幅度提高回灌量,减小灌抽井数比。

(二)造成回灌堵塞的主要原因

地下水源热泵系统运行中经常出现回灌量逐渐减少,甚至出现运行很短时回灌水就由井口溢出的情况,使得地下水源热泵系统不得不停止运行,采取洗井等措施以恢复回灌井的回灌能力。这主要是由于回灌井堵塞造成的。

造成回灌井堵塞,可能是物理、化学或生物等某一方面的原因,也可能是它们共同作用的结果。分析已有的实际经验,可以把回灌井堵塞的原因归纳为以下几种情况。

(1)悬浮物堵塞。由于回灌水中细沙等悬浮物含量过高,会堵塞回灌井过滤器的空隙,从而使回灌井的回灌能力不断减小,直到无法回灌,这是回灌井堵塞中最常见的情况。因此通过预处理控制注水井中悬浮物的含量是防止堵塞的首要措施。

(2) 微生物的生长。回灌水中的微生物在适宜的条件下会在回灌井壁迅速繁殖,形成生物膜,堵塞水空隙,降低水井的透水能力。为防止生物膜的形成,可通过去除水中的有机质或进行预消毒杀死微生物等手段来实现。

(3) 化学沉淀。当水中的各种离子与空气相接触时,会引起某些化学反应,产生化合物沉淀。这不仅会堵塞水井过滤器,甚至可能因新生成的化学物质而影响水质。例如由于回灌水中含有较多的溶解氧,如果地下水中含有较多的 Fe^{2+},就会发生化学反应生成氢氧化铁胶体,附着在水井管壁上,使回灌无法进行。此外,Ca^{2+}、Mg^{2+}、Mn^{2+} 也容易与空气接触产生化合物沉淀,堵塞水井过滤器。在碳酸盐含量较多的地区可以通过加酸来改变水的 pH 值,以防化学沉淀。另外,水中的离子和含水层中黏土颗粒上的阳离子发生交换,会导致黏性颗粒膨胀与扩散,解决方法是注入 $CaCl_2$ 等盐类。

(4) 气泡堵塞。由于系统封闭不严,回灌水中可能附带大量气泡,同时水中溶解性气体也可能因温度、压力的变化而释放出来。此外,还可能因为产生化学反应而生成气体物质,最典型的如反硝化反应会生成氮气。为避免发生此种堵塞,要经常检查回灌的密封效果,发现漏气及时处理,对其他原因产生的气体应进行特殊处理。另外,安装时一定要将回灌管插入水位以下。

(5) 砂砾堵塞。因回灌水改变了井的水流方向,使砂层受到冲动,部分过滤层受到破坏,使地层中少部分细砂透过人工滤层和滤网孔隙进入井内造成堵塞。发生砂粒堵塞时,要停止回灌和减少回灌量,并进行适量回流回扬,以使滤层重新排列。

(6) 腐蚀。过滤器在地下水中腐蚀和生锈是很普遍的现象。当地下水具有腐蚀性时,其腐蚀和堵塞现象更为严重。实践表明,地下水对过滤器的腐蚀和堵塞几乎是同时发生的,只是在不同条件下,二者发展的速度不尽相同。地下水水质是引起腐蚀的根本原因。管道和水井的过滤器受到腐蚀以后,会使水中的铁质增加,很容易堵塞过滤器和砂层的孔隙。

(三) 减缓回灌井堵塞的技术措施

减缓回灌井堵塞的技术措施主要有回扬和抽水井与回灌井互换使用两类办法。

(1) 定期回扬。回扬就是从回灌井中抽水,排除过滤器和含水层中的杂质、气泡和沉积物。回扬能有效减缓过滤器和含水层的淤塞,短时间恢复回灌能力,延长洗井周期。在国内,通常采用定期回扬的方法来维持地下水源热泵系统的地下水回灌。地下水源热泵系统回扬次数和回扬的时间主要取决于含水层渗水性以及水井的特征、水质、回灌水量、回灌方法等因素。

(2) 抽水井与回灌井互换使用。将造成一定堵塞的回灌井在未达到正常回灌前,可调整功能作为抽水井使用,而让没有堵塞的抽水井改作回灌井,如此可使水井洗井的周期大大延长,是防止回灌井堵塞的有效技术措施之一。对于按供冷和采暖季抽水井与回灌井互换使用的,还有利于保持岩土体和含水层的热平衡,能提高热泵机组的制冷制热的效率。

灌抽两用井的设计不同于抽水井,这是由于灌抽两用井灌水、抽水交替使用,易使填砾层压密下沉,因此填砾层要有足够高度,一般应高出所利用的含水层顶板 8m 以上,必要时应安置补砾管,供运行中添加砾石用。

(四)回灌井出现堵塞的处理办法

无论是单独采用回扬或抽水井与回灌井互换使用的方法,还是两种方法一起采用,只能减缓回灌井的堵塞。当回灌井的回灌量减少到不能满足运行要求时,必须采取有效的办法,对堵塞进行处理。

1. 以泥砂等机械杂质为主的堵塞的处理办法

主要用清刷和洗井(活塞、空压机、干冰或二氧化碳、压力水)进行处理。具体做法如下:

(1)清刷。用钢丝刷接在钻杆上,在过滤器内壁上下拉动,清除过滤器内表面上的泥砂。

(2)活塞洗井。使活塞在井内上下移动,引起水流速度和方向反复变化,将过滤器表面及其周围含水层中细小砂粒及杂质冲洗出来。

(3)压缩空气洗井。将高压空气集中于过滤器中的一段进行冲洗。每次注入高压空气约 $5\sim10\text{min}$,然后打开阀门,使气、水迅速冒出。如此反复进行多次,然后再移至下一段冲洗。

(4)干冰法洗井。在井内投入干冰,干冰升华产生大量二氧化碳致井内压力剧增,促使井水向外强力喷射,从而引起地下水急速涌向井内,使过滤器及其周围的含水层得到冲洗。

(5)二氧化碳洗井。集中向井内注入液态二氧化碳,产生如同压缩干冰洗井的效果。

2. 以化学沉积物为主的堵塞的处理办法

主要以酸洗法清洗:通常可用 $10\%\sim15\%$ 的盐酸溶液,如果有机物较多,可加入一定量的硫酸,如果硅酸盐较多,可加入一定量的氟化铵氟酸。此外,为防止酸液对过滤器的侵蚀,一般需在清洗液中加一定剂(常用甲醛的水溶液)。

3. 因微生物繁殖造成的堵塞的处理办法

通常应用氯化法同酸洗法联合清洗。无论采用哪种清洗方法,事先均需查明造成堵塞的直接原因,判明清洗法的可行性。清洗时应严格执行操作规程,事后应排水清洗,以免地下水局部污染。

七、使用水源热泵技术需要注意的问题

使用水源热泵技术应注意以下问题。

1. 地下水量的稳定性

由于地下水中提取的能量在地下水源热泵系统向建筑提供的总能量中占 75% 左右,因此充足且稳定的地下水资源是地下水源热泵应用的先决条件。地下水量不足、地下水量不稳定以及没有足够的布置地下水井的场地等原因都会限制地下水源热泵技术的应用。而且,这些问题都取决于客观实际条件,无法从技术上和主观态度上去解决,因此应用地下水源热泵技术必须尊重客观实际,因地制宜,决策前需要充分做好水文地质勘察和水资源论证,不可盲目、轻率。

浅层地下水是动态的,它和地表水一样,也不断地由高处或压力大的地方,向低处或压力小的地方流动。地下水还可以通过土壤毛细管上升到地表,蒸发到空气中。所以,一个地方地下水的流失是不可避免的,要保持这个地方的地下水量,就要有稳定的补给。地下水补给一般

有两个来源:一是大气降水渗入地下,称为大气补给,大气补给可靠性小;二是外区地下水由地下透水层渗流到本区,也称泾流补给,泾流补给可靠性好。如果地下水的流失多于补给,水位就会下降,水位持续下降就会影响地下水源热泵系统的正常使用。

要应用地下水源热泵,就必须充分了解地下水的储存量、流失情况和补给情况,根据这些情况分析和判断地下水资源的稳定性。一旦地下水的水量存在不断减少的风险,就不能采用地下水源热泵。切不可麻痹大意,否则会造成热泵系统无法使用的严重后果。

2. 地下水的回灌

地下水的回灌是限制地下水源热泵技术应用最为重要的因素之一。地下水不仅是优质的热泵冷热源,更是宝贵的淡水资源,所以经热泵换热后的地下水必须回灌。一方面,回灌可以储能,可以为热泵机组提供持续充足的冷热源;同时回灌可以保护地下水资源。如果回灌出现问题,不仅会造成水资源的大量浪费,而且会增加城市排水量和污水处理的成本,并且由于冬季气温往往低于0℃,如果不能有效回灌,地下水一旦溢出,就会造成浅层土壤渗水冻结,甚至会导致非常严重的后果,这些都是在工程实践中遇到过的问题。

从技术角度讲,地下水的回灌要比地下水的抽取困难得多,要保证地下水能够长期稳定顺畅地回灌则更为困难。但在实际的工程应用中,无论是在勘察设计上还是在施工工艺上,人们对回灌的重视都远远不够,这也是很多项目出现回灌困难的主要原因。

在含水层的渗透性比较好的地区(如含水层为中粗砂、卵砾石等),只要采取合理的技术,认真做好设计和施工,回灌问题是完全可以解决的;但是在含水层的渗透性比较差的地区(如含水层为中细砂、粉细砂、砂黏土等),则要慎重选择采用或不采用地下水源热泵技术。

3. 地下水的腐蚀和结垢问题

尽管大部分地下水都是没有腐蚀性的淡水,但也有不少地方的地下水已经受到了严重的污染,不同程度地含有酸碱盐等腐蚀性的物质。在这种情况下如果水井、管道、水泵、热泵机组等相关设施的材料选择达不到要求,很容易造成腐蚀,对热泵系统来说是致命的。

水中的 Ca^{2+}、Mg^{2+} 易在换热面上析出沉积,形成水垢,会影响换热效果,降低热泵机组的运行效率。但更严重的是 Fe^{2+},不仅容易在换热面上凝聚沉积,而且,Fe^{2+} 遇到氧气会发生氧化反应,生成 Fe^{3+},在碱性条件下转化为呈絮状的氢氧化铁沉积而阻塞管道,影响换热装置或热泵机组的正常运行。

如果在地下水水质不明确的地区应用地下水源热泵,必须对地下水进行取样化验,根据水质情况采取相应的措施。只要正确对待,地下水的水质问题和结垢问题都是可以解决的。

4. 地下水的含砂问题

这是地下水源热泵应用中常见的问题,也是一个容易被忽视的问题。如果地下水中含砂量过多,不仅会造成换热器和管道的堵塞,还会引发地质问题。只要成井工艺科学合理,地下水的含砂量是完全可以控制在规范要求的二十万分之一以内的。

5. 地下水的温度平衡问题

当建筑的冬季负荷与夏季负荷相差较大时,冬天从地下水中吸收的热量和夏天向地下水中释放的热量就会相差很大,这时如果地下水没有很好的流动性,不能把积聚的冷或热及时带走,地下水的温度就会逐步发生变化,就需要进行冷或热补偿。如果地下水的温度变低,就需要用太阳能或锅炉进行热量补偿;如果地下水的温度升高,就需要用冷却水塔进行冷量补偿。在地质条件可行的地区,可以采用反季节储能的办法解决这一问题。

6. 冬夏转换阀门的质量问题

地源热泵系统冬季可以向建筑的末端系统供热,夏季可以向建筑的末端系统供冷,但其冬夏的转换一般不是在机组内实现的,而是在机组外靠阀门的切换实现的。冬夏切换的阀门如果质量不好或者因为水中杂质较多,就会关闭不严,造成热泵机组冷凝器加热过的热水和蒸发器冷却过的冷水相互混合,即空调水和水源水相互混合,不仅造成能量的巨大损失,而且由于空调水多为软化水,含盐高,又因长期运行,含有很多铁屑等杂质,一旦进入水源水系统,就会对地下水等水源造成污染。由于水源水质千差万别,一旦进入空调水系统也会对空调水系统造成污染。例如有些地下水源热泵项目在空调末端中发现大量砂子,就是这个原因,如果水源水是污水或海水,那危害就会更大。

7. 热泵机组输出功率随工况变化的问题

热泵的输出功率并不是一个固定的值。制热时,水源水的温度越高,末端空调系统的供水温度越低,热泵系统的效率就越高,热泵系统的制热量也越大。制冷时,正好相反。所以进行系统设计时,必须考虑实际应用时的工况。

第四节 土壤源热泵

一、土壤源热泵系统组成

土壤源热泵系统与地下水源热泵类似,也有能量采集系统、能量提升系统和能量释放系统,如图5-6所示。

能量采集系统即地埋管换热系统,主要由地埋管换热器、循环水泵、定压补水装置和循环管路组成。地埋管换热器是由埋设在底下的高密度聚乙烯管组成的封闭循环回路,循环介质为水或含防冻剂的水溶液,冬季从周围土壤中吸收热量,夏季向土壤中释放热量,循环由水泵实现。地埋管换热器是土壤源热泵系统中最重要的部分,通过它所获取的浅层地热能占热泵系统输出总能量的70%~80%。

能量提升系统即热泵机组。土壤源热泵系统对热泵机组的要求与地下水源热泵系统基本相同。有所不同的是,土壤源热泵系统提供给热泵机组的热源水的温度制热时低于地下土壤和地下水的温度,制冷时高于地下土壤和地下水的温度,温差的大小取决于地埋管换热管的换热能力,地埋管换热管的换热能力越低,其内的循环水与地下土壤之间的温差越大,进入热泵机组的水温越低(冬季)或越高(夏季),对热泵机组的效率及输出功率的影响也就越大。

能量释放系统即末端及其循环系统,与地下水源热泵系统基本一样。

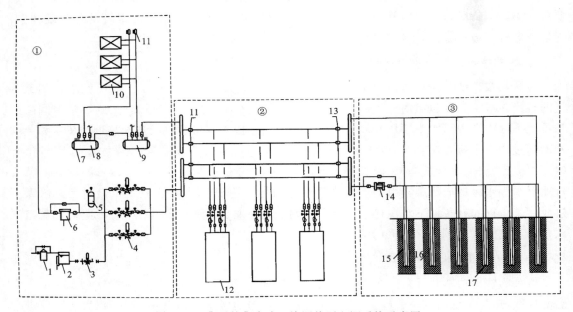

图 5-6 典型的集中式土壤源热泵空调系统示意图
①能量释放系统；②能量提升系统；③能量采集系统

1—软水装置；2—软水箱；3—补水泵；4—制冷(采暖)循环泵；5—定压罐；6—全程水处理器；7—排污与泄水阀；
8—集水器；9—分水器；10—风机盘管；11—放气装置；12—土壤源热泵机组；13—制冷与采暖切换阀组；
14—电子水处理设备；15—地埋孔；16—地埋管；17—U形弯管

二、换热管的埋设方式

土壤源热泵系统的地埋管换热器根据其地下盘管的敷设方式可以分为水平埋管和垂直埋管两大类。目前，地埋管换热器一般都采用垂直埋管方式，但当建筑周边可利用的地表面积较大，并且有现成的埋管条件时，宜采用水平埋管方式，以降低系统的造价。

三、地下热平衡问题

如果地埋管换热器总释热量与总吸热量不平衡，并且埋管区域的土壤与周边土壤之间的热交换能力较差，就会导致埋管区域土壤温度持续升高或降低从而影响地埋管换热器的换热性能，降低热泵系统的运行效率，使热泵系统满足不了设计要求。

1. 热平衡问题分析

如果以一年为周期，地埋管区域土壤温度的变化取决于它所获得或失去的热量，包括夏季获得的热量、冬季失去的热量以及与周边土壤之间的热交换。①如果地下土壤中有地下水，且地下水具有很好的流动性，那么埋管区域土壤与周边土壤之间的热交换就会非常充分，地下热平衡将不存在问题；②如果地下土壤中虽然有地下水，但地下水不流动或流动性很差，由于水的传热传质能力高于土壤，埋管区域与周边土壤之间具有一定的热交换能力，倘若冬季失去的热量与夏季获得的热量相差不大,地下热平衡问题也可以得到解决;③如果地下土壤中没有地下水,由于土壤自身的导热性能较低,埋管区域与周边土壤之间的热交换能力就变得很低,当冬季失去的热量与夏季获得的热量相差较大时,地下土壤的温度就会发生变化,地下热平衡问题就会比较突出。在这种情况下,不能再把热泵系统所利用的浅层地热能看成是"取之不尽,用之不竭"的能源了,这倒不是浅层地热能本身出了问题,而是由于土壤的导热性能较低而使浅层地热能的输送出了问题,埋管区域土壤失去或得到的热量不能得到及时有效的补充或扩散而造成的。

2. 热平衡问题的解决方法

系统设计前应对拟建项目进行全年动态负荷计算及至少一年的地下埋管区土壤温度场的数值模拟,掌握全年负荷特征及地下土壤温度的变化趋势,并考虑过渡季及间歇运行时土壤温度恢复情况。在此基础上,以年为时间尺度,以土壤温度复原作为评价基准,来对地下埋管的深度、数量及间距进行优化设计。

对地下土壤温度变化趋势较明显的地区,应考虑加装辅助冷热源设备,以减小或消除地下埋管取放热量的不平衡率。计算总吸热量大于总释热量的北方地区,可以根据夏季负荷来设计埋管长度,并辅以锅炉或太阳能集热器作为补充热源。而计算总释热量大于总吸热量的南方地区,则可以根据冬季负荷来计算埋管长度,并采用辅助冷却塔或热回收技术来减少系统对土壤的排热量。同时,应通过全年动态模拟来得出辅助冷热源设备的开启条件及时间。

最后还应对埋管进行合理设计,可与热泵机组对应设置成多组回路,在运行过程中随时监控,并根据负荷变化交替使用。部分负荷时,可优先考虑使用外围环路,以加速周边埋管区域土壤聚集冷热量的扩散,避免中心局部过热或过冷。同时在埋管区土壤中心位置设置温度传感器,及时监控土壤温度的变化,一旦温度超过设定值时,可以开启辅助调峰设备,避免冷热堆积。在埋管布置上,条件允许时,可以通过增大埋管布置间距、减小地埋管换热器单位深度承担的负荷等措施来减小换热器的密集度。

采用辅助热源或冷源,能够有效地解决地埋管换热器热不平衡的问题。无论是技术上还是经济上,冷却塔可能是比较好的辅助冷源;太阳能在有应用条件的情况下,可能是比较好的辅助热源。

在确定辅助热源或冷源的容量时,可根据不设辅助冷热源时地埋管换热器需提供的冷热负荷以及土壤得到与失去热量的大小来确定,分为以下几种情况。

(1)如果埋管区土壤全年得到的总热量大于失去的总热量,且埋管换热器需提供的夏季冷负荷大于冬季热负荷,那么,埋管换热器可按冬季热负荷设计,辅助冷源的容量可按埋管换热器需提供的冷热负荷之差确定。

(2)如果埋管区土壤全年得到的总热量大于失去的总热量,但埋管换热器需提供的夏季冷负荷小于冬季热负荷,那么,埋管换热器也按冬季热负荷设计,辅助冷源的容量则按埋管区土壤全年得到的总热量与失去的总热量之差除以有效制冷时间确定。

(3)如果埋管区土壤全年得到的总热量小于失去的总热量,且埋管换热器需提供的夏季冷负荷小于冬季热负荷,那么,埋管换热器可按夏季冷负荷设计,辅助冷源的容量可按埋管换热器需提供的热负荷与冷负荷之差确定。

(4)如果埋管区土壤全年得到的总热量小于失去的总热量,但埋管换热器需提供的夏季冷负荷大于冬季热负荷,那么,埋管换热器也按夏季冷负荷设计,辅助冷源的容量则按埋管区土壤全年失去的总热量与得到的总热量之差除以有效供热时间确定。

在上述辅助热源或冷源容量的确定方法中,埋管换热器的冷热负荷不是指建筑本身的冷热负荷,而是分别指热泵系统对地下土壤的最大释热负荷和最大吸热负荷。

3. 系统设计

设有辅助热源(冷源)的土壤源热泵系统的设计,除了包括土壤源热泵系统的设计外,还包括辅助热源或冷源的设计,以及土壤源热泵系统与辅助热源或冷源的连接问题。土壤源热泵系统与辅助热源或冷源的连接形式有以下两种方式。

(1)串联连接。当单独一种冷热源方式不能满足用户末端系统的需要时,可以采取辅助热源(冷源)与地埋管换热器串联运行的方式。该运行方式要求辅助热源(或冷源)的加热或冷却必须是间接式的。

(2)串并联可调连接。若辅助热源(冷源)与地埋管换热器单独使用能够满足某一时段用户末端系统的需要,可采取并联运行,还可设计为串并联可调节形式。并联运行时,冷热源交替运行对地埋管换热器热交换能力的恢复有好处。

四、钻孔与回填技术

1. 钻孔

土壤源热泵系统的关键技术之一是地埋管换热器的安装。地埋管换热器安装在垂直孔洞内,孔洞的形成依靠钻孔技术完成,常用的钻孔机械为旋转钻机。

旋转钻机施工法是利用钻杆和钻头的旋转及重力使土屑进入钻头,土屑装满钻头后,提升钻头出土,这样通过钻头的旋转、削土、提升和出土,多次反复而成孔。由于地质条件的不同,钻机在钻孔形成中,主要遇到的问题是孔壁塌陷和孔垂直度偏差过大。孔壁坍塌将导致成孔深度不够,同时也影响孔洞形成进度。孔垂直度偏差过大将导致换热管不能顺利放入孔洞中,甚至会因换热管无法放入而使得该孔报废。

2. 回填材料

回填技术的关键问题是回填材料和回填方式。采用高性能的回填材料可显著节省地埋管换热器钻孔和埋管的长度,特别是对于在坚硬岩石的地层中埋设换热管,通常地层热导率较大而且钻孔费用高,因此采用高性能的回填材料不但能改善地埋管换热器的传热性能,减少钻孔和埋管的总长度,同时也降低了系统的造价,减少埋管的占地面积,对土壤源热泵技术的推广和应用十分有利。

目前主要的回填材料是原浆、细砂、细砂与原浆混合物、膨润土与原浆混合物、超强吸水树脂与原土混合、混凝土等几种。岩浆回填能够很好地保证原有孔洞内岩土的传热性能。由于有大量的水分存在,在灌浆过程中要不断地沉降,保证回填严密。

细砂在回填过程中要不断地充水,以保证细砂正常沉降。但是若地埋管换热器运行恶劣,孔洞周围没有其他水进行补充,运行一定时间后可能会导致空穴,对传热不利。因此,单纯采用细砂仅适合于湿润地层,在其他地方则应该采用细砂与原浆混合物。膨润土与原浆混合物回填后,能够有效防止灌浆过程中形成的空穴,膨润土吸湿后膨胀,将堵填空穴,有利传热。但是,膨润土的最大缺点是在没有水分后,仍将形成空穴,因此只适合于湿润地层。由于膨润土具有很强的吸水膨性,失水后易出现大量的裂缝以及空隙,严重影响了其传热,其热导率一般在 0.6～0.9W/(m·K),所以不适合于单独用作回填材料。在回填材料中配合使用大颗粒的骨料,如硅砂等,是提高热导率的一个有效的办法,它可以降低回填材料失水后的收缩、开裂,但同时也必须考虑加入回填材料后的可泵性。

通过对膨润土、砂、水泥混合实验,结果显示,水灰比为 0.45,而且砂的置换率达到 80% 的时候,基于水泥类的回填材料具有较好的热导率,适于用作回填材料。并得出以下结果:

(1)在所有的回填材料中,以水泥-膨润土在饱和状态下热导率最低,所以实际应用中,推荐使用非饱和态。

(2)热导率是随着水灰比值的减小而增大。当回填材料中的含水量超过了基料水解所需的含水量时,回填材料将会失水而产生一些空隙,降低热导率。

(3)砂的加入可以使回填材料的热导率呈现非线性增长,所以理论上可以认为砂的加入可以达到所要求的热导率。但可泵性受到影响,膨润土-砂组成的回填材料中失水会引起热导率的明显降低。

超强吸水树脂与原土壤混合作为回填材料,在注入少量水的情况下,能够很好地改善土壤的非饱和性,增大原土壤的热导率,提高土壤的热恢复性能,可明显地增大单位管长的吸热量,适合于干旱、土壤非饱和以及地下水位比较低的地区。含有骨料的水泥类回填材料比膨润土材料在很多方面都有优势,更适合于填充地层与 U 形管之间的空隙。混凝土的传热性能好,只要注意了回填方法,一般不会出现空穴现象,适合所有地质情况,其主要问题是造价较高。

3. 回填方式

在回填技术中,除选择好回填材料外,关键就是回填方式。回填料灌料时,若人工从上边回填,会因压力不够,井内空气排不出来造成填料与井壁及换热器之间空隙较多,严重影响传热效果。在回填过程中,除注意灌浆方向外,还应控制灌浆的速度,即速度不能过快,否则将导致卷入空气,形成空隙。

《地源热泵工程技术规范》中要求钻孔的回填应采用机械方式自下而上地回填,但现在绝大多数工程项目中并没有按此要求执行。大多数施工单位都采用原浆或细砂、人工回填。这种回填方法依靠重力自然沉积,回填周期长,受操作者人为的因素影响大,无法保证回填的密实。这一问题在回填施工过程中必须引起足够的重视。

五、需要注意的主要问题

1. 场地问题

在应用土壤源热泵技术时,为了保证换热效果,需要埋设大量的换热管,这往往需要很大的场地。现在城市中心区域建筑密度很大,很难有足够的场地和空间去埋设换热管,这是土壤源热泵技术不能普遍应用的主要原因。

2. 造价问题

土壤源热泵技术不再受地下水量、水质和回灌的限制，理论上在任何地区都可以应用。但在不同的地质条件下，埋设换热管的造价差异很大。在岩石层和卵石层钻孔的难度大，成本高，一般情况下不宜采用土壤源热泵技术。

3. 热平衡问题

如果冬季、夏季负荷差异较大，并且地下水流动性很差，应用土壤源热泵技术会出现热平衡问题，并且比地下水源热泵技术的热平衡问题还要严重得多。

4. 回填质量的问题

回填质量的问题是造成很多土壤源热泵项目应用效果不理想的主要原因之一。在进行地埋管换热器的设计时，一般以热物性试验结果为依据，计算换热管的长度和换热孔的个数。在进行热物性试验时，由于只需要埋几根试验管，所以埋管和回填的质量是容易保证的。但在大面积施工时，很难保证每个孔的回填质量都能达到试验孔的标准。而一旦回填质量达不到要求，换热管和土壤之间就会形成空隙，而且会越来越大，使换热管和土壤之间的传热热阻大大增加，地埋管换热器从土壤中获得的热量达不到设计要求，热泵系统的运行效果和节能效果当然就会受到很大影响。

第六章　中深层地热能工程技术

中深层地热能是相对于浅层地热能而言,一般是指温度介于25~150℃之间,埋深超过200m,集"热、矿、水"于一体的自然资源。对于中深层地热能的利用,目前主要来源于地下存储丰富的高温地下水,因此又称为"水热型地热能"或"常规地热能"。中深层地热能作为一种矿产资源的同时也是宝贵的旅游资源和水资源,具有极大的开发利用价值。中深层地热能的高效利用不仅有利于减少传统化石燃料的使用,而且可以为推行节能减排政策、减少雾霾等空气污染方面做出贡献。

第一节　分布及利用方式

一、资源分布

中国中深层地热资源分布具有明显的规律性和地带性,主要分布在中国的东部地区、东南沿海、台湾、环鄂尔多斯断陷盆地、藏南、川南、滇西等地区。其中,沉积盆地地热资源主要分布在中国东部中生代、新生代平原盆地,包括华北平原、河淮盆地、苏北平原、江汉平原、松辽盆地、四川盆地、环鄂尔多斯断陷盆地等地区,均为中低温地热资源;隆起山地地热资源主要分布在中国东南沿海、胶辽半岛、天山北麓等地区。根据温度划分,高温地热资源主要分布在中国的藏南、滇西、川西和台湾地区,其他地区主要为中低温地热资源。

中国中深层地热资源总量(折合标准煤)1.25万亿t,每年可采量(折合标准煤)18.65亿t,以中低温为主,高温为辅。出露温泉2334处,地热开采井5818眼。其中,中低温地热资源总量(折合标准煤)1.23万亿t,主要分布在华北、苏北、松辽、江汉、汾渭等大中型盆地,每年可开采量(折合标准煤)18.28亿t;其余山地丘陵区中低温地热资源(折合标准煤)0.19亿t。高温地热资源总量(折合标准煤)141亿t,每年可采量(折合标准煤)0.18亿t,主要分布在西藏、云南、四川和台湾地区。

二、利用方式

中深层地热能的利用可分为直接利用和地热发电两大类。其中,150℃以上的高温地热主要用于发电,发电后排出的热水可进行梯级利用;90~150℃的中温和25~90℃的低温地热以直接利用为主,多用于工业、种植、养殖、供暖制冷、旅游疗养等方面。目前,全国地热资源开发利用的基本格局为西南、华南发电,华北、东北供暖与养殖,华东、华中、西北地区洗浴与疗养。

中深层地热资源每年利用量（折合标准煤）415万t，以地热资源直接利用为主。其中供热采暖占32.70%，医疗洗浴与娱乐健身占32.32%，种植占17.93%，养殖占2.55%，地热发电占0.5%，工业利用占0.44%，其他占13.56%。

（一）直接利用

1. 供暖

中深层地热集中供暖技术相对较成熟。截至2015年底，我国中深层地热供暖面积已达到1亿 m^2。河北、天津等省（市）地热供暖面积已超过2000万 m^2。河北雄县已建成地热供暖能力530万 m^2，县城城区基本实现全覆盖，成为"十二五"期间中国地热产业的发展亮点，目前正在全国范围内加速推广。

2. 温泉

温泉利用几乎遍及全国各省（区、市），总装机量达2508MW，年利用量8788GW·h。近年来，温泉产业开发利用技术、管理水平、服务质量不断提升，且更加注重温泉资源的可持续利用及生态环境保护。同时，温泉资源的产业扶贫作用正逐渐被各地政府所重视。

3. 温室大棚与水产养殖

我国地热温室种植和水产养殖逐年有所增加，技术水平不断提高。近年来，我国特色农业产品、特色水产品、农业观光项目等产业蓬勃发展，对温室大棚提出了更高要求，进而为地热资源在特色农业与生态农业的推广提供了广阔的发展空间。

（二）地热发电

截至"十二五"末，中国地热发电装机容量仅为27.28MW，与发达国家相比有较大差距。进入"十三五"以来，我国地热发电取得突破，其中西藏羊易新建32MW，云南德宏新建1.2MW，另外还有四川、河北、青海等地建成了一些小的发电装机项目，累计共实现地热发电装机总量61.38MW。

第二节 中深层地热钻井

中深层地热具有埋藏较深、温度较高、地层情况较为复杂等特点，因而在施工过程中需要采用适宜的钻井技术，以获得更好的钻进效果。地热相关的钻井工艺主要包括地热井的井身结构设计、钻进方法以及钻井泥浆技术等。

一、井身结构设计

1. 井身结构

地热井钻孔前和钻井过程中，为了符合成井工艺的要求，必须根据不同的地层和钻进成孔方法确定钻进的深度以及不同井深或地层的钻孔直径。这种井深与井径的匹配关系称为钻井

(孔)的井身结构。一般可用图示法或文字描述法表示。

(1)浅井的结构。井深在小于1000m时称为浅井。井管常用钢管、塑料管或铸铁管。井管内径多在200~300mm。井身结构如图6-1所示。

(2)深井的结构。超过1000m的地热井称为深井。这种井要求管外牢固密封,且中间采用多层的技术套管,结构比较复杂,如图6-2所示。

(3)基岩井的结构。当开发基岩中热水时,必须将上部地表水或第四纪的含水层加以封隔,以保护基岩中水的质量,如图6-3所示。

2. 井身结构要素

包括钻井深度及钻孔直径。

(1)钻井深度。钻孔深度,需由勘探或开发地下水目的层的埋藏深度来决定。一般由地质

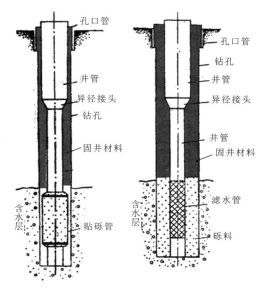

图6-1 地热浅井结构示意图

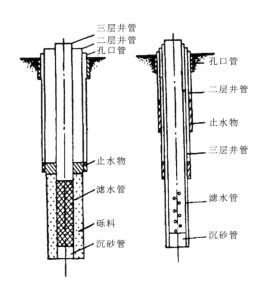

图6-2 地热深井结构示意图

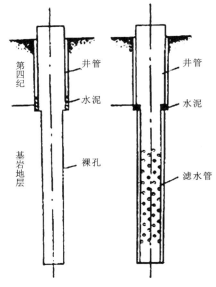

图6-3 地热基岩井结构示意图

理想柱状图或由附近的钻孔资料推演而来。精确的深度是在钻进期间由取芯或采样确定。

生产水井一般要求在滤水管下部安装沉淀管,以便使水井在运行中将随水进入滤水管内的细砂沉淀后储存起来。因此,在设计井深时应考虑沉淀管的长度。当含水层较厚时,沉淀管可以留在含水层中;若含水层较薄或要求出水量较大时,为了充分利用含水层,将沉淀管放在含水层底板内,即钻孔深度到达含水层以下3~5m而终孔。

(2)钻孔直径。钻孔直径包括开孔直径、中间变径和终孔直径。

地热井的终孔直径的决定因素包括:①滤水管直径:滤水管的直径与涌水量有关,有关滤水管直径及其细节将在第三节讨论。②抽水泵泵体的外径尺寸:在下深井泵的水井中,终孔直径要考虑井内泵体的直径。

中间变径及其次数是由地层情况决定的。

根据确定的终孔直径和中间变径次数,就可以推算出开孔直径。

探采结合井是经常使用的一种钻孔结构。其特点是要满足勘探钻进的要求,又要考虑成井的需要。

探采结合井的滤水管多采用直径 146mm 或更大的滤水管。上部井管应保证深井泵体能下入井内,一般井管直径比深井泵公称尺寸大一级。钻孔直径可以中间不变径,井管变径可用异径接头连接。

地热井在井径上要求要大一些,其管外止水密封一般采用永久性的封固。

3. 井深设计依据

(1)钻井地质设计:①地层孔隙压力、地层破裂压力及坍塌压力剖面;②地层岩性剖面及故障提示;③完井方式和套管尺寸要求;④邻区邻井试采资料。

(2)相邻区块参考井、同区块邻井实钻资料。

(3)钻井装备及工艺技术水平。

(4)井位附近河流河床底部深度、饮用水水源的地下水底部深度、附近水源分布情况、地下矿产采掘区开采层深度、开发调整井的注水(汽)层位深度。

(5)钻井技术规范。

4. 设计原理

井身结构设计的基本原理在于适当地封隔井段,使得同一裸眼井段中,既不会在钻进过程及各种工况下压裂地层进而发生井漏,也不会在钻进和下套管时发生压差卡钻事故。具体关系如下。

(1)钻井液密度。

某一钻井井段中所用的最大钻井液密度和该井段中的最大地层压力有关,其相互关系为:最小液柱压力当量密度大于或等于裸眼井段的最大地层孔隙压力当量密度,即:

$$\rho_m \geqslant \rho_{pmax} + \Delta\rho \tag{6-1}$$

式中:ρ_m——钻井液密度,g/cm^3;

ρ_{pmax}——裸眼井段最大地层孔隙压力当量密度,g/cm^3;

$\Delta\rho$——钻井液密度附加值,g/cm^3。

考虑地层坍塌压力对井壁稳定的影响,确定裸眼井段的最大钻井液密度:

$$\rho_{mmax} = \max[(\rho_{pmax} + \Delta\rho), \rho_{cmax}] \tag{6-2}$$

式中:ρ_{mmax}——裸眼井段最大钻井液密度,g/cm^3;

ρ_{pmax}——裸眼井段最大地层孔隙压力当量密度,g/cm^3;

$\Delta\rho$——钻井液密度附加值,g/cm^3;

ρ_{cmax}——裸眼井段最大地层坍塌压力当量密度，g/cm³。

(2)井内最大压力当量密度。

为避免将井段内的地层压裂，应考虑最大井内压力，正常作业和井涌压井时井内压力有所不同，最大井内压力发生在下放钻柱时，由于产生激动压力而使井内压力升高。

①正常作业：

$$\rho_{bmax} = \rho_{mmax} + S_g \qquad (6-3)$$

式中：ρ_{bmax}——正常作业最大井内压力当量密度，g/cm³；

ρ_{mmax}——裸眼井段最大钻井液密度，g/cm³；

S_g——激动压力当量密度，g/cm³。

②发生溢流关井：

$$\rho_{bamax} = \rho_{mmax} + \frac{D_m}{D_x} \times S_k \qquad (6-4)$$

式中：ρ_{bamax}——发生溢流关井时最大井内压力当量密度，g/cm³；

ρ_{mmax}——裸眼井段最大钻井液密度，g/cm³；

D_m——裸眼井段最大地层孔隙压力当量密度对应的顶部井深，m；

D_x——裸眼井段最浅井深，m；

S_k——溢流允许值，g/cm³。

(3)安全地层破裂压力当量密度：

$$\rho_{ff} = \rho_f - S_f \qquad (6-5)$$

式中：ρ_{ff}——安全地层破裂压力当量密度，g/cm³；

ρ_f——地层破裂压力当量密度，g/cm³；

S_f——地层破裂压力当量密度安全允许值，g/cm³。

(4)约束条件。

①压力平衡约束条件。裸眼井段内某一深度处的压力当量密度 ρ 应小于或等于裸眼井段最小安全地层破裂压力当量密度 ρ_{ffmin}，即：

$$\rho_b \leqslant \rho_{ffmin}$$

式中：ρ_b——裸眼井段内某一深度处的压力当量密度，g/cm³；

ρ_{ffmin}——裸眼井段最小安全地层破裂压力当量密度，g/cm³。

②压差卡钻约束条件。钻井作业过程中，钻井液液柱压力与地层孔隙压力最大压差不大于 ΔP_n 或 ΔP_a，即：

$$\Delta P = 10^{-3} g \times (\rho_{mmax} - \rho_{pmin}) \times D_n \leqslant \Delta P_n (\Delta P_a) \qquad (6-6)$$

式中：ΔP——钻井液柱压力与地层孔隙压力最大压差，MPa；

ρ_{mmax}——裸眼井段最大钻井液密度，g/cm³；

ρ_{pmin}——裸眼井段正常或最小地层孔隙压力当量密度，g/cm³；

D_n——最深正常地层孔隙压力当量密度或最深最小地层孔隙压力当量密度对应井深，m；

ΔP_n——正常压力地层压差卡钻临界值，MPa；

ΔP_a——异常压力地层压差卡钻临界值,MPa。

二、钻具组合

(一)钻具的基本结构

1. 主动钻杆

主动钻杆(又称机上钻杆)位于钻杆柱的最上部,由钻机立轴或动力头的卡盘夹持,或由转盘内非圆形卡套带动回转,向其下端连接的孔内钻杆传递回转力矩和轴向力。主动钻杆上端连接水龙头,以便向孔内输送冲洗液。主动钻杆的断面尺寸大,便于卡盘夹持回转,不易弯曲,其断面形状有圆形、两方、四方、六方和双键槽形。主动钻杆的长度应比钻杆的定尺长度与回转器通孔长度之和略长一些,常用的长度是 4.5m 或 6m。

2. 钻铤

在大口径钻进中常会用到钻铤(或加重钻杆)。钻铤直径大于钻杆,钻孔时为了增大钻压和改善钻杆柱工作状态而采用。在钻具组合中是在岩芯管与钻杆之间接钻铤(加重钻杆)。其主要特点是壁厚大(相当于钻杆壁厚的 4~6 倍),具有较大的质量、强度和刚度。钻铤的主要作用是:①给钻头施加钻压;②保证在复杂应力条件下的必要强度;③减轻钻头的振动,使其工作稳定;④控制孔斜。但增大钻杆柱底部的重量在发生孔内事故时处理起来比较困难。

3. 普通金刚石钻进钻具

普通金刚石钻进的钻具如图 6-4 所示。其钻具结构比石油钻井的钻具要简单得多,它主要由钻头、扩孔器、岩芯管、钻杆、接头以及扶正器组成。许多情况下,常常不使用扶正器,也不使用钻铤,导致钻孔的弯曲比较严重。当然,绳索取芯钻进就不使用扶正器。扶正器的外径一般与钻头的外径相当,通过调节它在钻具中的位置,就可以起到调节粗径钻具的下垂力的作用,实现控制或调节钻孔的弯曲。

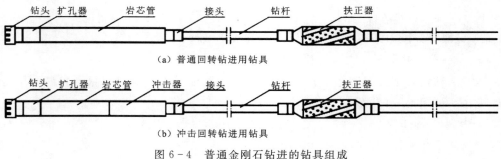

图 6-4 普通金刚石钻进的钻具组成

4. 扶正器钻具

20 世纪 80 年代以来,国内外对扶正器钻具组合的研究逐步深入,研究出了微分方程法、有限元法、纵横连续梁法、加权余量法等方法。

1）增斜组合钻具

按照增斜能力的大小分为强、中、弱三种。结构如图6-5所示，配合尺寸见表6-1所列。

在使用中要注意：钻压越大，增斜能力越大；L_1越长，增斜能力越小；近钻头扶正器直径减小，增斜能力也减小。使用时应保持低转速。

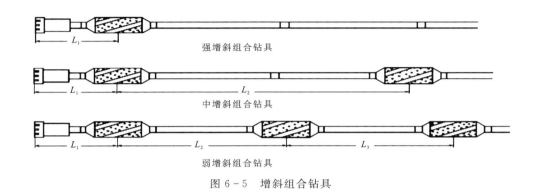

图6-5 增斜组合钻具

表6-1 增斜钻具组合的配合尺寸(m)

类型	L_1	L_2	L_3
强增斜组合	1.0~1.8	—	—
中增斜组合	1.0~1.8	18.0~27.0	—
弱增斜组合	1.0~1.8	9.0~18.0	9.0

2）降斜钻具组合

按照降斜能力的大小分为强、弱两种。结构如图6-6所示，配合尺寸见表6-2所列。在使用中要注意保持小钻压和较低转速。对于强降斜组合来说，L_1越长，则降斜能力越强，但不得与井壁有新的接触点。

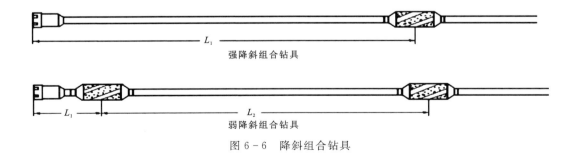

图6-6 降斜组合钻具

表 6-2　降斜钻具组合的配合尺寸(m)

类型	L_1	L_2
强降斜组合	9.0～27.0	—
弱降斜组合	0.8	18.0～27.0

3)稳斜钻具组合

按照稳斜能力的大小分为强、中、弱三种。结构如图6-7所示,配合尺寸见表6-3所列。在使用中要注意保持正常钻压和较高转速。若需要更强的稳斜组合,可使用双扶正器串联起来作为近钻头扶正器。

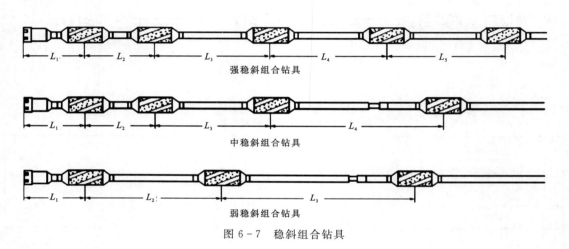

图 6-7　稳斜组合钻具

表 6-3　稳斜钻具组合的配合尺寸(m)

类型	L_1	L_2	L_3	L_4	L_5
强稳斜组合	0.8～1.2	4.5～6.0	9.0	9.0	9.0
中稳斜组合	1.0～1.8	3.0～6.0	9.0～18.0	9.0～27.0	—
弱稳斜组合	1.0～1.8	4.5	9.0	—	—

(二)钻杆柱

1. 钻杆柱的功用和结构

在钻探工作中,钻杆柱从地表把钻机的动作和动力传递给井底的钻头,钻头在井底破碎岩石、连续给进以及其他一切工作全取决于钻杆柱的工作性能。钻杆柱在传动工作系统中是一个特殊的,细长比特大的、在井筒特定条件下工作的传动杆件。同时它又是洗井液冲洗井底和冷却钻头必需的液流通道。杆内承受着高压,杆外承受着磨损。虽然表面上看去钻杆柱结构较为简单,实际上,它承受着复杂的外力,且处于失稳状态,工作负担是十分沉重的。所以钻杆柱是钻探工作的一个关键组件和重要环节。实践表明,钻探的工作效率和安全生产都取决于钻杆柱的可靠性。

在某些特殊钻进方法中,钻杆柱还用作输送岩芯或岩芯提取器的通道,或作为更换井底钻头的通道。因此,还要求钻杆柱必须具有光滑而平整的内孔。在许多情况下,钻杆柱还起着辅助作用:投送卡取岩芯的卡料,输送测斜仪器以及输送堵漏材料等。

为了更换磨钝的钻头和提取满管的岩芯,常常须把钻杆柱从孔内全部提出地面,然后又重新放入孔内。这样,升降工序就成为钻探工作必不可少的环节。升降工序的快慢直接影响钻探工作的总效率和总成本。为了满足钻杆柱升降的需要,首先将单根钻杆连接成一定长度的立根。立根长度由升降所用的钻塔(或井架)高度而定。一根立根可由数根单根钻杆用接箍(或平接头)连接而成,在升降工序中不拧卸开。在立根之间则是用带有切口的、便于夹持和拧卸的锁接头(或平接头)连接,每次升降都要拧开和拧接一次,工作是相当繁重的。长期以来,钻杆柱都是采用螺纹连接的方式。螺纹连接必须用公母螺扣对接,因而大大削弱了管壁,螺纹部分成为钻杆柱中最薄弱的部位。虽然采取了加厚螺纹部位管壁等办法,还是常在螺纹根部发生断钻杆的事故。钻杆接头的连接方式有:平接头连接、锁接头连接和焊接接头连接等。

2. 钻杆柱的材质

常规的钻杆是由不同成分的合金无缝钢管制成,现用合金成分有 Mn、MnSi、MnB、MnMo、MnMoVB 等,并且限制 S、P 等有害成分不得大于 0.04%,以保证所需的质量,按照 GB 3423—82 的规定,用作钻杆柱的钢管力学性能规格如表 6-4 所列。

表 6-4 钻杆柱的钢管力学性能规格

钢级	屈服点 σ_s(MPa)	抗拉强度 σ_p(MPa)	延伸率 δ_s(%)
	不小于		
DZ40	400	650	14
DZ50	500	700	12
DZ55	550	750	12
DZ60	600	780	12
DZ65	650	800	12
DZ75	750	850	10

为了确实保证钻杆质量,扎制的钢管必须经正火和回火处理或调质处理。由于钻杆柱在回转工作过程中,经常与孔壁接触,表面磨损是严重的。为了强化表面的抗磨能力,常常对钻杆表层进行高频淬火。但是为了不影响钻杆的抗疲劳破坏的性能,淬火加硬的表层深度必须控制在 1mm 以内。

在钻杆端部车制连接螺纹,必然削薄管壁,因此降低了该部的强度。为了克服该弱点,常常须把钻杆端部加热,将该部管壁向外或向内镦厚,成为外加厚或内加厚端部的钻杆。但是在镦厚的过程中对钻杆会造成热损伤,特别是在冷热过渡的部分,常使材料晶粒粗化,强度降低,成为断钻杆的一个原因,所以镦厚的钻杆必须进行正火、淬火和高温回火处理。

钻杆接头也是影响钻杆柱强度的一个重要环节,经常采用优质钢材制作钻杆接头。并且也常采用高频淬火处理,提高其表面的硬度及抗磨能力。但无论钻杆还是接头的螺纹部位都不许淬火以防产生淬硬脆化裂纹。螺纹部位可采用感应热处理和低温回火处理,以提高其抗疲劳破坏的能力。

钻杆对连接螺纹的要求十分严格。钻探管材螺纹是专门设计的,并已定为国家标准(GB 3423—82)。一般钻杆采用螺距为 8mm 的每边倾斜 5°的梯形螺纹,为了防止应力集中,螺纹根部有规定的圆弧角,弧径虽小,但十分重要。螺纹部分承受拉、压、弯、扭等交变应力,所以螺纹部分既要有足够的强度,又要耐磨。同时钻管中承受着冲洗液流的高压作用,要求须有足够的密封防漏能力。因此在接头端部有专门的端面密封。对螺纹的配合和加工精度等方面也相应地要求甚高。许多重载工作的钻杆,螺纹采用数控机床加工,就是这个原因。

现在许多国家在地质勘探钻进中已经采用铝合金钻杆,国内也在试制。使用铝合金钻杆可以减小整个钻杆柱的质量,可以减小回转钻杆柱所消耗的功率,还可以减小提升钻杆柱消耗的功率,所以在同样的条件下增大钻机的可钻深度,不仅提高转速而使机械钻速提高到 1.3~1.5 倍,同样可以减少升降钻柱的时间。

3. 钻杆柱的合理使用

在孔内工作的钻杆柱经受着各种载荷、磨损和侵蚀。随着工作时间的增大,钻杆柱不断地被磨损、折断和消耗。为了降低钻杆柱的消耗量和延长其使用期限,正确地管理和使用钻杆柱是十分必要的。

由完成一个钻孔的过程来看,无论多么深的钻孔,都是由地表开孔起始。随着钻进进尺不断地向深部延伸,直到钻到预定深度,钻杆柱的工作也是随着钻孔延伸而不断加长的。第一根钻杆从开始使用至整个钻孔钻进结束,而最后加的一根钻杆却仅仅使用了一次就终孔了。这样对这一批钻杆柱来说,磨耗和损伤是很不一致的。为了克服上述缺陷,必须改换钻杆使用的方式。使每批钻杆在使用中损坏程度基本上一致,从而对钻杆的处理和报废也较为容易。

优化的钻杆柱使用方式有多种,较为成功的使用方式有变换次序使用法和综合使用法两种。

在优化使用方式的选择中,我们常用钻孔钻进时间 T_d 与钻杆柱使用寿命 T_l 之比($K_T = T_d/T_l$)来辨别。一般说,在地质钻探中,钻杆的寿命要比钻孔钻进时间高许多倍,即 $K_T < 1$。

但在个别情况,钻孔很深,岩层研磨性很高或地质技术条件复杂时,K_T 也可能接近于 1。所以,最优使用方式的选择都是在 $K_T \leq 1$ 的条件下进行的。

为了明确起见,可假设下列数值:钻杆使用寿命 $T_l = 100h$,钻孔的深度 $L_h = 100m$,总计立根数 $n_s = 10$ 根。

(1)变换次序使用方式。

当 $K_T = 1$ 时,即钻孔时间与钻杆寿命相等或接近时,为了使钻杆消耗均匀,钻孔需成对考虑,即两个钻孔的工作量一起计算。在钻第一个钻孔时,把立根使用的次序颠倒过来,称为变换次序使用法。当然,对于 $K_T \leq 0.5$ 和 $0.7 < K_T \leq 1$ 的各种情况,这种优化使用的方式都可采用,实际上只是所钻的孔数不同而已。

(2)综合使用方式。

当 $K_T=0.7$ 时,可采用综合使用方式优化钻杆的使用。在钻第一个孔深度一半的过程中,把立根依次(1,2,…,5)接到钻杆柱上进行钻进。在钻完深度的一半后,提钻时把这些立根依次放于立根台上待用。而在继续钻下半部钻孔时,把其他未用的一半立根(6,7,…,10)一起下入孔中,在继续向深部钻进时,把原上部用过的钻杆按相反的顺序(即从 5 到 1)接上继续工作。并且,在钻进第二个孔时,把第一孔的立根次序(1,2,3,…,10),完全按相反次序更换使用。这种综合更换使用方式,可使钻杆的服役状况均匀。

实践经验表明,按照上述两法使用钻杆,可使钻杆柱在钻杆寿命达两倍的时间内消耗完毕,从而大大地提高钻杆在使用过程中的合理性。

(三)钻头

钻头是钻具组合中的重要组成部分,也是破碎岩石的主要工具。根据地层情况选择合适的钻头是提高施工效率和成孔质量的关键。根据钻探目的和钻头结构不同,钻头可分为取芯钻头和全面钻头。与岩芯钻探和石油钻探不同,地热钻探很少以取芯为目的,因而钻头选用时以全面钻头为主。

1. 牙轮钻头

牙轮钻头在旋转时具有冲击、压碎和剪切破碎地层岩石的作用,所以,牙轮钻头能够适应软、中、硬的各种地层。牙轮钻头按牙齿类型可分为铣齿(钢齿)牙轮钻头、镶齿(牙轮上镶装硬质合金齿)牙轮钻头;按牙轮数目可分为单牙轮钻头、三牙轮钻头和组装多牙轮钻头。

1)牙轮钻头的特点

牙轮钻头有以下特点:

(1)牙轮在孔底绕钻孔轴线和绕牙轮轴滚动时,对岩石起压入压碎剪切作用的同时,带有一定频率的冲击,从而提高了碎岩效果。

(2)牙轮靠滚动和滑动轴承支撑在轴颈上,回转时转矩小,消耗的功率也小。

(3)轴心载荷均匀分布在碎岩牙轮上,在牙齿与岩石不大的接触面上,造成很高的比压,提高了碎岩效果。

(4)牙轮沿孔底滚动时,牙齿与岩石的接触传递载荷为瞬时的,因此接触时间短,这便减少了牙齿的磨损,延长了牙齿的寿命。同时,瞬时接触造成的动载亦强化了碎岩效果。

(5)牙齿与岩石的接触时间短,因接触摩擦而产生的热量少,此热量在牙轮回转一周中可由冲洗介质完全带走,因此不会因过热而降低牙齿的力学性能。

由于上述特点,牙轮钻头可用于从软岩到非常坚硬岩石地层的钻进。但是牙轮钻头由于轴承寿命和牙齿耐磨性的限制,影响了钻头寿命;同时牙轮钻头存在薄弱环节(如轴承密封与锁紧部位),牙轮脱落会造成钻井事故;又由于轴承在高转速下寿命较低,因此牙轮钻头不适合高转速,一般适合在 200r/min 以下;其所需钻压相对较高,不适合于易斜地层等。

2)牙轮钻头的结构

目前,国内外使用最多、最普遍的是三牙轮钻头。三牙轮钻头是地热钻井中用得最为广泛的一种。牙轮钻探由石油钻井引用而来,随着地热井深度增加,如何提高钻井速度和效率,降低钻井综合成本,以及满足各类井下动力钻具等新工艺、新技术的需要,是牙轮钻头面临的重大挑战。

牙轮钻头一般由牙掌、牙轮、切削齿、轴承、锁紧元件、储油密封系统、喷嘴装置等部件组成。其结构及实物图如图6-8和图6-9所示。

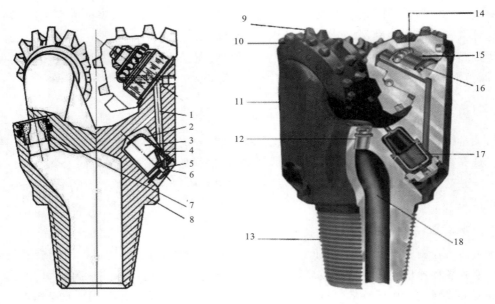

图6-8 三牙轮钻头结构

1—长油孔;2—护膜杯;3—储油腔;4—压力补偿膜;5—压盖;6—传压孔;7—喷嘴;8—本体;9—切削齿;10—牙轮;11—牙掌;12—喷嘴;13—连接螺纹;14—锁紧元件;15—滑动轴承;16—密封元件;17—储油系统;18—流道

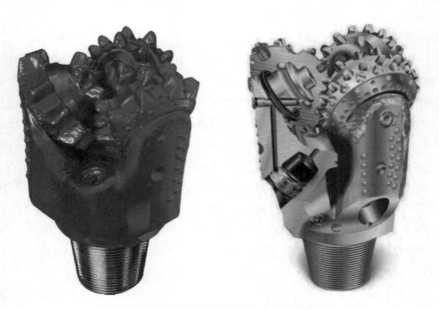

图6-9 镶齿牙轮钻头与铣齿牙轮钻头实物

3) 牙轮钻头的工作原理

牙轮钻头在井底的运动,决定于牙轮与牙齿的运动。钻头在井底的运动有公转、自转、纵振、滑动。钻头在井底运动的运动包括公转、自转、纵振和滑动。其中,钻头的滑动就是牙轮的滑动。通常情况下,软地层钻进时钻头具有较大的滑动量;在硬地层及高研磨性地层钻进时,所用钻头其滑动量要尽量减小,以避免牙齿的迅速磨损。软及中硬地层中钻进,要求牙轮钻头具有更大的滑动量以提高破岩效率。在设计制造牙轮钻头时,通常采用具有超顶、复锥、移轴结构的牙轮钻头以增大钻头在井底工作时的滑动量。牙轮齿相对于井底的滑移,包括径向(轴向)滑动和切向(周向)滑动。超顶和复锥引起切向(周向)滑动,移轴引起径向(轴向)滑动。牙轮在滚动过程,其中心上下波动,使钻头做上下往复运动。引起纵向振动,包括单、双齿交替接触井底,使牙轮中心上下波动引起的振动,也包含井底凹凸不平引起牙轮中心的上下振动。

钻头在井底工作时,上述四种运动同时产生,钻头的运动是上述四种运动的复合运动。

2. 金刚石类钻头

金刚石是到目前为止发现的自然界最硬的材料。金刚石钻头的破岩机理是:金刚石钻头以磨削(研磨)方式破碎岩石,类似于砂轮磨削金属的过程。对塑性地层,以"犁削"作用为主;对脆性地层,以压碎、剪切作用为主;对坚硬地层,以刻划、微切削作用为主。

1) 金刚石钻头的分类

金刚石钻头切削齿材料分为天然金刚石和人造金刚石两大类,天然金刚石使用最早并一直在使用,人造金刚石主要制作孕镶金刚石钻头、聚晶金刚石复合片(Polycrystalline Diamond Compact,简称PDC)钻头及热稳定聚晶金刚石(Thermally Stable Polycrystalline Diamond,简称TSP)钻头。

全面钻进是相对取芯钻进的一种钻进工艺,采用的钻头除牙轮钻头外,根据地层的可钻性可采取全面金刚石钻头、PDC钻头和TSP钻头,如图6-10所示。

天然金刚石钻头主要是用于硬及研磨性地层的钻进。由于天然金刚石既耐磨又耐冲蚀,所以这种钻头对付硬的、研磨性大的、抗压强度高的地层特别有效。但是,天然金刚石钻头的价格十分昂贵,如果使用不当,就会造成很大的损失。

国外深井多用PDC全面钻头,PDC钻头既具有金刚石的硬度和耐磨性,又具有碳化钨合金的结构强度和抗冲击能力。一般适合于7级以下地层,但最近几年PDC复合片制造技术得到了飞速发展,PDC切削齿的质量和类型都发生了巨大的变化,对碳化钨基片与人造金刚石之间的界面进行了优化,以提高切削齿的韧性;层状金刚石工艺方面的革新也被用于提高产品的抗磨蚀性和热稳定性。如今的切削齿的质量性能要好得多,使钻头的抗冲蚀以及抗冲击能力都大为提高,PDC产品在齿的设计技术和布齿方面也实现了重大的突破,不同的布齿方式,能适应不同的地层。现在,PDC产品已被用于以前所不能应用的地层,如更硬、磨蚀性更强和多变的地层。这种向新领域中的扩展,使金刚石类钻头和牙轮钻头之间的平衡被打破。

TSP钻头的切削齿是热稳定性聚晶金刚石块。天然金刚石钻头昂贵,PDC钻头聚晶金刚石复合片的最高工作温度只有700~750℃,在硬的和有一定研磨性的地层中,因钻头切削地层摩擦发热而产生的高温会使复合片早期损坏。TSP钻头则正好克服了这一弱点,是继PDC钻头后又一个大的飞跃。TSP钻头主要由热稳定聚晶金刚石、胎体、水槽、刚体和接头组成。

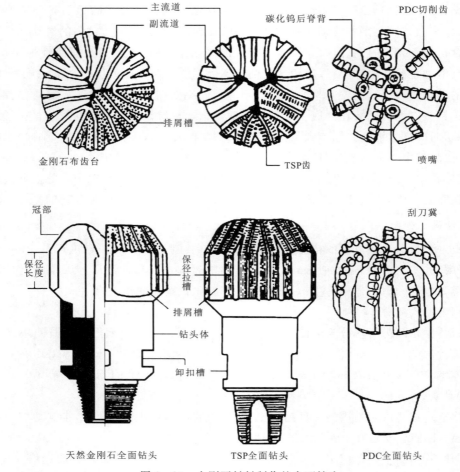

图 6-10　金刚石材料制作的全面钻头

由于 TSP 齿的尺寸介于天然金刚石颗粒和 PDC 复合片之间,加之 TSP 齿的多样化,因此 TSP 钻头用于较硬地层的 PDC 钻头的替代产品。

2)金刚石钻头的应用

(1)天然表镶金刚石钻头的使用。

①合理选择钻头型号。

天然金刚石的硬度、耐磨性能和抗高温性能较好,而抗冲击载荷的能力却较差。在致密的砂岩、泥岩、硬石膏、白云岩、石英岩、花岗岩等硬的、研磨性高的地层中,它可取得较好的钻进效果;而在岩性不均匀或裂缝性、溶洞性的地层中,其使用效果并不理想。

除根据地层选择钻头型号外,也要根据钻井方式和工艺来选择钻头。如在直井中一般要求较高的机械钻速和优良的井身质量,应考虑选择钻速快、寿命长的金刚石钻头;而在定向井、丛式井中,则应选择造斜或稳斜性能好、与井下马达相配的高转速金刚石钻头。

②钻进参数的选择。

转速：金刚石钻头的转速应尽可能地高。井越浅，转速越高，这样才能充分发挥它的破岩效率。其转速一般在 150r/min 以上，如果钻具和设备条件允许，可以增大至 300r/min 以上则效果更佳。克里斯坦森公司推荐的天然金刚石钻头的转速范围是 80~500r/min。

钻压：金刚石钻头的钻压大小与所钻地层的软硬和金刚石的质量有关，一般为 0.2~0.8kN/mm(直径)。施加钻压时，每次应以 4.5~9kN 的数量逐渐增加，不能突然加大到正常钻压，以防损坏钻头。

泵量：确定排量的原则，应是既能满足携带岩屑的最低环空上返速度的要求，又能满足钻头清除岩屑和冷却金刚石的需要。排量既不能太小，也不能过大。太小了，不足以清除岩屑和冷却金刚石，钻头易被烧毁；太大了，又会因过早冲蚀钻头胎体而造成钻头局部早期损坏。

(2) PDC 钻头的选型和适用地层。

选用 PDC 钻头时，要根据所钻地层的特点来选择合适的钻头。普通 PDC 钻头的适用范围与牙轮钻头中的钢齿钻头、镶齿钻头中 IADC 编码为 437、517、537 等型号的钻头接近。它主要是用于软至中硬的、岩性均匀的、不易泥包钻头的地层中，如泥岩、砂岩、粉砂岩、细砂岩、硬度不高的石灰岩等。由于 PDC 钻头是靠切削作用来破岩，因而它在这些地层中钻进效果比牙轮钻头显著得多。如钻遇砾石或其他不适合 PDC 钻头的地层，就应及时起钻更换成牙轮钻头，以免 PDC 钻头先期报废。

PDC 钻头宜用低钻压、高转速和大排量的参数匹配。以 215.9mmPDC 钻头为例，其参数一般为钻压 44~80kN，转速 120~150r/min，排量 28~32L/s。低钻压可减轻冲击载荷，使 PDC 切削齿的工作寿命延长；高转速可提高钻头的破岩效率；而大排量则提高了钻头的比水功率，能防止钻头泥包，同时能更充分有效地冷却钻头切削齿和携带钻屑。

三、地热钻井技术

地热钻井过程中可以使用的工艺方法有很多，通常可以按照钻进方式和循环方式对其进行分类。地热钻孔(井)常用钻进方式如表 6-5 所示。

表 6-5 地热钻孔(井)常用钻进方式

循环方式	特点	适用条件
正循环	相比于反循环，需要更大的泵量，因此对井壁和岩芯的冲刷作用更大，岩芯采取率稍低，具有更出色的孔底清渣能力，但成井速度慢、易造成孔斜和孔内事故，特别是泥浆排放和处理费用高、容易造成水量小等质量事故	口径较小的水井钻进或不需要取芯的钻进。也可以实现较深的钻井，但需要克服的主要问题是泥浆污染地层给洗井工序带来的困难

续表 6-5

循环方式	特点	适用条件
气举反循环	以压缩空气注入钻杆内孔至一定深度与冲洗液混合形成低密度(小于1)的气-液混合液,使钻杆内外液体密度产生差异,其压力差造成冲洗液反向循环的钻进。需要外接空压机	干旱缺水地区的钻探、地热钻探等,适用于漏水地层中钻进。该方法在开孔阶段不能使用,必须待气-水混合器下入一定深度(一般孔深超过25m)才能工作。由于空压机性能的限制,此方法在浅至中层钻探、深层钻探中应用较少,钻遇含水层时慎重使用
泵吸式反循环	泵工作时,在其进水口形成负压,而孔口钻杆外面的冲洗介质则处在大气压的作用下,产生的压力差使冲洗介质反循环流动。由泵排出的冲洗介质经除砂和沉淀后以自流方式补入孔内。在浅层(小于70m)钻探中能大幅度提高钻进速度和成井质量、缩短洗井时间	适用于较浅的成孔钻进,主要适应地层为松散卵砾石地层和砂土地层,当地层较硬且黏性较强时不宜采用该方法
喷射式反循环	钻杆液由钻杆柱内孔送到孔底,经由喷反接头流到钻杆与井壁的环状空隙中。由于喷嘴高速喷出流体,在附近形成负压,将岩芯管内液体向上吸出,从而形成孔底局部反循环。具有较高的取芯率	适用于浅层取芯钻探,将喷射元件安装在岩芯管上端可在较深钻孔中使用

(一)空气钻井技术

空气钻井技术是将压缩空气既作为循环介质又作为破碎岩石能量的一种欠平衡钻井技术,其技术原理是通过地面的空气压缩机组将空气变成压力为 1.2~2.0MPa、排气量为 100~130m^3/min 的高压空气,经由输气管汇注入钻井平台上的立压管线内,以高压空气替代普通钻井液,把钻井过程中产生的岩屑携带到地面同时对钻头进行冷却降温,然后经过专用排砂管线排入至废砂坑。

空气钻井有以下优越性。

(1)提高机械钻速。与常规钻井相比,可提高钻速 3~10 倍,在气体钻井中,地层孔隙压力在负压差条件下产生向井内的"推力",压持效应小。而泥浆钻井时,井筒中高的过平衡正压差产生由井内指向地层的压力,阻碍钻头对地层的破碎和已破碎岩体脱离井底。

(2)保护产水层和减少井的漏失。钻井流体对地层伤害的严重程度依次为空气→稳定泡沫→硬胶泡沫→充气泥浆→微泡沫泥浆。

(3)延长钻头使用寿命和保障井眼清洁。气体钻井中钻屑爆裂粉碎后能快速带出井筒,避免重复破碎。

(4)破岩所需压力小,有利于防斜。

空气钻井的缺点和局限性表现在以下方面。

(1)对地层压力的控制能力低,气体钻井作业一般限于那些储层孔隙压力较低的地区。

(2)气体钻井局限于地层岩石较老且致密的地层。因为井眼内几乎不存在流体压力来支撑井壁并防止其坍塌。井壁稳定性存在潜在的风险。

(3)受限于地层出水。

(4)环空中含砂气流的冲刷作用加剧了钻柱的磨损。

(5)加剧钻柱的振动:空气流体对钻柱的振动几乎没有阻尼作用。

(6)随钻测量系统无法使用,常规的井下马达不能使用。

因此,空气钻井适用范围为:坚硬、干燥地层;严重漏失的地层;水敏性强的地层;地层压力低且分布规律清楚的地层;严重缺少施工用水的地区。

1. 空气钻井的主要设备

空气钻井的主要设备有:空压机、增压机、防喷器组合、空气锤、钻头、各种管汇、控制阀、注入泵、泥浆罐(储备泥浆,用于特殊情况下由空气钻井转为常规泥浆钻井时使用)、压力计、温度计、流量计等。空气钻井的工作示意图如图6-11所示。

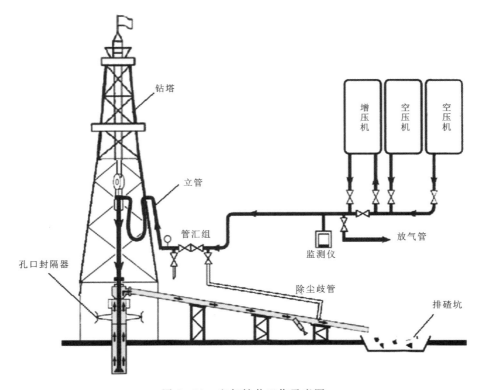

图 6-11 空气钻井工作示意图

2. 空气正循环钻进工艺要点

(1)使用空气钻井时,需要在井场专门配备钻井设备。按设计要求根据确定的最大注气量和注入压力选择注入设备、管汇和仪器。设备安装就位后应进行严格的试压试运转。

(2)钻头的风道宜比钻井液水道大2~4倍,并在管路中加装逆止阀和减震器。每回次钻进应在钻具下放至距孔底 2～3m 处开始送风,慢速回转钻具至孔底。提钻前先停止钻具回转,继续送风排碴,孔底干净后再停风提钻。

(3)钻进所需风量由上返风速要求确定。正常钻进上返风速需达到 15～25m/s 才能保证排碴顺畅,否则携带岩屑有困难。为了充分发挥空气压缩机的功效,应尽可能选用较大直径的钻杆,尽量缩小钻杆与孔壁之间的环状间隙。一般 150～220mm 口径钻孔选用 89～140mm 钻杆;244.5～311.1mm 口径钻孔选用 114～140mm 钻杆。如地层含水排碴困难时,需注入泡沫剂辅助排碴。

(4)钻井过程中注意注入压力的变化,如压力过高应控制井口回压,防止出现意外和污染事故的发生。同时应注意岩屑返出情况的变化、钻具旋转和上提下放阻力变化情况,如果出现异常情况应停止钻进充分洗井,或调整注入量,保持井眼畅通。送风管路应安装压力表、风量表、温度计等,以便同原有钻进参数仪表配合判断孔内情况。

(5)除尘方法。常用方法和装置有:孔口及雾化装置、负压捕尘和旋风除砂器。孔口必须安装密封导流装置,将孔内上返的气流和岩粉用管路引至下风口 15m 外,并通过水雾或布袋除尘。

(二)空气泡沫钻井技术

空气泡沫钻井是指用泡沫液与气体的混合物作为循环介质的一种钻井技术,其工艺技术流程是以泡沫基液为工作对象,用空压机对空气先进行初级加压,然后经过增压机增压后的气体再与雾化泵泵出的泡沫基液混合,经立管三通进入钻具,泡沫通过钻头时对钻头进行冷却,再通过井门的旋转头(旋转密封),泡沫和钻屑进入排砂管线,最后到岩屑池,完成携带岩屑和消除粉尘的任务,泡沫自然破泡后基液回收到上水池进行再利用。

泡沫是含有大量气泡的气液分散体系。泡沫被定义为大体积的气体分散在含有泡沫溶剂(表面活性剂)的小量液体中,外部连续相是液体,内部不连续相是气体。其中气相是分散相,常压下的体积可高达 90%;液相是连续相,一般以水多见,所占的体积较少。因此泡沫的重量比水轻得多,兼具气、液介质的相性特点和作用机理,但其循环压力较纯空气钻探高。

虽然和钻探乳状液一样,形成泡沫也需加入必要的泡沫剂——表面活性剂,但乳状液是一种液体被另一种不相混溶的液体分离开来;泡沫是使气泡形成并均匀地分散在液体中,乳状液主要是增加冲洗液的润滑性,两者是不同的体系。作为泡沫剂的表面活性剂加量更少,一般只占液体的 1‰～1%。

1. 泡沫流体的分类

泡沫流体是气体介质分散在液体中,并配以发泡剂、稳泡剂或黏土形成的分散体系。现场用的泡沫流体分为两类:硬胶泡沫和稳定泡沫。

(1)硬胶泡沫。是由气体、液体、黏土、稳定剂和发泡剂配成的稳定性比较强的分散体系。在水基泡沫基础上加入一定量的坂土,利用坂土在水化时能形成大量微小胶体粒子来提高泡沫的稳定性;同时黏土颗粒所形成的结构可以增强泡沫强度,因此硬胶泡沫相对水基泡沫具有稳定性好、携岩能力和抗污染能力强的特点。它用于需要泡沫寿命长,携岩能力强的场所,例如解决大直径井眼携岩问题等。硬胶泡沫的成本低,但对电解质等污染较敏感。

(2)稳定泡沫。是由气体、液体、发泡剂和稳定剂配成的分散体系,能与各种电解质配伍,能处理产自地层的水,对低压易漏地层特别有效,是目前广为应用的泡沫流体。稳定泡沫流体在地热井中主要应用于:①钻井、修井、洗井、冲砂、清除积水和砾石充填等作业,可防止地层污染,特别是对低压地层更为有效;②可有效防止漏失。

2. 空气泡沫钻进的应用优势

(1)在沙漠、高山和严冬等供水困难的条件下钻进。由于泡沫大部分为压缩空气,含水量很少,体积仅为空气的 1/60~1/300,故采用泡沫钻进可以大大减少水的消耗量。与液体钻井液相比可以节约大量水。

(2)在漏失地层中钻进。由于泡沫对岩层裂隙和孔洞具有堵塞作用,加上泡沫柱的压力比水柱小(泡沫密度为 $0.036 \sim 0.84 \text{g/cm}^3$),一般稳定泡沫密度可在 $0.06 \sim 0.72 \text{g/cm}^3$ 范围内调节,硬胶泡沫的密度调节范围更大些。井内压力小,故可以在漏失地层中有效地钻进,适于低压地层钻进。

(3)在遇水膨胀、缩径和坍塌的地层中钻进。由于泡沫具有疏水性,泡沫中含水量极少,如在砾石或砾岩、风化砂岩、水敏性泥页岩等地层中钻进,可保证该类岩层孔壁的稳定,避免遇水所造成的钻进难题。

(4)在弱胶结怕冲刷的岩层中钻进。由于泡沫上返速度小(0.5m/s 左右),避免了空气钻进和泥浆钻进中高速上升气流(>15m/s 紊流)和上升液流(1.0~2.0m/s)对弱胶结岩层的冲刷作用。泡沫的悬浮携带能力强,在同等条件下是一般冲洗介质的十几倍,这正是泡沫作为循环介质的突出优点。

(5)在永冻地层中钻进。由于泡沫的导热性和热容量小,可以防止永冻地层融化而造成的钻进事故。

(6)在易产生钻头泥包的地层中钻进。由于泡沫的携带岩粉能力强,悬浮能力大,以及泡沫的疏水性,故钻进时不会产生钻头泥包现象和卡钻现象。钻头处的压力较大,泡沫出现析流时,活性剂溶液的亲水端会与钻头和岩粉相吸附,从而以良好的浸润状态隔离岩粉与钻头的吸附;高速压缩气流又迅速将岩粉冲起,而在压力释放的管壁间泡沫流体的结构得以恢复的同时,岩粉也被"包裹"。

(7)成本低。由于空气来源充足,且机械钻速高,大大地降低了钻井周期,已被钻井界公认为是一种有效降低钻井成本的好方法。

(8)空气泡沫潜孔锤驱动能量较液动潜孔锤显著增大。原因是具有良好的压缩性、持续的膨胀能力和较好的润滑作用。20 世纪 90 年代研究的微泡沫体系的泡沫直径 $10 \sim 100 \mu m$(相比 0.5~5mm),可再循环,不易被固控系统清除,且可应用于螺杆马达钻进。

(9)不影响洗井工作,减少对地层的伤害,增加水井出水量。

(10)要求的风量和相应的风压较低,用同样的压风机可以比空气作为循环介质钻得更深。如果空气钻井因井眼过大,钻杆偏小,造成空气钻井达不到安全工作气量或其他原因,或因地层大量出水,应用不够理想时,可以直接切换成稳定泡沫或硬胶泡沫钻井。泡沫因其携岩能力是常规钻井液携岩能力的 10 倍,携水能力更好,从而更具优越性。

(11)泡沫中的表面活性剂具有润滑性,泡沫具有一定的弹性,有利于减轻钻具的振动,减少回转功率消耗,降低钻具的磨损。

(12)捕集岩粉效果好,消除了空气钻井时的粉尘污染问题。

(13)有利于防斜打快。减小压实效应,相对常规钻井所需钻压要小得多,一般为常规钻井钻压的1/3,该钻压既满足了空气钻井的快速钻进需要又符合常规钻井轻压吊打纠斜的要求,容易钻成垂直的井眼。

3. 泡沫钻井系统组成及原理

泡沫钻井的基本循环系统如图6-12所示,一路由压风机泵送空气通向泡沫发生器,另一路由输液泵泵送泡沫液通向泡沫发生器,空气与泡沫液在泡沫发生器中剧烈混合形成泡沫,再通往机上钻杆向钻孔内输送。简单的泡沫发生器可以由若干层金属网栅组成,高速气流携带着泡沫液冲打在金属网栅上形成泡沫。

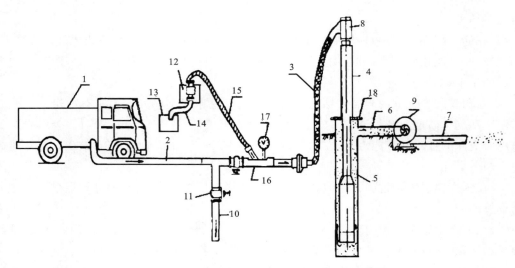

图6-12 泡沫钻井循环系统示意图

1—空压机;2—送风管;3—高压管;4—钻杆;5—井口管;6—引风管;7—排粉管;8—水龙头;9—引风机;10—排气歧管;11—控制阀;12—泡沫泵;13—泡沫液箱;14—进液管;15—出液管;16—泡沫发生器;17—压力表;18—井口管

泡沫钻进的设备和器具是在常规空气钻进设备的基础上增加计量泵、消泡装置和孔口密封装置等。

(1)空气压缩机。空气压缩机是泡沫钻进的重要设备之一,用于制取泡沫,同时也是利用喷射装置抽取和消除泡沫所必需的设备之一。一般根据钻进条件、钻孔口径和制取泡沫的工艺流程来选择压力。泡沫钻进对空压机的要求比纯空气钻进要低,泡沫钻进对空压机的要求是中压、大风量、体积小、重量轻等。对于常规口径的钻孔,一般风量为$1.5\sim15m^3/min$,风压为$0.4\sim4MPa$。在选择空压机时,其风量、风压应扩大25%左右。当孔径比较大时,可采用多台空压机并联使用。

(2)泡沫发生器。它是泡沫形成的关键装置,通过液体和气体在发生器内的高效混合,形成高质量泡沫。泡沫发生器形式很多,图6-13为两种形式的泡沫发生器。

第六章 中深层地热能工程技术

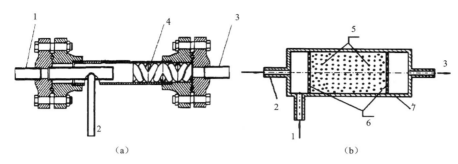

图 6-13 两种结构形式的泡沫发生器
(a)螺旋流道泡沫发生器；(b)玻璃珠床泡沫发生器
1—进液管；2—进气管；3—泡沫输出管；4—螺旋流道；5—玻璃珠；6—孔板；7—外壳

(3)泡沫泵。泡沫泵是泡沫钻进的又一专用设备，其作用是将泡沫液从贮液箱中吸出注入到泡沫发生器中，使泡沫液与压缩空气在泡沫发生器中混合形成稳定的泡沫。对于泡沫泵的基本要求是排量 0～100L/min，最大压力应比空压机压力高 0.5～1.0MPa，达到 4～5MPa。泡沫液注入方法最好用变量泵，泵的类型应是流量可以调节的多缸柱塞泵。

(4)消泡装置。使泡沫液重复利用，实现闭式循环。否则，不但会增加成本，还会影响机台正常操作。可供选择的消泡装置较多，有超声波消泡装置、离心式消泡装置、喷射式消泡装置和缝隙式消泡装置。后两种与前两种相比，其安装和使用简单，消泡效果好。

(5)孔口密封装置。泡沫钻进时为了使用消泡装置，孔口必须有一密封装置，否则上返泡沫会从孔口喷出，而不会流到消泡装置内，孔口启封装置要求较复杂，不但要保证钻进时主动钻杆既回转又上下移动时的密封，还要保证密封时能承受一定的压力，常采用补心密封块。

4. 泡沫液的组成与配制

钻井用的泡沫种类很多，但就其基本组成而言，有以下几种。

(1)淡水或咸水。其矿化度和离子种类由地层条件而定，水的含量为 4%～25%。

(2)发泡剂。是具有成膜作用的表面活性剂，种类很多，常用的有烷基硫酸盐、烷基磺酸盐、烷基苯磺酸盐、烷基聚氧乙烯醚。

(3)水相增黏剂。用以提高水相黏度的水溶高分子聚合物，如 CMC 等，加量多少根据水相黏度的要求。

(4)气相。空气、氮气、二氧化碳等，由压风机或气瓶提供。

(5)其他。用以提高泡沫稳定性的专用组分等。

泡沫的组成(配方)是否合适，除了它与地层是否匹配外，主要是看由这种组分所形成的泡沫液的稳定性。稳定性愈强，其组成(配方)愈好，反之则差。而泡沫的稳定性可用泡沫寿命的半衰期来测量。

钻井泡沫用得最广泛的气相是自然界的空气。空气是一种混合气体，其中氮气的体积约占 78%，氧气的体积约占 21%，惰性气体接近 1%。另外，有些情况下也用到氮气、二氧化碳和天然气。

泡沫液一般是由发泡剂、稳泡剂和其他添加剂三部分组成,通常发泡剂是泡沫剂的主要成分。钻井用的发泡剂应具有以下特性:起泡性能好,产生的泡沫量大,体积膨胀倍数高;泡沫稳定,长时间循环不会消泡,受温度影响也较小;抗干扰能力强,遇地下岩土和地下水中的杂质时,仍能维持较稳定的泡沫体系;毒性和腐蚀性均小,凝固点低,同时配制泡沫时的用量少,来源广,成本低。常用钻井发泡剂如表6-6所示。

表6-6 常用钻井用发泡剂

类别	代号	名称	性质
阴离子型	ABS 或 LAS	支链烷基苯磺酸钠 直链烷基苯磺酸钠	白色或浅黄色粉状固体,溶于水成半透明液体,在碱、稀酸和硬水中都比较稳定,溶液表面张力低,泡沫丰富
	K12（TAS）	十二烷基硫酸钠 十二烷醇硫酸钠	白色或浅黄色固体,溶于水成半透明液体,在碱、稀酸和硬水中都比较稳定,发泡能力强,有乳化能力
	ES	脂肪醇醚硫酸钠	具有良好的生物降解性,去污力、起泡力及乳化等性能,并抗硬水,半衰期长
	F842	椰子油单乙醇酰胺磺化琥珀酸脂二钠盐	能溶于水,泡沫丰富稳定,耐硬水,抗原油、抗盐的能力强,半衰期长
	F873	F842和脂肪醇醚磺化琥珀酸脂二钠盐的混合物	性能同F842,且耐温达150℃。美国有同类产品Adofoam,半衰期长
非离子型	OP-7 OP-10	聚氧乙烯辛基(10)	溶于水,润湿性、去污能力好,乳化性和起泡能力较好
阳离子型	TA-40	脂肪醚三乙醇胺盐	极易溶于水,泡沫丰富、乳化润湿、分散力好
		烷基苯磺酸三乙醇胺盐	溶于水,泡沫丰富、分散乳化性能好
两性型	BS-12	十二烷基二甲基甜菜碱	易溶于水,泡沫丰富,有乳化、分散润湿性能

在地热和深井高温条件下施工时,宜采用抗温能力比较强的泡沫剂,如使用非离子型的泡沫剂时,应选择浊点比较高、不易生成沉淀的泡沫剂,且其浓度也应比浅孔时要大一些,其浓度宜在0.5%~1.0%。

(三)气举反循环钻井技术

气举反循环钻进技术是一种先进的钻探工艺,具有钻进效率高、钻头寿命长、成井质量好、在复杂地层中钻进安全可靠、能实现连续取样(芯)钻进、节省辅助时间和减轻劳动强度等特点。已成为国内外钻进水井及大口径工程施工孔的主要技术方法之一。同正循环钻井相比,平均机械钻速提高了1.2~3倍,台月效率提高1.5倍;在复杂地层钻进综合效率是正循环钻进的3~6倍;水井的洗井时间缩短1/2;出水量增大1/3。

1. 气举反循环钻井

气举反循环钻井,是将压缩空气通过气水龙头或其他注气接头(气盒子),注入双层钻具内管与外管的环空,气体流到双层钻杆底部,经混气器处喷入内管,形成无数小气泡,气泡一面沿内管迅速上升,一面膨胀,其所产生的膨胀功变为水的位能,推动液体流动;压缩空气不断进入内管,在混合器上部形成低比重的气液混合液,钻杆外和混气器下部是比重大的钻井液。此时环空钻井液进入钻具水眼内,形成反循环流动,并把井底岩屑连续不断地带到地表,排入沉砂池。沉淀后的泥浆再注入井眼内,如此不断循环形成连续钻进过程。

钻井液反循环流程如图6-14所示:沉砂池—环空—钻头—钻具内水眼—混气器(与注入空气混合)—双壁钻具内水眼—水龙头—排液管线—沉砂池。

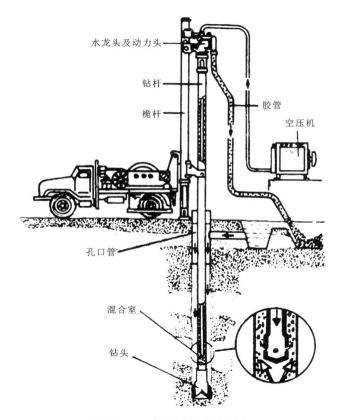

图6-14 气举反循环示意图

气举反循环的优势在于:

(1)钻进效率高。气举反循环钻井液流在钻具内直接上返,流速高,钻头处的钻井液对井底产生抽汲作用,岩屑被及时带走,携带岩屑能力强,可减少岩屑重复破碎,钻进效率高。同时反循环返上岩样代表性好。从各地使用后的资料看出,钻进第四系砂黏土层,最高时效超过12m/h,平均可达6.3m/h,砂层可达20m/h,钻进卵砾石地层达1~1.5m/h,钻进4~6级基岩地层达1~3m/h。同正循环钻进相比时效提高1.2~3倍。

(2) 实现了连续取芯、取样,判层及时准确,能实现岩屑录井。所谓连续取芯、取样就是边钻进边获取。这种方式因其冲洗液的流向与岩芯(样)进入内管的方向一致,避免了冲洗液对岩芯的正面冲刷和液柱压力对岩芯所造成的挤夹和磨损。提高了岩芯完整性和纯洁性,获取的岩芯部位准确,使所钻地层层位清楚,划分含水层埋深位置,厚度精确。

(3) 可减少或消除钻井液的漏失,保护热储层。由于反循环钻井时环空压耗小,作用于地层的压力小,属欠平衡钻井,所以在易漏地层钻进时,可减少或消除钻井液的漏失,保护储层,并节约大量钻井液材消耗。

(4) 可减少泵损耗,延长泥浆泵使用寿命。采用气举反循环钻井时,泥浆泵的作用只是向环空灌泥浆(或采用灌注泵灌注),泵负荷大大减小,使用寿命延长。气举反循环钻进属于低能系统的钻进方法(空气压缩机的额定风压一般在 1~2MPa,风量也不大),与粉尘钻进,潜孔锤钻进方法相比,具有功率消耗低的特点。

(5) 钻头寿命长,综合效率高,钻探成本低。气举反循环钻进,由于冲洗液上返速度快,孔底干净,能够保证钻头始终在新鲜的岩面上工作,不产生重复破碎,故减轻了钻头磨损,大大延长了钻头寿命。在相同条件下,气举钻进钻头寿命比正循环钻进钻头寿命提高 1~2 倍。气举钻进工艺比常规钻进成井质量好,效率高,事故少,材料消耗低等,所以钻探成本大为降低。

(6) 由于气举反循环钻进时,钻具内各处均不存在负压(压力都大于 0.1MPa),故不会因钻具密封不良而不能工作。

2. 气举反循环参数设计与计算

(1) 沉没系数 a:水面以下高度与双壁钻具总长度的比值(图 6-15)。

$$a = \frac{H_s}{H_d + H_s} \geqslant 0.5 \quad (6-7)$$

若泥浆泵灌浆及时,则可以认为液面保持在高架槽处,液面以上高度依据立管高度确定,水头按 20~30m 计算,即双壁钻具下深大于 30m 即可建立循环。

(2) 双壁钻杆下深与井深比例关系。

调研文献推荐值范围较大,为 1:4~1:10。如某井深 2480m,钻具组合为:Φ152mm 三牙轮钻头 + Φ121mm 钻铤(36m) + Φ73mm 钻杆(2080m) + SHB127/76 型双壁钻杆(270m) + 108mm×108mm 双壁方钻杆及双壁气水龙头。此种钻具组合主要参数值为:沉没系数>90%,双壁钻具长度为 330m,则双壁钻具与井深比值为 1:7.5。表 6-7 为常用双壁钻杆规格。

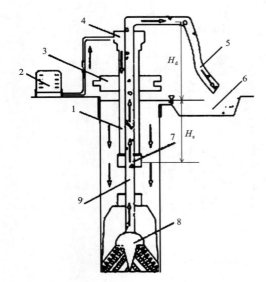

图 6-15 气举反循环原理
1—双壁钻杆;2—空压机;3—转盘;4—双壁气水龙头;
5—气液固三相流;6—沉淀池;7—气水混合器;
8—反循环专用牙轮钻头;9—单壁钻杆

表 6-7　SHB 系列双壁钻杆

钻孔口径(mm)	150~400	200~500	300~800	500~1000
双壁钻杆规格	SHB 114	SHB 127	SHB 140	SHB 168
外管外径(mm)	114	127	140	168
内管内径(mm)	70	87	100	127

(3)注气量。

在气举反循环钻进中,钻井液能够循环流动是由于在混合器部位形成类似气举泵的作用效果。气举泵是以压缩空气为动力,从井内将水提升至一定高度或至地面上的一种抽水装置。

气举泵的重要参数是它的扬程和排量。气举泵的排量与送入的压缩空气量有关,当压缩空气量在一定范围之内时气举泵排量随着空气量增加而增加,超过这个值之后,继续增加空气量,气举泵的排量反而会下降。图 6-16 为气举泵排量与压缩空气供给量之间的函数关系。从图中可以看出,当供气量为 Q_2 时,气举泵排量最大为 Q_{max};当 $Q_气$ 等于 Q_1 时,相对气量 W 为最小值。

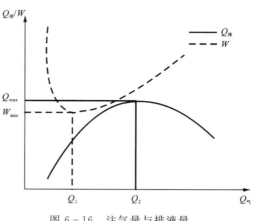

图 6-16　注气量与排液量

相对气量为:

$$W=\frac{Q_气}{Q_排} \tag{6-8}$$

W_{min} 意味着排出单位水量时耗气量最小。相对气量 W 为最小值时气举泵耗能最少。

在气举反循环钻进中,为了获得升水效率(有效水功率和空压机功率之比),保证有效地循环,其沉没比应在 0.5~0.8 之间,合理的气液比为 1.65~2.0 之间,钻进效率直接受孔底钻碴能否及时排出的影响。即气举升水量的大小会影响效率的高低,而气举升水量随送风量的增加而增大。因此,当钻孔加深时,沉没系数也相应加大时,钻进效率基本上稳定在某一范围内。

(4)钻具内液流上升流速。

钻杆内岩屑颗粒保持悬浮状态,钻杆内液流上升速度必须等于或大于岩屑颗粒的下沉速度。钻杆内携岩液流上升速度由以下经验公式求得:

$$v_{min}=5.72\times\left[\frac{d_f(r_f-r_1)}{r_1}\right]^{\frac{1}{2}} \tag{6-9}$$

式中:v_{min}——钻杆内液流上升最小速度,m/s;

d_f——岩屑颗粒直径(球状),m;

r_f——岩屑密度,g/cm^3;

r_1——钻井液密度,g/cm^3。

3. 气举反循环钻进工艺

气举反循环钻探技术最大的特点是管路平直，故管路不易堵塞，即使堵塞了，也易于排除。另外携带上来的三相流不流经任何工作机械，设备磨损小。在循环管路，特别是双壁主动钻杆以上的管路，各处压力都高于一个大气压，所以不会像泵吸反循环那样，因管路局部密封不严漏气而使冲洗液循环中断。由于以上特点，气举反循环钻进工作相对可靠，故障较少，纯钻时间利用率较高。

气举反循环钻进技术除方便用于全液压动力头钻机外，主要应用在国产转盘钻机上。钻机的选择正确与否，不仅影响着钻进效率的高低、质量的好坏、成本的多少，而且也影响到钻进工作的正常进行。凡是转盘式钻机均可进行气举反循环钻进。当然也可在全液压动力头钻机与双壁钻杆能够匹配的情况下选用。在浅孔时要想获得较高的钻进效率，应优先选用有加压装置的钻机为好，否则应配备加压钻铤。

实现气举反循环钻进技术的核心就是选用一套合理的钻具。所以钻具选择的好坏，直接影响到钻进时机械钻速的提高。一般水井钻孔宜选用双壁钻具，大口径工程孔可选用并列风管法兰盘连接式钻具。应注意不论何种钻具，下配的单壁钻杆内径与双壁钻杆内径尽可能一致，以提高排屑能力，保证管内畅通。

根据孔深以及水位确定双壁钻杆的总长，一般 2000m 以内的井需 260～350m，3500m 左右的井需用 500～600m，根据空压机的压力来定，应多配双壁钻杆，最好能做到将双壁钻杆下端的混合器放置在钻头或加重钻铤以上。这样可以尽量减少使用单壁钻杆，提高钻头处的上返速度，从而获得高的机械钻速。

空压机的排气量和它的工作压力是决定气举反循环钻进效率的主要参数，它直接关系到循环液流在钻杆内的上升速度。反循环钻进靠循环液流把处于钻头下部的岩屑冲向钻头的吸口，很快进入钻杆内腔，岩屑进入吸口时间越短，重复破碎的现象越少。

在钻头选择方面，牙轮钻头钻进适用范围比较广泛，从软地层到硬基岩层均可采用。由于它具有独特的破岩作用，深部地热井钻探应推广采用。使用的牙轮钻头可以进行原装修改。原装修改是在牙轮钻头使用前从中间钻孔，而且在不影响转动的情况下，用铁板封闭牙轮周围的缺口处，使得冲洗液尽可能从底部进入，以利于提高钻进效率和钻头寿命。

气举反循环过程中应注意以下几点。

(1) 下钻前应时双壁钻杆密封圈认真进行检查，下钻时要清除丝扣污物，并涂丝扣油。另外空气和排岩屑胶管上下连接要牢固。

(2) 在下钻接近孔底时，应事先开动空压机，使钻具旋转缓慢下放，以免井底沉积物突然堵塞钻头使循环液停止。尤其正循环改为气举反循环钻进及长时间停钻后，应留适当长度钻具进行扫孔。

(3) 在钻进时应根据循环液排碴情况，控制钻进速度，一般要求低转速，适当钻压。要定时停止钻进，冲洗孔底，正常条件下不钻进时冲洗液内不应含钻屑，反之证明地层有坍塌。钻进第四系地层特别要注意，遇到这种情况应及时停风，并采取控制措施，防止塌孔埋钻。

(4) 当钻进中突然不返水，或时大时小以及间断返水，或风压降低，排浆管只冒气不出水，原因有以下几方面：① 钻头喉管被不规则形状的砾石堵塞，这种现象在砾石与卵石层中最易发生,钻进时应加以注意;②黏土地层常因钻头结构不合理等因素逐渐泥包,使机械钻速降低,一种假象是局部进水循环,另一种是彻底泥包,均无进尺;③沉没系数不够或混合器以上钻杆内严重磨损以及密封圈失落。这时可采用测量内管水位方法判断,如果内管与钻孔间水位连通则说明混合器以上有问题,往管内漏气,反之钻头堵塞。处理堵塞办法可将钻具提离孔底上下活动并回转,结合空压机瞬时关开强举,还可用泥浆泵以正循环方法来冲,这样一般可以解堵。若处理均无效时,应及时提钻检查。

(5)孔内泥浆冒泡,严重时循环水停止、冲洗液倒流。原因可能是接头丝扣端面密封不严,应尽快检查修复,以免气流刺坏孔壁。

(6)在加单根或提钻时应先停止钻进,待循环液中岩屑排净后再停空压机。

(7)双壁钻具因机台搬迁或长时间不用时,必须将内管环空间冲洗干净,锁接头丝扣涂上油,带好保护帽,保证再用时气路畅通,丝扣一切完好。

(四)潜孔锤钻井技术

冲击回转钻进技术是快速钻进技术中值得推广的技术。它是在钻头已承受一定静载荷的基础上,以纵向冲击力和回转切削力共同破碎岩石的钻进方法。与常规回转钻进法相比,冲击回转钻进只要用不大的冲击力,便可以达到高效破碎坚硬岩石的效果。由于冲击力以应力波作用于岩石,应力集中,岩石易于实现体积破碎,同时,冲击产生破碎坑穴为回转切削创造条件,地层打滑现象减少,钻进效率提高;由于冲击回转钻进所需钻压低,所以钻头磨损小,使用寿命长。

在回转钻进的钻具中增加一个具有一定冲击频率和冲击能量的冲击器,也称潜孔锤,在取芯钻进时,冲击器一般安装在岩芯管上端;在无岩芯钻进时,则直接安装在钻头上。冲击器是冲击回转钻进的关键部件。图6-17为气动潜孔锤钻进设备示意图。根据冲击器采用的动力介质的不同,分为以下3种:

(1)液动冲击器。采用高压水或泥浆作为动力介质。
(2)风动冲击器。又称风动"潜孔锤",用压缩空气作为动力介质。
(3)机械作用式冲击器。如钢绳冲击、振动钻等。

1. 空气潜孔锤

压缩空气既被利用作为冲洗介质又作为气动冲击能量。它所产生的冲击功和冲击频率可以直接传给钻头,然后再通过钻机和钻杆的回转驱动形成对岩石的脉动破碎能力,同时利用冲击器排出的压缩空气,对钻头进行冷却和将破碎后的岩石颗粒排出孔外,从而实现孔底冲击回转钻进的目的。其特点是冲击功能大、回转速度低、轴向钻头压力低、碎岩效率高、钻头使用寿命长,适合钻探中硬以上岩层。与一般回转钻进相比,可提高钻速5~10倍,且钻头寿命长。气动潜孔锤钻孔直径范围较大,同尺寸的气动潜孔锤比液动潜孔锤的单次冲击功大得多,有利于使岩石形成体积破碎,提高深部钻探效率。其缺点是能量消耗大,大直径的气动潜孔锤往往需配备数台大风量的空压机,一次性投资也较大。

风动潜孔锤有高风压和低风压、阀式和无阀式之分。通常气动冲击器直接与硬质合金柱齿钻头连接以冲击方式碎岩,进行低速回转不取芯全面钻进,适合在卵砾石及硬岩层中应用。

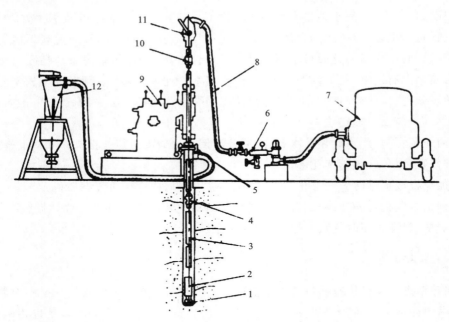

图 6-17 气动潜孔锤钻进设备示意图

1—钻头；2—气动潜孔锤；3—钻杆；4—钻杆接手；5—孔口密封装置；6—气体调节阀；7—空压机；
8—立管；9—钻机；10—转换接手；11—提引气龙头；12—旋流除尘器

配置特殊结构的钻头也可在软土层中使用。机械钻速一般大大高于液动冲击器钻进，但需要配备能力较大的空气压缩机，燃料消耗较大，存在粉尘污染。钻进深度受地下水水位、水量的影响较大。

潜孔锤为 20 世纪 50 年代初由美国人巴辛格（R. Bassingser）首创。目前，具有代表性的无阀式潜孔锤，是美国米森公司的迈嘎（Megadrill）潜孔锤，英格索兰公司的 DHD 系列潜孔锤，以及国产的 W-220 型潜孔锤等。

2. 液动潜孔锤

气动潜孔锤的特点是功耗大、单次冲击功大、钻进效率高，但井内无泥浆护壁，适应于孔深不大的场合。液动潜孔锤不受孔内水位的限制，在装备上仅需在孔底钻具组合中增加可利用泥浆驱动的液动锤，装备和回转钻进基本相同。钻孔时液动锤安装在钻杆或岩芯管与钻头（全面或取芯钻进）之间，并随钻孔延伸而潜入钻孔中对钻头施加冲击负荷，以达到提高钻进效率之目的。缺点是：其驱动介质为泥浆，泥浆杂质和成分比较复杂，输出的冲击能量通常稍小，连续工作寿命和工作稳定性相比风动潜孔锤差。

液动锤钻探技术在国内应用较早，且液动锤结构形式多样，根据工作方式分为射吸式、射流式等，根据阀的工作原理分为阀式正作用、阀式反作用、阀式双作用、复合式等类型。到目前为止，国内使用最多的是射流式液动冲击器和阀式双作用液动冲击器。两者各有特点：射流冲击器性能稳定，工作时间长，钻进效率高，但其主要工作部件——射流原件容易损坏且不易修复；阀式双作用冲击器密封副少，运动副不用橡胶原件，科学分流，钻进效率高，易损件较少且可更换,不工作时仍能保证循环系统畅通无阻,两者相比较,中国地科院勘探技术研究所的YZX系列冲击器应用较为广泛。

液动潜孔锤可广泛应用于矿山勘探、水井、石油钻井等领域,可以适合于深孔条件。最适用于粗颗粒的不均质岩层,在可钻性Ⅵ—Ⅷ级,部分Ⅸ级的岩石中,钻进效果尤为突出;不仅应用于硬质合金钻进,还应用于金刚石钻进及牙轮钻进,它既可钻进较软的岩层,又可钻进坚硬的岩层;应用于小口径金刚石钻进,不仅可提高钻进效率和钻头寿命,还可克服裂隙地层的堵心,坚硬致密地层的"打滑",及某些地层的孔斜等问题。同时,在岩土工程的大口径施工中也有用武之地。用于全面钻进时,可以配套球齿钻头、球齿扩孔钻头及各种牙轮钻头。当使用牙轮钻头时通常推荐采用较高的冲击频率和稍小的冲击功,避免影响到牙轮钻头的轴承寿命。其主要目的是提高钻进效率和减轻钻孔的弯曲程度,同时还可降低钻进成本。

用于取芯钻进时,主要采用较高的冲击频率和较低的冲击功,以适应较小的钻头底面积、较低的钻头强度及相对较高的回转线速度。主要目的是提高钻进效率和岩芯采取率,减轻钻孔弯曲,降低钻进成本。

双作用液动冲击器的主要特点是冲锤的工作冲程与反冲程均由液压推动,而不依赖弹簧的作用。与其他冲击器一样,双作用冲击器按其结构不同,也有滑阀式和活阀式两种。由于滑阀式只能在冲洗液清洁的条件下工作,应用不广,目前在生产中主要采用活阀式。

中国地科院勘探技术研究所于20世纪60年代开始液动冲击器技术的研究,经过几十年的开发、改进,已经形成不同用途、多种规格的系列液动冲击器。特别是YZX127型液动潜孔锤在2006年完工的中国大陆科钻一井施工中创下了总进尺4038.88m、平均小时效率1.13m、平均回次长度6.31m的好成绩。中国地科院勘探技术研究所YZX系列液动锤型号及性能如表6-8所示。

表6-8 中国地科院勘探技术研究所YZX系列液动锤型号及性能表

型号	钻具外径(mm)	钻孔直径(mm)	工作排量(L/min)	工作压力(Mpa)	冲击功(J)	冲击频率(Hz)
YZX54	54	56~60	60~90	0.5-3.5	20~45	15~25
YZX73	73	76~82	90~120	0.5-3.5	30~65	15~25
YZX89	89	91~102	100~180	0.5-3.5	40~90	15~25
YZX98	98	110~115	200~350	1.5-4.0	70~150	15~20
YZX108	108	120~130	200~400	1.5-4.0	80~180	15~20
YZX127	127	132~158	200~550	2.0-5.0	100~350	7~15
YZX146	146	165~190	600~800	2.0-5.0	150~350	7~15
YZX165	165	200~216	600~1000	2.0-5.0	450~600	5~12
YZX178	178	215~245	800~1200	2.0-5.0	450~600	5~12
YZX273	254	311~375	1000~2200	2.0-6.0	500~950	4~10

中国地科院勘探技术研究所近几年研制成的复合作用阀式液动潜孔锤采用容积式工作原理,能量利用率高,可以输出较大的冲击功;参数可调整范围大,可适应全面球齿钻头钻进和金刚石钻头取芯钻进等多种钻进工艺的需求,并在配套φ158mm球齿钎头全面钻进时效达3m以上。

该类潜孔锤采用双喷嘴配流结构,同时减少密封副数量以简化钻具结构,液动锤内无易损坏的弹簧零件,钻具寿命较长,取消了固定式节流环,击砧水垫影响小,有利于深孔钻进,适用井深大于2000m(对泥浆泵及钻具管路,根据使用深度的不同将有不同的要求)。内外管间及阀锤高低压区的密封均采用金属机械式密封,耐磨性高、寿命长;传递冲击功装置采用具有相互包容的刚性结构,简单可靠,寿命长,更换方便;外管传递扭矩和冲击功结构简化并增加了安全强度。

(五)孔底动力钻井技术

对于深部地热井,当超长的钻杆引起的巨大扭矩造成钻杆的径向变形超出了安全范围,钻杆强度问题将成为影响钻井安全的主要矛盾。目前,井下动力机具是解决深井钻进问题行之有效的工具,其形式主要是涡轮钻具(图6-18)和螺杆钻具(图6-19)。它们是钻井液驱动的井下液动钻具。相对于传统的转盘钻进的钻井模式,螺杆钻具和涡轮钻具的优点在于:在钻井的过程中,钻具驱动钻头转动,而上部钻杆柱几乎是不转动的,从而显著地增加钻头在井底的比机械功率,将大部分能量集中在井底的破碎岩石方面,因此机械钻速较高;同时钻杆柱不转动大大减少了钻杆的磨损、疲劳和断裂事故,延长了钻杆的使用寿命。

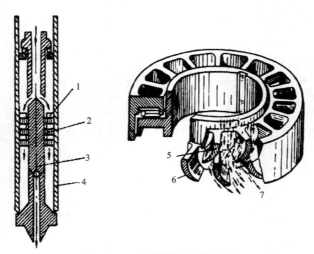

图6-18 涡轮钻具结构简图

1—定子;2—转子;3—中心轴;4—外壳;5—定子叶片;6—转子叶片;7—冲洗液

图6-19 螺杆钻具结构简图

1—传动轴总成;2—万向轴总成;3—马达总成;4—旁通阀总成

涡轮钻具钻进是利用高压液流通过涡轮驱动主轴带动钻头回转破碎岩石的孔底动力钻进方法。涡轮是一种把液体能量转化为轴上机械能的特殊结构的水力机械。涡轮定子和转子的叶片呈反向弯曲，当高压液流沿定子叶片的偏斜方向流动后，有力地冲击转子叶片，使转子带动与其连接的中心轴和下面的钻头旋转。涡轮钻具输出性能柔和，没有特殊的密封和绝缘要求，制造精度容易保证，苏联钻井工作量大部分都是由涡轮钻具完成，其中世界上最深井深12 260m的位于俄罗斯境内科拉半岛上的(CY-3)科拉3井就是采用涡轮钻具钻进的。涡轮钻具由于存在以下弱点影响了推广：①输出转速高，普通涡轮钻具的空转转速多在2000r/min左右，其工作转速（即空载转速的一半）也多在1000r/min以上，超过了牙轮转头的最佳额定工作转速范围(100~270r/min)，即使使用PDC钻头(50~400r/min)也不能满足要求，需要额外配套减速机构才能进行正常的钻井作业，增加了系统的复杂性和不稳定性，同时增加了成本。②压力降消耗大(6~8MPa)，降低了钻头的水马力，影响了井底清洗和钻头的破岩效率，无法保证牙轮钻头的喷射钻井所需要的水力功率。③整机尺寸过长，单式涡轮钻具的力矩过小，不能产生足够的破岩能力，复式涡轮钻具一般都在20m以上，不能满足定向井和大斜度井的钻井工艺要求。④单位长度产生的能量与钻具直径的5次幂成正比关系，随着井眼直径的减小，小尺寸涡轮钻具产生的功率急剧降低。对于直径小于152mm的井眼，涡轮钻具已经无能为力。⑤复式涡轮钻具的装配和调整极其烦琐，辅助工作时间长，每次维修时，单式涡轮节内部的100多副涡轮定子/转子都必须逐级地取出来再套上去，操作不便。

螺杆马达与涡轮钻具相比，具有功率大、转速低、扭矩大、压降小、容易启动等优点。螺杆钻具是当前在我国应用最普遍的井下动力钻具，在油气钻井、地质勘探和地下工程施工中得到了日益广泛的应用。它具有以下突出优点：增加了转速，提高了机械钻速，尤其在深井作业中更为突出；减少了钻杆的磨损和损坏；可准确进行定向、造斜和纠斜。螺杆钻具具有低转速、大扭矩的特征，压力降在4MPa以下，单头（或称之单瓣、单线）螺杆钻具输出转速低于400r/min，多头螺杆钻具的输出转速在100r/min附近，适合于牙轮钻头或者PDC钻头配合钻井。其结构具有零件少、装配简单、维修工作量小等特点，小尺寸钻具易于制造。整机长度适中(6~8m)，适合于各种特殊井（定向井、丛式井等）的工艺要求。在石油钻井中，螺杆钻具的用途广泛，几乎适合所有石油井的钻井作业，如常规的直井，特殊工艺井如定向井、大斜度井、水平井、大位移井、多分支井、丛式井等。

四、抗高温钻井液

钻井液是钻进过程中所必需的工作流体，具有悬排钻渣、保护井壁、冷却钻头和润滑钻具等功用。按照功能，钻井液可具体分为增黏剂、降黏剂、降滤失剂、堵漏剂、防塌剂等。根据地层状况和工程实际情况选择合适的钻井液，可以说是地热钻探施工中最为关键的技术环节之一。

地热井常采用全面钻进，机械钻速快，这就要求钻井液的密度、黏度和流变性能适当，具有较强的携岩能力，能形成薄而韧的泥饼，并保持井壁稳定。

地热资源是一种流体矿产，使用的泥浆性能不妥，则不利于及时发现热储层，甚至使热储层受到污染而堵塞，导致不出水或使出水量减少。为了尽量减少泥浆对热储层的侵害，应尽可能采用低密度的泥浆甚至清水钻进。一般情况下，勘探地热资源不像勘探油气资源那样，存在井喷引起火灾的风险，用低密度的泥浆钻井是完全可行的，还可以提高钻井速度。遇到岩石破碎垮塌井段必须采用较大密度的泥浆护壁时，钻穿后应换成低密度泥浆，特别是在预测的热储层段，要坚持使用低密度的泥浆，黏度要控制在30s以下。在施工设计中对采用的泥浆性能有具体要求，要严格执行。

地热钻井时，泥浆录井工作非常必要，有助于及时发现漏失层段。漏失层段一般都是含水层，有时是比涌水层更好的含水层。注意观察泥浆黏度的变化，地层中出水量较大会使泥浆的黏度降低。如果地层中含有气体（烃类气体、氮气、二氧化碳气、氢气、硫化氢气等），会使泥浆的黏度上升，甚至使泥浆成为豆腐脑状。有的水层含有溶解气，随着泥浆返出地表后因压力降低，溶解气自水中脱出，也可能造成气侵，使泥浆黏度上升。

（一）高温高压对钻井液的影响

由于地温梯度和压力梯度的存在，井眼越深井筒内的温度和压力就会变得越高。深部地热储层高温高压的特点，严重影响了钻井液的热稳定性和造壁功能，使钻井液（尤其是水基钻井液）性能大大下降，在高温高压条件下，钻井液的调配主要面临以下几个问题。

(1) 井愈深，井下温度、压力愈高，钻井液在井下停留和循环的时间愈长。钻井液在低温条件下不易发生的变化、不明显的作用和不剧烈的反应都会因深井高温的作用而变得容易发生，使得深井钻井液的性能变化和稳定性成为一个突出的问题。

(2) 深井钻井裸眼长，地层压力系数复杂，钻井液密度的合理确定和控制则更为困难，且使用重泥浆时，压差大会导致井漏、井喷、井塌、压差卡钻及由此带来的井下复杂问题，从而成为钻井液工艺的难点之一。

(3) 深井钻遇地层多而杂，地层中的气、水、盐、黏土等对钻井液的污染可能性大，且这种污染会因高温作用对钻井液体系的影响更大。

(4) 钻井液对钻具的腐蚀作用因高温而加剧。

(5) 钻井液对深部地层的损害会因为高温高压条件而加大。如果钻井液的储层保护效果差，将对储层造成伤害，使水井产能降低。同时，为了保住深井钻井液的性能，往往要添加一些处理剂，其中相当一部分为有机化合物，甚至带有毒性。这将会导致土壤、地表和地下水污染，对环境造成影响。因此在设计时应尽量选用对环境影响小的处理剂。

从深井钻井的特（难）点可知，常规钻井液是无法满足深井钻井液施工要求的，深井钻井液必须满足以下要求。

①具有良好的抑制性和防塌性。特别是在高温条件下，对黏土的水化分散具有较强的抑制作用，在有机聚合物中使用阳离子聚合物比使用阴离子聚合物具有更强的抑制和防塌性能。

②具有良好的抗高温性能。在优选设计钻井液配方时，必须优选各种抗高温的处理剂。

③具有良好的高温流变性。在高温下能否保证钻井液有良好的流变性和携带、悬浮岩屑能力至关重要。对深井高密度钻井液，尤其应加强固控，控制膨润土含量，以免出现高温增稠和固化。

④具有良好的润滑性。由于深井钻井液密度高，增加了压差卡钻的概率，所以钻井液必须

具有良好的润滑性。

(二)抗高温泥浆材料

深井抗高温钻井液体系的关键技术是如何选择高温泥浆材料,如何维持和控制钻井液在高温高压条件下的各种性能。高温材料主要包括抗高温黏土和抗高温处理剂。

1. 抗高温黏土

(1)海泡石。海泡石的颗粒外形呈不等轴针状,聚集成稻草束状,当遇到水或其他极性溶液时则迅速溶胀并解散,形成的单束纤维状无规则地分散成互相制约的网络,并且体积增大,这样就形成了具有流变性能的高黏度、稳定的悬浮液,其造浆性能随浓度、剪切应力、时间、pH值、电介质及其他因素不同而异。海泡石具有良好的热稳定性、抗盐性、流变性等特殊性能,且悬浮体性能稳定,能够很好地携带悬浮岩屑。海泡石广泛适用于海洋钻井、含盐地质钻井、深井钻井。此外,部分酸溶液海泡石还可以作为钻井的完井液、复杂井的固井低密度水泥浆体系。

要注意的是海泡石配浆时,不宜加入 Na_2CO_3 作为分散剂,否则造浆率会下降,因为海泡石含有钙镁离子,加入 Na_2CO_3 会生成 $MgCO_3$、$CaCO_3$ 沉淀。

(2)凹凸棒土。凹凸棒土具有较高的热稳定性,在较高温度下,无絮凝、变稀情况发生;同时抗盐性能出色,不受电解质影响,在饱和盐水中仍能造浆。且凹凸棒土具有较强的胶体性和悬浮性,适用于地质钻探、海洋钻井、含盐地质钻井,可保护井壁减少废井率,提高钻井效率,降低钻井成本。

2. 抗高温处理剂

对处理剂抗温能力的概念说法并不统一,目前钻井液界公认的处理剂抗温能力包括:

(1)处理剂本身的热稳定性(高温降解)。处理剂热稳定性是指将其配成水溶液发生明显降解时的温度,又称之为处理剂热稳定性温度。

(2)处理剂所处理的钻井液在所使用的温度下的热稳定性。此温度即为处理剂抗温能力。

(3)处理剂所处理的钻井液在多高的温度下,仍能保持合格的性能,如流变性和滤失性等,此温度即为钻井液抗温能力。

(4)处理剂所处理的钻井液能够使用的井底最高温度,此温度即为钻井液抗温能力。

抗高温处理剂的基本要求如下:

(1)高温稳定性好,在高温条件下不易降解。

(2)对黏土颗粒有较强的吸附能力,受温度影响小。

(3)有较强的水化基团,使处理剂在高温下有良好的亲水特性。

(4)能有效地抑制黏土的高温分散作用。

(5)在有效加量范围内,抗高温降滤失剂不得使钻井液严重增稠。

(6)在 pH 值较低时(7~10)也能充分发挥其效力,有利于控制高温分散,防止高温胶凝和高温固化现象的发生。

实验研究显示,常用的抗高温材料中,腐殖酸类抗温 200~230℃;聚丙烯酸类抗温 200~230℃;木质素磺酸盐类抗温 130~180℃;栲胶类抗温 180℃以上;磺化单宁(SMT)抗温 180~

200℃；硅氟降黏剂抗温250℃；磺化酚醛树脂降失水剂（SMP-1）抗温200～220℃；磺化褐煤树脂降失水剂（SPNP）抗温200～220℃；水解聚丙烯腈铵盐降失水剂（NH_4PAN）抗温150～180℃；纤维素类抗温120～140℃；磺化沥青防塌剂抗温150℃；乳化沥青抗温80～220℃（据软化点不同），可根据实际情况灵活选择。

（三）抗高温钻井液体系

除抗温材料之外，在钻探施工中还可以根据实际情况选择适合的材料调配抗高温钻井液体系，从而获得更好的钻进效果。以下是常见的几种抗高温钻井液体系。

1. 钙处理混油钻井液

这类钻井液是以石灰、石膏、氯化钙作为絮凝剂，单宁、栲胶碱液、铁铬盐作为稀释剂，CMC、水解聚丙烯腈作为降滤失剂，混油降低滤饼摩擦系数，改善润滑性能的一套钙处理混油钻井液体系。抗盐、抗钙、抗污染能力强，抗高温可达200℃。

2. 三磺钻井液

三磺即磺甲基褐煤（SMC）、磺甲基橡碗单宁酸钠（SMK）和磺甲基酚醛树脂（SMP）。三磺钻井液能有效地控制高温高压滤失量，改善滤饼质量及环空流变性能，大大提高了钻井液的防塌、防卡、抗盐膏、抗盐（至饱和）、抗钙（至4000mg/L）及抗温等性能，抗温能力可达200～220℃。

3. 聚丙烯酸盐钻井液

不同的聚丙烯酸盐产品可分别在深井钻井液中作絮凝剂、提降黏剂、降滤失剂、页岩抑制剂。国内以聚丙烯酸盐为主配的深井钻井液有如下几种。

（1）聚丙烯酰胺低密度钻井液。这类钻井液采用大分子量的水解聚丙烯酰胺（PHP）、丙烯酰胺与丙烯酸钠共聚物（80A51）、复合离子型丙烯酸盐（PAC-141）和水解聚丙烯腈，胺基聚丙烯腈或CMC作降滤失剂或流变性能调整剂，混入少量的预水化膨润土浆提黏、降滤失量，钻井液密度通常低于$1.15g/cm^3$。为提高钻井液热稳定性，可加入0.02%～0.04%的重铬酸钠，加适量的润滑剂防卡钻。

（2）PAC聚合物钻井液。用PAC-141作包被剂与提黏剂，PAC-142（丙烯衍生物多元共聚物）或CPAN（聚丙烯酸钙）作降滤失剂，PAC-143（乙烯基单体多元共聚物）作降滤失剂、提黏剂，复配成密度小于$1.40g/cm^3$深井聚合物钻井液，抗温达180℃。

（3）聚丙烯酰胺（PAM）钻井液。这类钻井液在胜利油田普遍用于井深3500～4500m的井。它是以PAM或PHP浓度2%的胶液与井液按比例混合而成。可用于淡水、盐水和饱和盐水钻井液，最高密度使用到$1.95g/cm^3$。

4. 聚磺钻井液

聚磺钻井液是在聚丙烯酸盐钻井液基础上加入一些磺化处理剂，如磺化褐煤、磺化酚醛树脂、磺化沥青等抗高温处理剂而成。这类钻井液既保留了聚合物钻井液的优点，又改善了聚合物在高温高压下滤饼质量和流变性能。其抗温能力可达200～250℃，抗盐至饱和，适用各种矿化度钻井液与复杂易塌地层钻井，是目前国内使用最广泛的一类深井钻井液。

5. 阳离子聚合物钻井液

阳离子聚合物钻井液以高分子量(约 200×10^4)的阳离子聚丙烯酰胺(PAM)作包被剂,低分子量的有机离子化合物 NW-1 作为泥岩抑制剂,SPNH(磺化褐煤、磺化树脂)、CMC 作降滤失剂,FT-1(磺化沥青)作封堵剂,用 FClS 与 $Ca(OH)_2$ 调整钻井液流变性能,NaOH 控制 pH 值的一类深井钻井液。此类钻井液有较强的抑制黏土水化、膨胀、分散能力,有较好的造壁性、流变性与抗盐能力,主要包括 MMH(正点胶)系列钻井液和硅酸盐聚合物钻井液。

第三节　中深层地热固完井

在钻探施工过程中,除钻进外,固完井也是十分重要的工序,对生产井的产量有很大影响。由于中深层地热井温度压力较高,固完井技术也要相应作出调整。

一、固井

固井是向井内下入套管,并向井眼和套管之间的环形空间注入水泥的施工作业。是完井作业过程中不可缺少的一个重要环节。地热固井需要考虑到井下高温高压的影响。

1. 高压井固井

高压井固井是指封固高压油、气、水层的固井,或在裸眼封固段内有高压油、气、水层的固井。高压的概念是以压力梯度来表示的。目前,压力梯度值超过 $16kPa/m$ 时才认为是高压井。高压井固井的难点主要表现在以下几个方面。

(1)钻井液密度高,流动性差,与水泥浆的密度差小。

(2)浆体密度高,流动阻力大,施工泵压高。

(3)油、气、水活跃,固井过程易发生油、气、水浸窜。

(4)水泥浆与钻井液密度差小,驱替效果差,易掺混,提高顶替效率困难,容易造成水泥浆污染,引起工程事故。

(5)由于密度大,流阻大,容易压漏地层,特别是下套管期间和固井水泥浆上返期间更为突出。

(6)水泥浆在候凝期间失重表现突出,不能有效传递液柱压力,导致不能压稳油气水层,会发生油气水浸。

根据上述难点,在高压井中常用以下几种固井措施:①采用高压井固井水泥浆体系;②采用双凝水泥;③采用环空憋压;④采用分段固井;⑤应用套管外封隔器;⑥采用高压层以上下技术套管;⑦采用化学方法防窜,包括膨胀剂,气锁剂等;⑧采用封隔器完井工艺。

在高压井地热固井过程中,井管材料的选择是要解决的关键问题之一。井管的使用不仅要考虑钻井结构问题,而且还要考虑井管材料的强度、腐蚀与寿命、环境保护和成本等问题。井管一般由三个部分组成,按照其在钻孔内的安装位置,自井底至井口,分别为沉淀管、滤水管和井壁管。三个部分一般可通过螺纹丝扣或焊接连接成一个整体管柱。沉淀管一般在井管柱的最下端(3~5m),位于井底部,其主要作用是抽取地下水时为随地下水流入井内的细小岩土颗粒提供沉淀空间;滤水管又称过滤管,安放在含水层部位,其主要作用是保护钻井内的含水地层,起滤水挡砂作用;井壁管位于井管柱的中上部,其主要作用是保护含水层以上井壁,防止塌孔,同时为地下水分层止水及抽水设备的下入与安装创造条件。

井管根据材质可分为金属管、水泥管和塑料管。从水井发展历史来看,成井管材经历了砖、石块、水泥管、钢筋混凝土管、石棉水泥管、球墨铸铁管、无缝钢管等材料的变迁,目前金属井管仍然是我国供水管井最常用的井管材料。地热井管材料一般采用钢管、铸铁管和塑料管等。表 6-9 为几种典型井管的特性和适用条件。

表 6-9 几种典型井管的特性和适用条件

井管类型	井管特性	适用条件	
		孔深	水质
铸铁井管	抗压、抗侧压强度较高,耐冲击、抗拉强度较低,有一定的防腐蚀性能	浅孔、中深孔	适于一般水质的水井中使用
钢质井管	抗拉、抗压、抗侧压抗弯强度高,有一定的抗腐蚀性能,成本较高	深孔、中深孔	
玻璃钢井管	耐腐蚀性良好,质量轻,有较高的强度且成本较高	深孔、中深孔	适于一般水质的水井和腐蚀性较大的水井中使用
聚氯乙烯井管(PVC)	耐腐蚀性良好,质量轻,价格低,强度较低	浅孔、中深孔	

相比于金属井管,塑料井管适于输送具有腐蚀性气体或液体,它不易锈蚀,使用寿命长。目前国外水井工业中,井管和过滤管约有 70% 都为塑料管。美国通常采用热塑性塑料制造水井专用井管与过滤管。常用的热塑性塑料原料有 ABS(丙烯腈-丁二烯-苯乙烯树脂)、PVC(聚氯乙烯)、SR(苯乙烯-橡胶)三种。

在塑料井管成井技术和规范上,我国距国外一些已经成熟的规范标准尚有一定差距。我国塑料井管直到 2009 年建设部行业标准《水井用硬聚氯乙烯(PVC-U)管材》(CJ/T 308—2009)开始颁布实施后,我国塑料井管生产才有相关标准参照执行。地方标准方面有卢予北主编的河南省地方标准《PVC-U 管成井技术规范》(DB41/T 597—2009)(在施工过程中如有地方标准应采用地方标准)。塑料井管中,聚氯乙烯井管和过滤管近几年发展较快,PVC-U 塑料管由 PVC 树脂与稳定剂、润滑剂、颜料、充填剂、加工助剂及增塑剂等,经加工一次成型而制成,其相对密度只有铸铁和钢的 1/7 左右,且耐腐蚀性能好,钢管在地下潮湿且不加防腐处理的情况下,一般寿命仅为 5~10 年。而 PVC-U 塑料管材则不受潮湿、地下水成分、土壤酸碱度的影响,不导电,避免了电化学腐蚀和其他类型的腐蚀,使用寿命预测可达 50 年。PVC-U 塑料管的缺陷:一是其强度相对较低,其成井深度多数在 50~200m 之间,在 100~200m 水井中也经常出现塑料管挤毁或爆裂现象。二是线膨胀系数很大,几乎比钢大 5~7 倍,约为 $5.9 \times 10^{-5}/℃$。随着温度升高,PVC-U 塑料管的强度成直线下降,所以,PVC-U 塑料管不宜在60℃以上的环境中使用。

2. 高温井固井

所谓高温井是指井底目的层温度高的井。高温井包括两个方面：一是钻井和固井时的自然温度高，也就是注水泥时井下温度高；二是所固的井将在投产后采用高温开发工艺，如稠油热采井。通常来说，井下温度高于120℃的井就认为是高温井。

一般地层地温梯度在2.74℃/100m左右，习惯上认为井深平均每加深33m地层温度增加1℃。超出此标准，将被认为井下异常高温，井下有异常高温地层的井称为异常高温井，高温井固井的主要难点如下。

(1)高温会对水泥石造成强度破坏，加速强度衰减。

(2)高温及大温差对套管柱形成热应力，由于套管与水泥石热膨胀系数不一致，造成固井后套管与水泥脱节。

(3)高温对井口装置附件的固定和密封要求更高。

(4)高温对固井水泥和外加剂有更高的要求，常规水泥和外加剂在高温下性能减退，不能满足施工要求，必须使用高温固井水泥浆体系。

根据上述难点，为提高高温井固井后水泥石抵抗强度衰减的能力，一般在水泥中加入高温强度稳定剂，常用的高温强度稳定剂就是石英砂和硅粉。其常用配方见表6-10。

表6-10 高温井固井推荐水泥浆配方

井型	配方
一般高温井	G级水泥+35%硅粉+其他性能要求的添加剂
热采井	G级水泥+35%石英砂+2%板土+(10%~20%)珍珠岩+其他性能要求的添加剂 G级水泥+60%火山灰+3%硅藻土+50%硅粉+其他性能要求的添加剂

在进行高温固井时要注意以下要点。

(1)温度引起的轴向载荷以及形成的弯曲破坏是管柱方面的主要问题。因此，在套管选择方面，考虑使用具有较大抗拉强度类型的螺纹，一般选择梯形螺纹以及抗拉强度更大的其他特殊螺纹，抗拉安全系数选择在2.0~3.0为宜，尽可能地使水泥全部封固套管柱。

(2)水泥必须加入石英砂或硅粉高温强度稳定剂，加入量控制在水泥质量的35%~40%。在水泥减轻剂的设计中尽量不选用膨润土，可用微珠代替。火山灰—石灰系列水泥具有较好的抗高温性能。

(3)加密设计使用套管扶正器，尽量提高顶替效率。当设计水泥返出地面时，要保证一定量的水泥浆返出地面($10m^2$以上)，保证上部水泥环封固质量。

(4)在非地热储层井段，为了防止热量损失，应选用水泥石导热系数较低的水泥浆体系，如泡沫水泥浆体系等。

3. 深井固井

深井及超深井固井的划分,没有严格规定,固井的难度也不完全取决于井深,但一般来讲,随着井深的增加固井难度随之增大。深井固井施工中存在以下技术难点。

(1) 随着井的深度增加,井下温度、压力会逐渐升高,对水泥浆体系抗高温要求、防气窜、防候凝失重的要求会更高。

(2) 由于裸眼井段长,往往会出现多项复杂情况叠加的现象,如高压层、漏失层、垮塌、缩径、盐岩层等。

(3) 同裸眼多产层现象的出现,层间封隔的要求更加严格,因此对固井质量有更高的要求,固井难度增加。

(4) 长裸眼造成固井封固段过长,长封固段固井的难点会全部出现。

(5) 由于存在长裸眼,高压和漏失层会出现在同一裸眼,孔隙压力和破裂压力接近的情况(通常称压力窗口小)时常出现,固井施工难度和风险加大。

(6) 由于井深的增加,套管层次会增多,各层相邻套管的尺寸差也会减少,从而使小间隙固井增多。

(7) 深井事故率相对增多,处理事故往往会伴随着井眼状况的恶化,影响水泥浆的顶替效率。

(8) 套管层次增多、长裸眼井段增多、复杂情况叠加的情况增多、小间隙井眼增多。

根据上述难点,常采用的工艺技术见表6-11。

表6-11 常用的深井固井技术

工艺技术	适应情况
双凝水泥固井技术	长封固段井;水泥浆失重影响大
多级注水泥工艺	封固段超长;有漏失层;水泥浆失重影响大
尾管固井工艺	封固段超长;环空间隙小;双极注水泥工艺难以解决;有漏失层;失重影响较大;为节约套管
尾管回接工艺	套管负荷大;封固段超长;对套管抗内压要求高
内插法固井工艺	大井径技术套管或表层套管
膨胀套管固井工艺	封隔漏失层;封隔坍塌层;减少套管层次
饱和盐水水泥浆固井技术	井下有盐岩层
注水泥塞工艺	开窗侧钻;填井;弃井
水泥浆堵漏工艺	封堵漏层
低密度水泥充填技术	封固段超长;充填段对固井质量要求不高;充填封固段为支撑套管
超高密度水泥浆固井技术	超高压井(要求水泥浆密度大于 2.4g/cm^3)
超低密度水泥浆固井技术	超低压井,严重漏失井(要求水泥浆密度小于 1.3g/cm^3)

由于深井的突出表现为井下温度高、压力高、穿越复杂层多、固井水泥浆流经路线长等特点,因此对水泥及外加剂的要求高,使用外加剂的种类也多,要考虑抗高温性能、抗污染性能、相互的配伍性等。常用的深井固井水泥及添加剂见表 6-12。

表 6-12 常用的深井固井水泥及添加剂

		使用说明
水泥	G 级	基本水泥,应用时加入硅粉和缓凝剂。根据设计要求加入改善其他性能外加剂
	E 级	高温条件下使用的 API 标准水泥,适应温度 100℃
	F 级	高温条件下使用的 API 标准水泥,适应温度 120℃
水泥外加剂	高温强度稳定剂	石英砂,加量 35%~40%;硅粉,加量 40%~50%
	其他外加剂	根据设计要求加入加重剂、减轻剂、缓凝剂、降失水剂、膨胀剂、防气窜剂、分散剂、消泡剂等,这些外加剂必须抗高温,有时还需要抗盐

在进行深井固井施工中,要注意如下要点。

(1)固井设计参数收集齐全准确,合理运用固井工艺与水泥浆体系,认真做好固井设计。

(2)根据井下具体情况和质量要求,选择合适的固井工艺。

(3)科学的套管强度设计,套管串及附件的检查、安装,下套管作业质量控制。

(4)科学选择固井水泥浆体系,严格把关水泥和外加剂质量,并认真做好室内试验和大样复查。

(5)认真做好压力平衡计算,确保下套管及注水泥施工全过程井下压力平衡,保证既压稳又不漏。

(6)认真细致的井眼准备,包括井眼的清洗和钻井液除砂,通井及下套管后彻底循环钻井液,以相应排量检查地层是否满足注水泥施工的承压要求。

(7)由于深井固井水泥浆行程长,与钻井液掺混的机会增加,碰压塞刮套管内壁所积累的残余钻井液量增加,从而在套管鞋处形成较多的劣质水泥浆及混浆,影响底部固井质量,因此宜采用双塞固井工艺,以避免出现上述问题。

(8)由于深井固井施工井下的复杂性,短时间的停顿就可能带来固井失败。因此,必须保证施工设备、管汇的可靠性,做到连续施工。

(9)由于深井井下压力高,施工时间长,为保证安全施工,从设计开始就要考虑控制管内外静液柱压差,一般控制在 5MPa 以内,极限情况不超过 10MPa。

(10)对水泥浆性能要求要比常规固井更严格一些,根据设计要求完成水泥浆性能试验。深井水泥浆性能的基本要求见表 6-13。

表 6-13 深井泥浆性能基本要求

项目	要求
密度	依据平衡压力固井要求加重或减轻密度值,但应大于钻井液密度。一般水泥浆密度应大于钻井液密度,不少于 $0.24g/cm^3$,特殊情况时应不少于 $0.1g/cm^3$
稠化时间	模拟注水泥实际流程确定升温时间及温度、压力值。试验温度直井按循环最高温度,一般为实测井底温度的 75%~85%,水平井按实测井底温度。最高压力按水泥返至设计返高时的环空总静液柱压力加流动阻力。稠化时间为施工总时间附加 1~3h
失水	一般小于 200mL,尾管应小于 100mL 或更低,自由水应小于 1.4%。大斜度井、水平井和小间隙井应更严格控制失水和自由水,一般要求失水小于 50mL,自由水为 0
抗压强度	养护压力 20.7MPa,养护温度为井底静止温度,24h 应大于 14MPa;长封固段顶部水泥浆,按封固段顶部温度养护 48h 强度不小于 3.5MPa
初始稠度	应小于 25Bc,流动度应大于 20cm
其他性能	要根据井上情况,分别做抗污染、流变性、沉降稳定性、防气窜能力、高密度等试验

二、完井

完井是钻井工作最后一个重要环节,又是开采工程的开端,与以后整个地热井的开发紧密相连。而完井质量的好坏直接影响到地热井的生产能力和经济寿命。

(一)完井工艺

地热井的完井方法按井眼是否裸露,可分为裸眼系列完井法和射孔系列完井法两个大门类,其中裸眼系列完井法多用于裂缝性碳酸盐地层、硬质砂岩地层、变质岩地层以及火山喷发岩地层,其余地层多用射孔系列完井法。根据工艺过程不同,完井工艺具体可分为裸眼完井法、割缝衬管完井法、射孔完井法、筛管和滤水管成井法以及砾石充填完井法等几类,如图 6-20 所示。

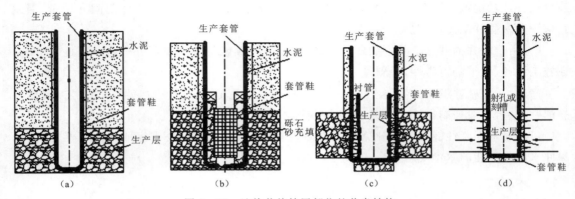

图 6-20 地热井热储层部位的井身结构
(a)裸眼完井结构;(b)(c)衬管完井结构;(d)射孔套管完井结构

裸眼完井法是指在目的层段(开采层段)不下套管,只在上部非生产层段下套管,属于先期完井(成井)。适用的条件是地层坚实,不垮塌、不掉块。在碳酸盐岩热储层段常采用裸眼完井方法。

割缝衬管完井法是在裸眼完井的基础上,在裸眼井内下入割缝衬管,工作原理是衬管下过产层,并在生产套管中超覆一部分长度,针对各产层井段,在衬管相应部位采用长割缝或钻孔,使气层的气体从缝或孔眼流入井筒,达到完井的目的。又可分为尾管法和同径管法两个亚类。在不宜用套管射孔完井,又要防止裸眼完井时地层坍塌的情况下,可采用割缝衬管完井。因为完井方式简单,既可防止井塌,还可将水平井段分成若干段实施小型措施,操作简单成本低,当前水平井多采用此方式完井。主要技术参数包括缝眼形状、数量、长度、排列形式以及割缝衬管尺寸等。

射孔完井法是在生产层段全部下套管并在管外环空注水泥,对准各个产液层段用射孔枪在套管和水泥环上打出孔眼,以便流体流入井内。主要工艺方法包括电缆输送套管枪射孔工艺、油管输送射孔工艺等。这种完井工艺是采油中最常用的方法,但地热井用得较少。一些油井由于枯竭,将其转为热水井,则多采用补射的方法来增加热水的产量。

筛管和滤水管成井法是在开采层段下筛管或滤水管,管外的环形空间不注水泥。筛管是在套管上钻出一些孔眼或刻槽。筛管主要用于易垮塌层段。滤水管是在筛管的外面再加筛网,以防止细砂进入井内,主要用于松散的砂岩层段。筛管和滤水管成井又可分为两类:一种是异径的,即将筛管(或滤水管)挂在上部更大尺寸的套管的底部;另一种是同径的,即筛管(或滤水管)与上部非生产层段的套管为同一尺寸,一起下入。上部非生产层段需要固井或采用其他止水手段将两部分隔断,以免上部冷水混入。筛管和滤水管成井法适用于松散、易垮塌的岩层。

砾石充填完井法是将绕丝筛管下入热储层,再用填充液将地面上预先选好的砾石泵送至绕丝筛管与井眼(或套管)间的环形空间内,构成一个砾石充填层,达到保护井壁和防砂的目的。通常用不锈钢筛管而非割缝筛管,在填充之前,需要对砾石作出选择,优选参数包括砾石的粒径、尺寸、强度、球度和圆度等。这种完井工艺可适应大多数地层,裸眼完井和射孔完井都可以使用。

在实际施工中,完井方法选择的原则和思路一般如下。

(1)根据井眼稳定性判据,从大的方面选择是否采用能支撑井壁的完井方法。

(2)根据地层出砂判据,从大的方面确定是否需要采用除砂完井工艺。

(3)根据热储层类型和工程技术及措施要求等几方面的因素,从流程图初步选择完井方法。

(4)针对选出的几种完井方法,对每种方法的产能进行预估。

(5)根据产能预测结果,再进行单井动态分析。

(6)根据单井动态分析,结合完井投入与生产的收益进行经济效益分析评价,最终优选出最适合的完井工艺。

针对深部地热井完井工艺,应充分结合石油完井工艺,针对不同水层采用包网缠丝滤水管完井、不包网缠丝滤水管完井(大多数孔隙型地热井)、裸眼完井(基岩、裂隙-溶洞型热储)、滤水管+射孔完井等方式,以获得最理想的产量。不同完井方式对出水量、封隔效果和后续工作的影响如表6-14所示。

表 6-14　不同完井方式的效果

完井方式	防塌防砂	连通减阻	封隔各层	增产措施	减少污染	用途
裸眼完井	×	√	×	×	√	坚硬单一地层
筛管完井	√	√	×	×	√	单一地层
砾石充填	√	√	×	×	√	单一地层
射孔完井	√	×	√	√	×	多个地层

(二)滤水管

1. 滤水管的基本要求及基本尺寸的确定

设计与选择滤水管时应满足它的基本要求。对滤水管的要求，可概括为以下几点。

(1)具有最大的进水面积，以减少地下水进入时的阻力。滤水管阻力越小，地下水在这里的流速变化越小，发生结垢的可能性越小，从而可以延长滤水管使用年限。

(2)具有足够大的机械强度，能满足安装井管时的负荷和抵抗地层的压力。

(3)耐腐蚀能力强，不会因滤水管被腐蚀而影响水质。

(4)具有良好的滤水挡砂能力，滤水孔不易被地层中的物质堵塞。

(5)安装方便、成本低廉以及取材容易等。

滤水管的滤水孔大小、孔隙率、滤水管的长度和直径等基本尺寸是否合理，将影响滤水管的工作性能、水井的水质与水量等。

1)滤水孔尺寸的确定

滤水孔尺寸的大小必须与含水层粒度相适应，合理的滤水孔尺寸确定原则是允许含水层中 50%～70% 的细砂粒通过，使含水层井壁的剩余粗颗粒形成"圆形拱"。

2)孔隙率的确定

滤水管的孔隙率是指滤水管孔隙总面积与滤水管表面积之比，一般用 m 表示。

$$m = \frac{S_{孔}}{S_{总表}} \quad (6-10)$$

孔隙率过大会使滤水管强度降低；孔隙率过小，将会产生堵水效应。合理的孔隙率应不小于地层的给水度。

一般来说，圆孔、直缝滤水管 $m=20\%～40\%$；筋条缠丝滤水管 $m=40\%～60\%$；网状滤水管 $m=20\%～35\%$；贴砾滤水管 $m=15\%$ 左右；水量轻小的水井中 $m=10\%～15\%$。

3)滤水管的长度

(1)滤水管的长度应保证滤水管进水面积足够大，使地下水能以安全流速和最小的水头损失流入井中。

(2)滤水管是安装在含水层动水位以下。尽可能安装在下部粗砂砾层中，尽量避开上部细砂层。

(3)在设计滤水管长度时，应确定一个合理的有效长度。实验表明，随着井内滤水管长度的增加,井内出水量亦逐渐增加,当增加到一定长度后,井内出水量的增长率趋近于零。

在粒度均匀的含水层中,滤水管长度等于70%～80%含水层厚度。在非均质含水层中,滤水管长度等于(1/2～1/3)含水层厚度。

(4)当含水层厚度很大(大于10m以上),滤水管的有效长度可按式(6-11)计算:

$$L = a\lg(1+Q) \tag{6-11}$$

式中:L——滤水管的有效长度,m;

a——校正系数,与含水层和井结构有关,一般取17;

Q——设计的涌水量,L/s。

4)最大允许进水流速的确定

合理的进水流速会使含水层中细小砂粒流动,大砂粒则会形成圆拱,而过大的流速会使含水层产生扰动,使大小砂粒均产生流动。供水管井允许井壁进水流速宜按式(6-12)计算:

$$v_j = \sqrt{K}/15 \tag{6-12}$$

式中:K——含水层的渗透系数,m/s。

同时,为核算进水量,还应满足公式:

$$\frac{Q}{\pi \times D_k \times L} \leqslant v_j \tag{6-13}$$

式中:Q——设计出水量,m³/s;

D_k——开采段井径,m;

L——滤水管长度,m;

v_j——允许井壁进水流速,m/s。

5)滤水管的直径

滤水管的外径D_0由最大允许进水流速v来确定:

$$D_0 = \frac{Q}{\pi \cdot Lmv} \tag{6-14}$$

式中:Q——估计涌水量或计划供水量,m³/s;

L——滤水管的长度,m;

m——孔隙率;

v——最大允许进水流速,m/s。

6)滤水管的进水能力

滤水管的进水能力由式(6-15)计算确定:

$$Q_g = \pi \times n \times v_g \times D_g \times L \tag{6-15}$$

式中:Q_g——过滤管的进水能力,m³/s;

n——过滤管进水面层有效孔隙率;

v_g——允许过滤管进水流速,m/s,不得大于0.03m/s;

D_g——供水管井滤水管外径,m;

L——供水管井滤水管有效进水长度,m,宜按滤水管长度的85%计算。

2. 滤水管的类型和结构

目前,常用的滤水管按结构可分为骨架式滤水管、缠丝滤水管、网状滤水管和砾石滤水管等类型。根据含水层的粒度选择滤水管类型,如表 6-15 所示。钢制过滤管的使用条件如表 6-16 所示。

表 6-15 滤水管类型及规格选用参考表

含水层性质	建议	
	滤水管类型	规格
坚硬稳定岩层	不需安装井壁管或过滤器	
坚硬不稳定裂隙岩层	圆孔滤水管	圆孔直径 12～20mm
大小砾石	直缝滤水管 缠丝滤水管	缝宽 3～5mm 丝径 2～3mm,缠丝间距 3～4mm
砂砾与粗砂	直缝滤水管 缠丝滤水管 网状滤水管	缝宽 1～2mm 丝径 2～3mm,缠丝间距 1～2mm 方格网,网眼尺寸 $1\times1mm^2$、$2\times2mm^2$
中砂	网状滤水管 缠丝滤水管	平织网 No6/40 至 No12/90,圆孔骨架管,圆孔直径 15～20mm 缠丝间距 0.5～1mm
细砂	砾石滤水管(网状滤水管或缠丝滤水管作骨架管,充填砾石或粗砂)	平织网 No6/40 至 No12/90 缠丝间距 0.5～1mm

表 6-16 钢制过滤管使用条件

类别	开孔形式	适宜深度(m)	连接方式	备注
桥式过滤管	立缝	<1500	加箍对口焊接	
		<600	帮筋对口焊接	
		<400	丝扣连接	
全焊 V 形缠丝过滤管		<800	加箍对口焊接	
		<600	帮筋对口焊接	
		<600	丝扣连接	
穿孔过滤管	圆孔	800～1700	加箍对口焊接	
		1000～1500	加箍对口焊接	
		<700	帮筋对口焊接	
	条孔	<1000	加箍对口焊接	
		<700	帮筋对口焊接	

下面介绍几种滤水管的结构形式。

1)骨架式滤水管

骨架式滤水管是一种结构最为简单的滤水管。它的基本特征是：一节有孔隙的管子，即在各种材料的管子上，用钻凿、模压、焊割、铣削等方法开有圆孔或直缝作为进水的通道。

骨架式滤水管既可作独立的滤水管，也可作为其他类型滤水管的骨架。根据孔的形式的不同，骨架式滤水管又可分为以下三种。

(1)圆孔滤水管。

圆孔滤水管是在管壁上钻有圆孔，圆孔交错排列，各圆孔中心位于等边三角形的顶点，如图6-21所示。圆孔直径d取决于滤水管的用途，若作为独立的滤水管而直接与含水层颗粒接触，则圆孔直径d取决于含水层颗粒的大小及其不均匀度，一般10～20mm。若作为其他类型滤水管的骨架，则d可取大一些。圆孔间距a的大小决定于圆孔直径d，一般$a=(2～2.5)d$。

圆孔滤水管结构简单，制造方便，但由于它有直径较大的圆孔，故不适用于砂层，而只适用于坚硬不稳定的裂隙含水层或含砂量小于10%的卵砾石含水层。

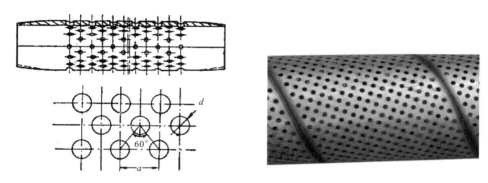

图6-21 圆孔滤水管结构图和实物

(2)直缝滤水管。

直缝滤水管是在管壁上开有长方形孔或直缝。其排列方式可以是并列式，也可以是各排交错排列，在个别情况下不但排与排之间交错，而且行与行之间也相互交错。

直缝宽度与含水层粒度有关。非均质砂中直缝宽度$t=(1.5-2)d_{50}$，d_{50}为能通过50%砂粒的网眼直径。对于均质砂，$t=(1.25-1.5)d_{cp}$，d_{cp}为砂粒平均直径。若直缝滤水管用作其他类型滤水管的骨架，则t值可任意选择，一般为10～20mm或更大些。直缝的长度可为任意值，但一般为50～100mm。缝与缝之间的轴线距离通常为缝宽t的10倍。各排直缝之间的距离约为10～20mm。横缝过滤管的抗压强度高于竖缝式过滤管。

直缝滤水管由于孔眼横向尺寸比圆孔滤水管小，过滤能力较强，故适用于粗砂含水层，也适用于卵砾石层及坍塌裂隙含水层。但此种滤水管加工较困难，需要专门的铣槽设备，因而应用较少。

(3)桥式滤水管。

桥式滤水管是一种带有桥形孔眼的滤水管材。它在发达国家早已被广泛使用,被誉为理想的水井滤水管。桥式螺旋滤水管有以下优点:①桥形孔口的特殊结构使得砾石不易阻塞孔眼,有较高的过水能力。传统的滤水管填砾石后孔隙率要降低40%,而桥式滤水管仅下降10%。②桥式滤水管的特殊孔形结构起到了增强滤水管机械强度的效果,具有较高的机械强度。③造价低廉,由于取消了传统滤水管制造过程中的垫筋和缠丝工序,成本费用降低近20%,而且节约了成井时间。④可改变桥孔的缝隙,以适用于不同砂石地层。

2)缠丝滤水管

缠丝滤水管是在骨架滤水管外缠以金属丝而成,如图6-22所示。倘若骨架管是圆孔滤水管或条缝滤水管,在管外每隔40～50mm焊上直径6mm的垫筋,然后再缠金属丝。金属丝的断面可以是梯形、圆形或三角形。以梯形为好,梯形上底向内(窄边),下底向外(宽边),使滤水孔断面呈V形。这种滤水孔既可减少砂粒堵塞,又有高的过水效率。典型含水层的缠丝间距和填砾规格如表6-17所示。

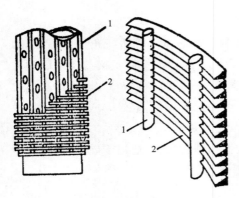

图6-22 缠丝滤水管结构图
1—钢筋;2—梯形丝

表6-17 典型含水层的缠丝间距和填砾规格

缠丝间距(mm)	适宜含水层	填砾规格	
		砾径(mm)	厚度(mm)
0.75	粉砂	0.75～1	100～200
1	细砂	1～1.5	100～200
1.5		1.5～2	100～200
2	中砂	2～2.5	100～200
2.5		2.5～3	
3		3～4	
3～4	粗砂	4～6	75～100
4		6～7.5	75～100
5	砂砾	7.5～10	75～100
8	砾石	18～22	75～100
8	卵石	24～30	75～100

3)包网滤水管

包网滤水管制作方法与缠丝滤水管采用的骨架管相同,只是外表不缠丝而包以过滤网而成,如图 6-23 所示。

常用的过滤网有钢丝网、铜丝网和不锈钢丝网、聚氯乙烯塑料网、尼龙丝网和玻璃丝网等。钢丝网易腐蚀,铜丝网易形成电化学腐蚀,故逐渐被非金属丝网所代替。包网滤水管易堵塞,永久性的生产水井不宜采用。

4) 贴砾滤水管(贴砾管)

贴砾滤水管是近年来出现的一种新型的滤水管,如图 6-24 所示,贴砾滤水管实现了滤水管挡砂效果和透水性能的最佳匹配,取消了成井过程中的填砾工序,简化了成井工艺,提高了钻进效率,缩短了施工工期,适用于直径较小的井孔中。这种滤水管是在骨架管外将砾料、黏合剂、石膏等物质,按一定比例在模具里加压、固化而成。贴砾滤水管分为外贴砾过滤管、内贴砾过滤管等。

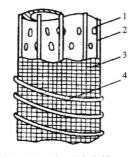

图 6-23 包网滤水管

1—骨架管;2—垫筋;3—包网;4—缠丝

图 6-24 贴砾管

三、止水

止水的目的是隔离非目标含水层和地表水,以保证地热井的出水温度和地热井的寿命。应选择合适的止水方法和止水材料来封闭套管(或井管)与含水层井壁之间的间隙。上部地层下套管固井是最可靠的止水方法。封隔浅部的冷水层的方法和材料有很多种,要根据地区特点、施工手段和经验来选择。不同地区、不同井深采用的止水材料和工具有黏土、牛皮、化学止水剂、橡胶圈、橡胶带、各种类型的封隔器等。现在应用最广的是封隔器,它不仅可以封隔上部地层,还可以在每一个产水层段的上下安装封隔器,可避免地层垮塌引起产水层段堵塞。止水方式提倡采用伞状橡胶加金属托盘的混合止水器,确保每个水层的畅通和寿命。传统封孔材料多采用黏土、水泥等永久性材料。值得一提的是,采用水泥或黏土球,操作工艺较为复杂,并且一旦固井和止水后再不可能起拔或回收井管。因此,推荐采用遇水膨胀橡胶作为固井和止水材料,当下部没水或预期目的未达到时,由于套管和井壁之间摩擦阻力小,可实现回收套管的目的;或当地热井使用若干年后,下部套管腐蚀破裂需要更换时,可以提出旧管进行局部更换。

表层套管固井一般要将水泥浆自环空中返至地表。深孔技术套管水泥的上返高度一般要达到 400m。固井时要准确计算水泥浆的用量。替水泥浆时不可替空,套管内要保留一定的水泥塞，其高度应不小于10m。固井后需候凝36h，然后利用声幅测井或试压（憋压）实验检查固井质量。表层套管（泵室管）与技术套管（或水层套管）之间，要求重叠10～30m。在重叠部分需要挤水泥，俗称"带帽"，以实现重叠部分环空的密封。实施要点是挤水泥前要封闭下部套管。

采水的筛管井段与上部的非生产井段的套管为同径，且同时下入时，为封堵上部冷水层段需进行止水。其中的一种方法是在封隔部位的套管上打旋流孔，下部加水泥伞固井。有时一次固井不能保证质量，可以二次挤水泥。

1. 黏土止水

黏土具有一定黏结力及抗剪强度，压实后不透水，且经济实用、来源广泛，适用于松散地层填砾成井的大直径生产井。

黏土止水常将黏土制成小球状围填于钻孔和套管之间，下杆捣实；当钻孔很深时，也可将黏土和成稠泥状灌入井管外的间隙中。

2. 水泥止水与固井

水泥在水中硬化，将井管与井壁间的岩石结合在一起，具有较高强度和良好的隔水性能。因此，广泛应用水泥止水，大多采用将水泥和成水泥浆，利用泥浆泵泵入井管与孔壁之间。地热井固井用的水泥可以采用油井水泥，也可用普通的硅酸盐水泥。

油井水泥有A、B、C、D、E、F、G、H、J等级别。A级和B级适合于自地面至1850m的井深注水泥。在无特殊要求时，用A级油井水泥即可满足要求。B级适用的井深范围与A级相同，但有两类，分别为中抗硫酸盐型和高抗硫酸盐型。

普通硅酸盐水泥的标号是水泥强度大小的标志，系指水泥砂浆硬结28天后的抗压强度。如其检测强度为300～400kg/cm^2通称为300号水泥。普通水泥有200、250、300、400、500、600等型号。根据2007年出台的最新标准GB 175—2007规定，硅酸盐水泥按强度分为42.5(R)、52.5(R)、62.5(R)等。普通硅酸盐水泥按强度分为42.5(R)、52.5(R)等。复合硅酸盐水泥按强度分为32.5(R)、42.5(R)、52.5(R)等。因此，固井若用普通硅酸盐水泥，最低标号为42.5(R)；若采用复合硅酸盐水泥，最低为32.5(R)。

3. 膨胀橡胶止水与固井

遇水膨胀橡胶是由橡胶加入水溶性高分子遇水材料经混炼加工而成的产品。如图6-25所示，膨胀橡胶既有一般橡胶制品特性，又能遇水自行膨胀以水止水。由于该材料具有遇水膨胀的特性，在材料膨胀范围以内起止水作用，膨胀体具有橡胶性质，更耐水、耐酸、耐碱。

(1) 止水原理。遇水膨胀橡胶为橡胶与亲水型的聚氨酯用特殊的方法制成的结构型遇水膨胀材料。由于在橡胶

图6-25 遇水膨胀以水止水橡胶
30mm（宽）×5mm（厚）

中有大量的亲水基团，这种基团与数目众多的水分子以氢键相结合，致使橡胶以几何尺寸增大，这些被吸附的水分子即使在压缩、吸引等机械力的作用下也不易被挤出，在一定温度加热作用下也不易被蒸发，同时由于亲水基团中链节的极性大，容易旋转，因此这种橡胶还有较好

的回弹性,浸水膨胀后橡胶仍有一定刚性。下管前事先把膨胀橡胶用 8 号铅丝捆绑在需要止水的套管上,其最大外径控制在井径的 80% 左右。下入井后膨胀橡胶遇水后逐渐膨胀,15 天时膨胀橡胶可达到 200% 膨胀率,从而达到隔离上下水力联系之目的。

(2)遇水膨胀橡胶物理性能:密度 $1.4\sim1.47\text{g/cm}^3$,拉伸强度不小于 3.5MPa,清水浸泡链 220%,扯断伸长率不小于 450%,耐高温 80℃不流淌,耐低温 -15℃不发脆、不折断。

四、洗井

钻井一般都会对钻孔周围的含水层产生不同程度的损害。常规回转钻进时,若采用泥浆作为循环介质,则井壁空隙被堵塞的情况尤为明显。

清除井壁上的泥皮,并把深入到含水层中的泥浆抽吸出来,恢复含水层的孔隙;进而抽洗出含水层中一部分细小颗粒,扩大含水层的孔隙而形成人工过滤层。这个高渗透率的人工过滤层的形成过程,叫作洗井。

通过洗井,要达到以下目的:

(1)清除任何钻进方法所不可避免的"泥皮影响"。松动滤水管周围的砂层,使其恢复失去的孔隙率。

(2)洗去含水层中的部分细砂,提高水井附近含水层的渗透率。

(3)在滤水管周围形成渗透性由高变低的自然的圆环带。

洗井的方法有多种,可分为两大类,即机械洗井和化学药剂洗井。机械洗井是通过洗井设备产生的抽、压和冲击、震荡作用破坏井壁泥皮,如活塞洗井、二氧化碳洗井、压缩空气洗井等。化学药剂洗井是通过化学反应的溶解、分离及因化学变化产生的压力作用而达到破坏井壁泥皮、疏通含水层的作用,如焦磷酸钠洗井、盐酸洗井等。下面介绍几个常用的洗井方法。

1. 活塞洗井

国内常将活塞安装在钻杆上,并下入到井管内滤水管部位,利用升降机上、下活动钻具,使钻杆活塞在滤水管内上下往复运动,从而产生抽吸及水击作用,破坏填砾层外的泥皮及疏通含水层通道。这种活塞在填砾层中造成的水冲击力较大,甚至引起砾料来回翻腾、砾料重新排列压实,如图 6-26 所示。

2. 压缩空气洗井

该洗井法是用高压空气间歇地向井内猛烈喷射,借以破坏井壁泥皮。洗井时,可按同心式安装风管和扬水管,如图 6-27 所示。在浅水井中,可先将风管伸出扬水管外 1~2m,然后猛开贮满高压空气气罐的气阀,使大量高压空气射入井内,将泥皮冲破,使泥浆和细砂随即涌入井内,然后将风管提入扬水管内,继续向井内送入压缩空气,进行抽水冲洗。在深井中,因受空气压缩机额定风压的限制,风管不能伸出扬水管外,可间歇地向扬水管内送入压缩空气,使井内水位发生激烈震荡,数次震荡后,即可连续送风抽水。

3. 喷射洗井

在国外,利用喷射嘴向井壁喷水来达到洗井的目的是经常采用的方法。喷嘴由硬质合金制成。高压水使滤水管外的砾石发生旋涡移动,从而使砾石重新排列,达到洗井目的。这种方

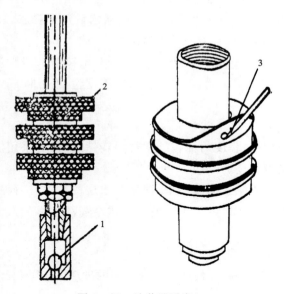 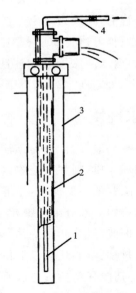

图 6-26　洗井用活塞　　　　　　图 6-27　压缩空气洗井

1—单向阀；2—活塞；3—单向出水孔　　　1—风管；2—扬水管；3—井管；4—压风管

法不但用于洗井，而且用于修井和老井的修复。

4．二氧化碳洗井

CO_2 是无色、无嗅的气体。在常温下施加压力 7MPa 时即变为液态 CO_2，并存放在专用钢瓶内。CO_2 洗井具有成本低、速度快、洗井彻底等特点，同时对滤水管部分的胶结物具有较强的破坏作用，对地热井的增产具有显著的效果。实际操作中，将瓶装 CO_2 与通入井内的管汇连接，而后开启阀门。液态 CO_2 在井内急剧膨胀并变成气态，体积急剧膨胀，在管内水柱的压力下，开始向滤水管四周水域迅速渗透，产生大范围的冲刷力，具有混合、溶解、稀释和分化泥浆和泥皮的作用。随后以井喷的形式携带其喷出井外，井喷过程中，井内产生负压区，使被疏散开的泥皮及细小颗粒带入管内，在第二次井喷时，随水柱喷到地面，使管外形成粗粒的滤水层。液态二氧化碳洗井安装示意图如图 6-28 所示。

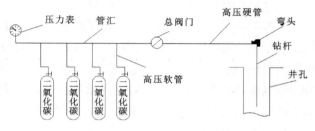

图 6-28　液态二氧化碳洗井安装示意图

一般情况下，CO_2 洗井每次需要高压气瓶 15～20 个，可根据井深、沉淀厚度和静水位等确定 3～5 次井喷。操作时应先检查管汇及阀门是否密封完好，然后开启所有支阀，待人员撤离后，快速开启总阀，待井喷后再安装下次洗井所需的气瓶。

5. 焦磷酸钠洗井

目前国内用于洗井的焦磷酸钠是工业上常用的无水焦磷酸钠（$Na_4P_4O_7$），呈白色粉末，易溶解，价格便宜，适宜于野外批量使用。

焦磷酸钠与泥浆中的黏土发生络合作用，形成水溶性络离子。络合离子本身不会聚结沉淀，也不再与别的离子化合沉淀，因此，它易于在洗井抽水过程中排出孔外，从而达到洗井目的。同时，磷酸根带有比其他无机离子较强的负电荷，它容易吸附在黏土晶体有 Al、Si 离子裸露的棱角部位。当磷酸根离子在黏土的棱角部位产生吸附时，就使黏土表面负电荷增强，从而使黏土粒子之间排斥力增大。与此同时，磷酸根离子产生吸附时又带进来较厚的水化膜，增加了黏土颗粒的水化。因此，就产生了分散作用，使聚结在一起的泥皮又显泥浆状态，从而使井壁泥皮遭到破坏。

6. 盐酸洗井

盐酸洗井（酸化处理）是一种化学洗井方法。特别适用于石灰岩、白云岩、大理岩地层和旧井管内的钙质胶结和铁细菌引起的滤水管堵塞物的溶解或去除，达到疏通含水层和进水通道之目的。

盐酸洗井的目的是溶解碳酸钙、碳酸镁和铁细菌等强度较高的胶结物或腐蚀产物。其化学反应式为：

$$CaCO_3 + 2HCl = CaCl_2 + H_2O + CO_2 \uparrow$$
$$MgCO_3 + 2HCl = MgCl_2 + H_2O + CO_2 \uparrow$$

通过以上化学反应式可以看出：碳酸钙、碳酸镁等胶结沉积物（堵塞物）在盐酸的作用下生成可溶性钙镁离子、水和二氧化碳气体。这些反应产物很容易随水流排出井外，从而达到疏通清理之目的。

实际工作中为了减少酸对金属井管的腐蚀，必须按 1%（质量）加入甲醛（防腐剂）。

第四节 地热井抽水试验与产能分析

抽水试验是水文地质孔和供水井在下管、填砾、止水、洗井之后必须进行的一项工作。通过抽水试验获得钻孔的实际出水量和水位的动态变化（实质是其补给与出水两个环节宏观上的综合表现）。通过抽水可求得含水层的渗透系数，查明水质、水温和单孔影响半径等资料，为评价和合理开发地下水提供可靠的依据。同时，通过抽水试验还可以进一步检查上水质量和洗井效果。

为了做到所取资料准确，抽水试验必须符合下述基本要求：

(1) 洗井后和抽水试验前，应测量静止水位和井孔深度。

(2) 探采结合孔每一含水层的抽水试验应进行两个以上的落程，每个落程的稳定时间为

8～24h。供水量大的井孔,每一含水层应抽三个落程,稳定时间分别为 8h、16h、24h。每个落程结束后,应观测其恢复水位。

(3)在松软岩层中进行抽水试验时,落程应由小到大,以避免含水层受到过大的扰动。在基岩中进行抽水试验时,落程则应由大到小。

一、抽水设备

抽水设备的类型很多,抽水设备取决于水文地质条件(包括静水位、动水位、涌水量等)、钻孔结构和孔内出砂量及抽水设备本身的技术特性。

1. 往复式水泵抽水

直接利用与钻机配套的水泵进行抽水,适用于浅水位和中等涌水量的井孔,最大吸水高度约 6～7m,用往复式水泵抽水时,不需另增设备,但需较大的安装面积。

2. 潜水泵抽水

潜水泵是将电动机和泵体一起放在井内水位以下进行抽水的水泵。国内生产的潜水泵分为浅井潜水泵和深井潜水泵(如 QJ 型)。这里主要介绍深井潜水泵。深井潜水泵为离心式或混流式;采用水润滑轴承;与电机的连接采用联轴器刚性连接。深井泵叶轮在电机带动下旋转产生离心力,使液体能量增加经泵壳的导流作用进行提水。在水泵上端设有逆止阀体(低扬程潜水泵不设逆止阀体),防止电泵停机时因扬水管中倒流的水损坏工作部件。QJ 型不锈钢深井泵阀上有泄水孔,可将管路中的水缓缓放掉,防止冬天冻裂管路。深井潜水泵的电机为密闭充水湿式结构。电机定子绕组采用耐水的聚乙烯绝缘、尼龙护套多层结构的电磁线。导轴承及推力轴承均采用水润滑材质。电机内部充满清水,用以冷却电机和润滑轴承。电机底部装有调压膜,用以调整由电机温升引起的机体内清水的胀缩压差。电机的上端轴上装有防砂机构,用来阻止水中泥砂进入机体内部。短输出管是输水管路与电泵的连接过渡部件。与长轴深井泵相比,潜水泵的优点是省掉了长的立轴,便于安装。图 6-29 所示为深井潜水泵安装与实物示意图。

地热井潜水泵型号的意义,以 200QJR80-99/9 型潜水泵为例:前面的 200 为使用的最小井径,单位为 mm;J 为井用;Q 为潜水型;R 为热水型;80 为流量,单位为 m^3/h;99 为扬程,单位为 m;后面的数字 9 为叶轮的级数。

3. 长轴深井泵抽水

长轴深井泵,如 YJC、RJC 型深井泵,实际上是动力机装在地表,用长的立轴传动水泵,是一种立式单吸分段多级离心泵。叶轮可以有 2～26 个,它们固定在同一转动轴上。叶轮是唯一的做功部件,泵通过叶轮对液体做功。叶轮形式有闭式、开式、半开式三种。闭式叶轮由叶片、前盖板、后盖板组成。半开式叶轮由叶片和后盖板组成。开式叶轮只有叶片,无前后盖板。闭式叶轮效率较高,开式叶轮效率较低。吸水口连有滤水网,防止砂石进入水泵。水泵运行时,水经滤水网、下导流壳进入第一级叶轮,出水经过中导流壳进入第二级叶轮,如此逐级加压,最后通过扬水管,并经泵座上的出水管流至地表供水系统,如图 6-30 所示。主要缺点是有长的传动立轴,安装复杂,且易在连接处折断。

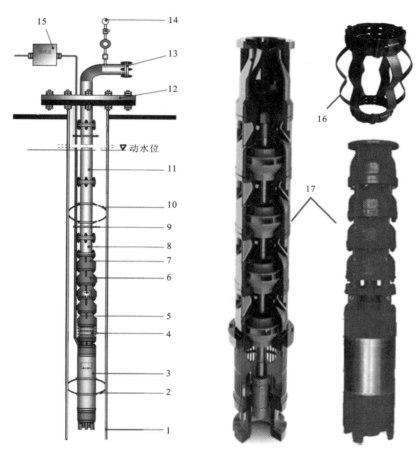

图 6-29 深井潜水泵安装与实物图

1—井管；2—扶正器电机；3—潜水电机；4—滤水网；5—电缆；6—泵体；7—逆止阀；8—泵短管；9—电缆卡；
10、16—扶正器；11—扬水管；12—法兰盘；13—出水法兰；14—压力表；15—接线盒；17—实物

当前国外井泵厂家主要有美国的飞力公司(Flyg)、ITT 旗下的 Goulds 分部、瑞典的格兰富、德国的 KSB 等，在水力性能以及加工工艺和材料耐用性方面都是非常先进的。目前单级扬程大约在 6～20m，其单级轴向高度约 160mm，如果做一台 100m 扬程的井泵就需要 5 级叶轮和泵体，加上进水节和出水阀，泵体总长将超过 1m。新改进设计的泵单级扬程大约在 35m，其单级轴向高度只有 85mm，如果做一台 100m 扬程的井泵只需要 3 级叶轮和泵体，加上进水节和出水阀，泵体总长不到 0.6m，而且其水泵效率与可靠性都会有所提高。

4. 空气压缩机抽水

空气压缩机一般用于洗井和抽水试验。用空气压缩机抽水时，孔内供气管与排液管的安装形式应根据气液混合器的类型而确定。安装形式主要有同心式和并列式两种(图 6-31)。

同心式一般适用于小口径钻孔抽水，供气管安装在排液管内；并列式适用大口径钻孔抽水，供气管和排液管并列安装。供气管下部气液混合器的类型有直式混合器和多级混合器等，

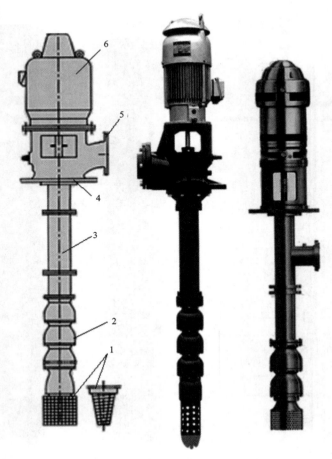

图 6-30 长轴深井泵结构与实物图
1—滤网;2—导流壳;3—扬水管(内有传动轴);4—泵座;5—出水法兰;6—电机

其工作部分的长度应大于1m,底端封闭严密;混合器的喷气孔直径宜为4~6mm,喷气孔总面积宜为供气管截面积的2~4倍。

并列式抽水工作原理如图6-32所示。压缩空气经风管进入井内,经混合器与扬水管中的水混合形成气水混合物。该混合物与管外的水相比,其比重较低,因此在扬水管内外比重差的作用下液面上升。与此同时,混入水的压缩空气释放能量,使水中的气泡在上升过程中逐渐加大,于是形成较强大的"气举"力而克服扬水管内液体的惯性使水柱上升,至地表气水分离室里,空气逸出,水排出井外。空气压缩机抽水的参数包括沉没深度、风量和风压以及风管和扬水管规格等。为了获得升水效率(有效水功率和空压机功率之比),保证有效地循环,要求混合器的位置有一定的沉没系数,即混合器潜入水下深度与混合器以上钻孔深度之比,沉没系数应在0.5~0.8之间。当空气压送深度一定时,沉没系数越大,则充气程度(气水比)越小,但此时空气的压力增大;反之,充气程度增大而压力减小。合理的气水比为1.65~2.0之间。因此,沉没系数和充气程度存在着最优值,此时空气压缩机的能耗最低。当充气程度很小时,气体则会直接从液体中逸出,俗称开锅;反之,流体将压向孔壁,使其能量过多地消耗在摩擦损失上而不起作用。

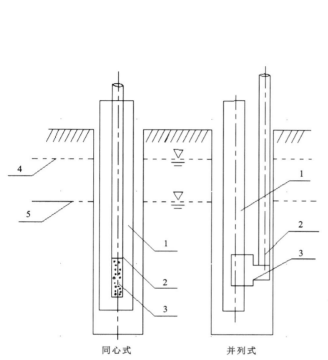

图 6-31 空气压缩机抽水孔内安装形式示意图
1—排液管;2—供气管;
3—气液混合器;4—静水位;
5—动水位

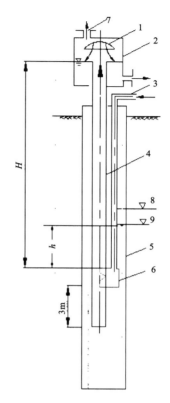

图 6-32 空气压缩机抽水原理图
1—液气分离反射器;2—集水筒;3—风管;
4—扬水管;5—井管;6—液气混合器;
7—出气口;8—静水位;9—动水位

气液混合器的下入位置在动水位以下的深度不宜小于 10m,但应比滤水管顶端高 3～5m。气液混合器安装时应导正于排液管的中心,严禁气液混合器直接对准滤水管的工作部分,以防气液混合物侧向溢出,影响涌水量和动水位的量测。

二、抽水试验及产能分析

地热井完井之后,应进行抽水试验,其目的为:查明渗透系数、导水系数、压力传导系数、给水度或弹性释水系数、越流系数、影响半径等有关水文地质参数;通过测定井孔涌水量及其与水位下降(降深)之间的关系,分析确定含水层的富水程度,评价井孔的出水能力;确定水位下降漏斗的形状、影响半径及其随时间的增长速度;直接评价水源地的可开采量。

抽水试验按地下水流态可分为稳定流抽水和非稳定流抽水。在实际应用中,往往采用单孔(或有一个观测孔)的稳定流抽水试验。

(1)稳定流抽水。抽水时流量和水位降同时保持不变,适用于抽水量小于补给量的地区,这种抽水一般需进行三次水位降。其最大降深值,潜水应介于其含水层厚度的 1/3～1/2 之间;承压水不得大于其承压水头。稳定时间一般为 8～24h。当水质、水量和水温发生突然变化时,则要延长稳定时间。

(2)非稳定流抽水:分为定流量非稳定流抽水和定降深非稳定流抽水。定流量抽水时,要求流量变化幅度一般不大于 3%;定降深抽水时,要求水位变化一般不超过 1%。由于在抽水过程中流量比水位容易固定(因水泵出水量一定),在实际工作中多采用定流量非稳定流抽水试验。保持抽水量为常量,观测水位随时间的变化,在抽水量大于补给量或抽水过程中水位一直持续下降的地区更为适用。非稳定流抽水试验一般宜采用深井泵或潜水泵。抽水时间视其目的、水文地质特征、水位降与时间关系曲线类型和选用计算参数的公式而定,一般为 12～24h。

稳定流与非稳定流抽水可结合进行。抽水试验的设备通常为空气压缩机或深井泵。当地下水最大动水位深度小于 7.5m 时,可采用卧式往复泵。若是非稳定流抽水,则宜采用电动离心泵或深井泵。水温宜多频次观测,读数应准确到 0.5℃,观测时间应与水位观测时间相对应。

(一)稳定流抽水试验要求

(1)水位降深。稳定流抽水试验一般进行三次水位降深,最大降深值应按抽水设备能力确定。水位降深顺序,基岩含水层一般宜先大后小,松散含水层宜按先小后大逐次进行。

(2)涌水量及水位变化。在稳定延续时间内,涌水量和动水位与时间关系曲线在一定范围内波动,而且没有持续上升或下降的趋势。当水位降深小于 10m,用压风机抽水时,抽水孔水位波动值不得超过 10～20cm;用离心泵、深井泵等抽水时,水位波动值不超过 5cm。一般不应超过平均水位降深值的 1%,涌水量波动值不能超过平均流量的 3%。

(3)观测频率及精度要求。水位观测时间一般在抽水开始后第 1min、3min、5min、10min、20min、30min、45min、60min、75min、90min 进行观测,以后每隔 30min 观测一次,稳定后可延至 1h 观测一次。水位读数应准确到厘米;涌水量观测应与水位观测同步进行;当采用堰箱或孔板流量计时,读数应准确到毫米。

(4)恢复水位观测要求。停泵后应立即观测恢复水位,观测时间间隔与抽水试验要求基本相同。若连续 3h 水位不变,或水位呈单向变化且连续 4h 每小时水位变化不超过 1cm,或者水位升降与自然水位变化相一致时,即可停止观测。试验结束后应测量孔深,确定滤水管掩埋部分长度。淤砂部位应在滤水管有效长度以下,否则,试验应重新进行。

(二)非稳定流抽水试验要求

(1)钻孔涌水量。钻孔涌水量应保持常量,其变化幅度不大于 3%。

(2)抽水延续时间。当 S(或 Δh_2)-$\lg t$ 曲线至拐点后出现平缓段,并可以推出最大水位降深时,抽水方可结束,S 为水位降深,t 为抽水时间。注意:在承压含水层中抽水,采用 S-$\lg t$ 曲线,在潜水含水层中抽水采用 Δh_2-$\lg t$ 曲线。Δh_2 是指潜水含水层在自然情况下的厚度 H

和抽水试验时的厚度 h 的平方差,即 $\Delta h_2 = H^2 - h^2$。当 S(或 Δh_2)-$\lg t$ 曲线没有拐点或出现几个拐点,则延续时间宜根据试验的目的确定。

(3)观测频率及精度要求。水位观测宜按第 0.5min、1min、1.5min、2min、2.5min、3min、3.5min、4min、5min、6min、7min、8min、10min、12min、15min、20min、25min、30min、40min、50min、60min、75min、90min、105min、120min 进行观测,以后每隔 30min 观测一次,其余观测项目及精度要求可参照稳定流抽水试验要求进行;抽水孔与观测孔水位必须同步观测;抽水结束后,或试验期间因故中断抽水时,应观测恢复水位,观测频率应与抽水时的频率一致,水位应恢复到接近抽水前的静止水位。

(三)水量测量

抽水试验中常用量水堰测量出水量,常用的量水堰槽有直角三角堰、矩形堰和巴歇尔槽,量水堰槽可以用玻璃钢制作,如图 6-33 所示。其测试原理是:槽内流量越大,液位越高;流量越小,液位越低。通过测量水位可以反算出流量。普通排水沟内流量与水位之间的对应关系,受沟道的坡降比和表面的粗糙度影响。在沟道内安装量水堰槽,产生节流作用,使沟道内的流量与液位有固定的对应关系。确定水位—流量关系时,三角堰与渠道宽 B、开口角度 θ、上游堰坎高度 h 有关;矩形堰与渠道宽 B、开口宽 b、上游堰坎高度 h 有关。水量计算时可采用查表法、专用仪表法或直角三角堰和矩形堰相应公式进行计算。量水堰应设在排水沟的直线段上,堰槽段应采用矩形断面,其长度应大于堰上最大水头 7 倍,且总长不得小于 2m(堰板上、下游的堰槽长度分别不得小于 1.5m 和 0.5m)。堰槽两侧应平行和铅直。堰板应与水流方向垂直,并需直立,水尺或水位计装置应该在堰板上游 3～5 倍堰上水头处。

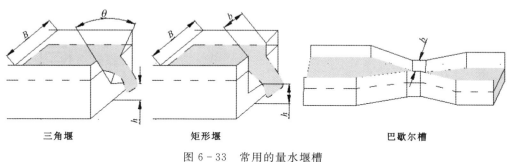

图 6-33 常用的量水堰槽

为保证测量精度要求,应根据流量大小选用不同规格的堰箱。流量的测试用具应根据流量大小选定。流量小于 1L/s 时,可采用容积法或水表测试,即在一定时间内,由一个容器收集排出的液体,然后用称重法或容积法计量测得的液体容量被时间除即得出流量;流量小于 40L/s 时,一般应选择直角三角堰;流量大于 40L/s 时,一般应选择使用巴歇尔槽;流量大于 40L/s、渠道内水位落差又较大时,可以选择矩形堰,若条件允许,最好选择巴歇尔槽。巴歇尔槽的水位—流量关系是由实验室标定出来的,而且对于上游沟槽条件要求较弱。巴歇尔槽的特点是:水中固态物质几乎不沉积,随水流排出;水位抬高比堰式小,仅为堰式的 1/4,适用于不允许有大落差的渠道。三角堰和矩形堰的水位—流量关系来源于理论计算,由于忽略了一些使用条件,容易带来附加误差。

三角堰可按图6-34加工。材料可选PVC、玻璃钢、不锈钢。安装该直角三角堰的上游渠道宽是600mm,三角顶角与上游渠底的高度是250mm,可测最大流量为162t/h。j为堰板嵌入渠道壁的部分,尺寸根据现场情况而定。三角堰的中心线要与沟渠的中心线重合。仪表的探头要安装在上游距离堰板0.5~1m的位置,如图6-35所示。

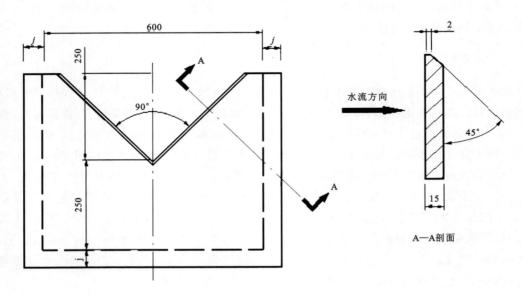

图6-34 三角堰加工示例

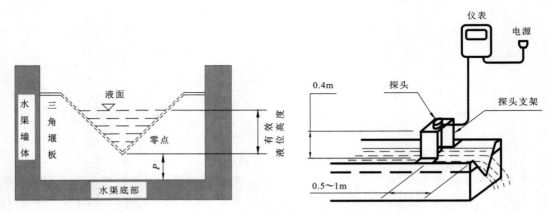

图6-35 三角堰安装示意图

三角堰流量可按下列经验公式计算:

当 $h=0.05\sim0.25\mathrm{m}$ 时,$Q=1.4h^{2.5}$ (6-16)

当 $h=0.25\sim0.55\mathrm{m}$ 时,$Q=1.343h^{2.47}$ (6-17)

式中:Q——流量,$\mathrm{m^3/s}$;

h——堰口水头，m。

矩形堰适用于大流量的情况，要求：自由流的无侧向收缩的非淹没薄壁堰，堰口为矩形，堰壁厚度 $D<0.67h$，堰槛宽 B 为 20cm，40cm，60cm；h 为 $0.05\sim0.60$m 最佳；测量水深应在上游大于 $3h$ 处进行。流量可以按以下经验公式计算：

$$Q=0.018Bh^{1.5} \tag{6-18}$$

式中：Q——流量，L/s；

h——水深，cm；

B——堰口宽，cm。

目前，基于堰槽测流量原理已开发有专门的明渠流量计。明渠流量计的探头安装在量水堰槽水位观测点位置上，测量流经量水堰槽的水位。如图 6-36 所示，在明渠流量计安装时，把相应量水堰槽的水位流量关系以数表形式经由按键装入仪表内存储器。明渠流量计的微处理机由测出的水位，用查表法求出对应的流量值。数表中两相邻数值之间的数，用线性插值法求出。该传感器直接测流动水面的液位，可以防止水中的悬浮物、泥沙等堵塞连通管。

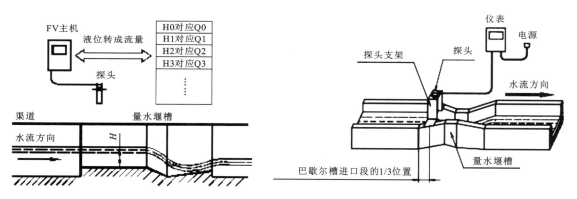

图 6-36 专用巴歇尔槽测试仪器

超声波传感器固定安装在被测量液面上方，采用非接触式测量。传感器不与流体接触，不受污水的腐蚀和粘污。探头向水面发射脉冲超声波并接收反射波回波，测出探头到液面的距离。主要技术参数根据需要，有不同类型的流道形式：巴歇尔槽；三角堰板；矩形堰板。量程有 20t/h、50t/h、150t/h、400t/h、900t/h、1500t/h、3000t/h、5000t/h、8000t/h、10 000t/h 等规格，如表 6-18、表 6-19 所示。

表 6-18　巴歇尔槽明渠尺寸要求

型号	适用渠道(宽×高)(mm)	最小流量(t/h)	最大流量(t/h)
HZ-20	≥200×250	0.32	20
HZ-50	≥250×300	0.65	50
HZ-150	≥300×500	2.77	115
HZ-400	≥400×650	5.40	400
HZ-900	≥600×800	9.00	900
HZ-1500	≥840×1000	12.6	1500
HZ-3000	≥1200×1000	45.0	3000
HZ-5000	≥1680×1100	108.0	5400
HZ-8000	≥1920×1100	126.0	7200

表 6-19　三角堰板/矩形堰板明渠尺寸要求

型号规格	最大流量(t/h)	适用渠道(宽×高)(mm)	最高水位(mm)
HZ-Y-50	50	≥400×350	277
HZ-Y-80	80	≥500×470	390
HZ-Y-150	150	≥600×570	484
HZ-Y-250	250	≥800×650	540
HZ-Y-500	500	≥800×650	510
HZ-Y-800	800	≥800×850	655
HZ-Y-1000	1000	≥1000×850	707

(四)孔内水位和水温测量

水位测量可用测钟法、电极法或传感器法。测钟法是用带有深度标记的测绳连接测钟,测钟接触水面时能发出声响。电极测量水位计由电极、导线和指示器(或微安表等)组成。测量时,当电极接触水面时,电路连通,由指示器上可以看出。还可以用专门水位传感器和二次仪表进行检测。

温度的测量分为地表流体测量(图 6-37)和孔内测量(图 6-38)两种方式,也可以采用井温测井。在钻至目标地层时,应每隔一定时间,在由井下返回的泥浆出口处,用温度计测量并记录温度随井深的变化情况。若泥浆出口温度突然增高,通常意味着钻遇热水层。由于泥浆的护壁作用,一段时间后,在井壁形成泥饼,封堵了热储层,使热水不能继续向井筒中流动,泥浆出口的温度可以再次降低。

图6-37 地表流体测温仪

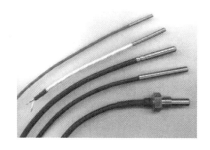
图6-38 孔内测温传感器

(五)抽水数据的整理

抽水过程中应及时绘制水量、水位曲线等综合性图表。当发现曲线异常时应查明原因,及时纠正,必要时重新进行抽水试验。

(1)绘制水位降深(s)、流量(Q)与时间(t)的过程曲线。此图应在抽水观测过程中绘制,以便及时发现抽水过程中的异常,及时处理。同时可根据Q-t、s-t曲线变化趋势,合理判定稳定延续时间的起点和确定稳定延续时间,如图6-39所示。

(2)绘制涌水量与水位降深关系曲线$Q=f(s)$。其目的在于了解含水层的水力特征、钻孔出水能力,推算钻孔的最大涌水量与单位涌水量,并检验抽水试验成果是否正确。如曲线不通过原点时,则说明最初测定的水位有误差。图6-40中曲线1为非承压水井出水量与水位降值关系曲线的一般形式;曲线2为承压水井的一般曲线形式。如果出现曲线3的形式,说明洗井或抽水工作中存在严重问题,一般为洗井时泥浆未彻底清除,单位抽降出水量在抽水过程中出现逐渐增大所致,应重新洗井后再进行抽水试验。

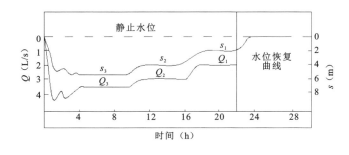
图6-39 地下水水位及流量历时曲线

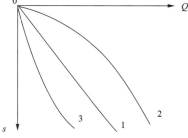
图6-40 Q-s曲线图

(3)绘制单位涌水量与水位降深关系曲线$q=f(s)$。
(4)绘制水位恢复曲线。

(六)单井涌水量的确定

稳定流抽水试验单井涌水量计算用 Dupuit 公式,分潜水和承压水两种情况分别计算,如图 6-41 和图 6-42 所示。

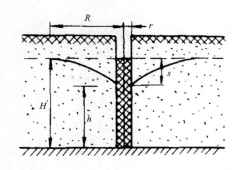

图 6-41 潜水完整井抽水示意图

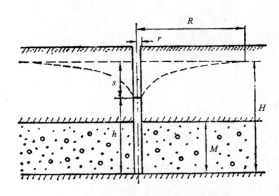

图 6-42 承压完整井抽水示意图

潜水完整井:

$$Q = \pi K \frac{(H^2 - h^2)}{\ln R - \ln r} \tag{6-19}$$

$$K = \frac{Q}{\pi(H^2 - h^2)} \ln \frac{R}{r} \tag{6-20}$$

$$R = 2s\sqrt{KH} \tag{6-21}$$

承压完整井:

$$Q = 2\pi kM \frac{s}{\ln R - \ln r} \tag{6-22}$$

$$k = \frac{Q}{2\pi sM} \ln \frac{R}{r} \tag{6-23}$$

$$R = 10s\sqrt{k} \tag{6-24}$$

式中:k——含水层渗透系数,m/d,渗透系数 k 参考值如表 6-20 所示;

Q——抽水井流量,m³/d;

s——抽水井中水位降深,m;

M——承压含水层厚度,m;

R——影响半径,m;

H——潜水含水层厚度,m;

h——潜水含水层抽水后的厚度,m;

r——抽水井半径,m。

表 6-20 渗透系数 k 参考值

土类	渗透系数 k (m/d)	土类	渗透系数 k (m/d)	土类	渗透系数 k (m/d)	土类	渗透系数 k (m/d)
黏土	<0.005	粉砂	0.5～1.0	粗砂	20～50	微裂隙岩石	20～60
亚黏土	0.005～0.1	细砂	1.0～5.0	圆砾	50～100	裂隙岩石	>60
轻亚黏土	0.1～0.5	中砂	5.0～20.0	卵石	100～500		
黄土	0.25～0.5	均质中砂	35～50	无充填物卵石	500～1000		

第五节 地面工程（地热井口工程和设备）

井口工程是整个地热工程重要的环节，在一定程度上影响了地热开采系统的使用年限，如井口损坏可导致系统无法运行，井泵损坏可导致系统中断运行等。因此，人们越来越重视井口工程工作。本节主要介绍井口装置的作用、设备选型原则、使用方法、设备维护、安装等方面的内容，同时还介绍工程运行中可能出现的问题及解决方法。

一、井口工程

在中低温地热利用工程中，采用了不同形式的地热井口装置。但是，大多数沿用的是高温井口装置，结构相当复杂，对适用于中低温地热田的专门井口装置的研究和使用较少。

按地热井水温和功能要求，地热井口工程可以分为以下几种形式。

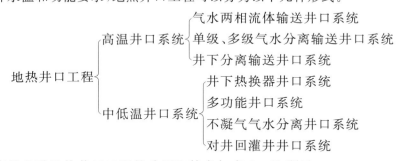

应用较多的几种地热井口工程的功用和特点如表 6-21 所示。

二、井口装置

地热井口装置主要的功能表现在：防止空气中的氧气进入井管，减轻井管腐蚀；防止由于井管伸缩造成地面突起及下沉而引起的事故发生；方便自流能力的地热井安装提水井泵；以便检测井口参数。

表 6-21　几种地热井口工程的功用和特点

名称	功用	配套设备及特点
气水两相流体输送井口系统	用于高温地热井,主要作用是防止输送过程中的热水汽化、结垢	可以采用增压法,即在地热井中安装耐高温、高扬程潜水泵。水泵扬程一定要超过地热水的饱和压力,使地热水在输送过程中,直到回灌或排放,输送压力始终维持在所输送地热水温度相应的饱和压力之上,采用这种方法来达到防垢的目的
单级、多级气水分离输送井口系统	用于高温地热井,主要作用是将地热水中的气水经分离后分别输送到不同的热力用户	多用单独的汽轮机分别用于高压蒸汽、低压蒸汽和地热热水做功。在汽轮机中完全膨胀后,所有的地热液体都回灌到地下,以保证地热田得到最合理的利用
不凝气气水分离井口系统	主要用于地热水中伴生不凝气体分离后热水的输送系统。防止伴生有毒有害、可燃气体时产生严重后果	主要设备包括立式储罐、分水缸、立式分离器和分离加热炉等
对井回灌井井口系统	用于生产和回灌对井系统	回灌过程中除了需要对水质进行必要的处理外,对于回灌井必须采取必要的定期回扬技术措施,以保障回灌过程能正常工作

(一)多功能井口装置

地表浅层温度状态取决于太阳辐射外热和地球内热之间的热平衡。太阳辐射热受气候、地域和季节影响。地表受太阳辐射热最强,随着深度增加逐渐减弱,到一定深度就基本消失。再至深处,开始正常地热增温,这样就形成了由地表向下的垂直分带——变温带、恒温带和增温带。

从地层深部提取的温度较高的地热流体,与地表变温带、恒温带和增温带存在着温度差。当井深超过恒温带后随着井深不断增加,在一定的深度范围内,地温也在不断地增加,并达到增温带。当地下热水从某一深度的地热井中提取时,热水流经井管的过程,实质上是不断地对井管加热直至与井管周围达到热平衡的过程。当停止开采地热水时,也存在着井管不断放热直至与井管周围达到热平衡的过程。这种过程就是引起井管伸缩的直接因素。由于这种因素的存在,在进行地热井口装置设计时需要注意。

多功能低温地热井口装置,采用了填料函这种基本结构形式以保证井管正常伸缩的自由度。填料函用于地热井口装置,具有结构简单、施工方便、造价低、有利于系列化生产的优点,见图 6-43。

填料函密封结构包括:填料压盖、填料室、紧固螺栓、填料。密封结构的上部是回流室,它的作用是保证自流井依靠自身压力向管网供水和当供水系统无变频调速控制,采用回流阀调节供水量时,在水泵基座、结构件及填料函等处不发生泄漏,填料采用的是普通的橡胶石棉盘根。

井口装置是地热开发利用中不可缺少的基础设备,选用材料应考虑抗地热水腐蚀的要求,结构设计应考虑井管的热胀冷缩和具有较好的密封性,适用于自流和泵抽两用。标准井口装置见图 6-44。

第六章 中深层地热能工程技术

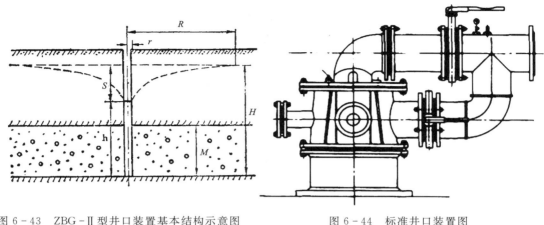

图 6-43 ZBG-Ⅱ型井口装置基本结构示意图
1—密封胶垫；2—定位密封法兰；
3—填料函及填料；4—基础；5—井管

图 6-44 标准井口装置图

(二)井口保护系统

ZBG-Ⅱ型地热井口装置，虽然可以阻止空气大量侵入井管，但是，地热水中的一些腐蚀因子仍然可以随着地热水的开发过程闪蒸出来。有研究表明，Cl^-离子能穿透破坏金属表面的钝化膜，在被破坏处形成活化区，造成孔隙腐蚀，通常腐蚀深度大于孔径，导致设备穿孔破坏，不能继续使用。

1. 标准氮气井口保护系统

地热水中溶解氧含量大小的不同所造成的腐蚀也会有很大差别，氧气与氯离子联合作用能强烈促进碳钢、高强度低合金钢、不锈钢及其他合金钢的缝隙腐蚀，孔蚀和应力腐蚀破裂。碳钢在含盐量中等的地热流体中，当含氧量降低或无氧时，腐蚀速度不高，如果系统能严格除氧，则普通碳钢管道在很多系统中也能很好地使用。为隔绝地热水在井口与空气接触，在地热井口装置中安装隔氧装置，其中较为常用的一种方法是氮气保护法。

标准氮气井口保护系统由井口装置、变压缓冲罐、氮气净化装置和高压氮气瓶组成。该设备因其投资较高，目前在我国还没有应用先例，其原理见图 6-45。

2. 浮桶式井口保护系统

该系统由井口密封装置、浮桶氮气回收和补充装置及高压氮气瓶组成。该装置工作原理是：当向装置内充入氮气到一定压强时，充入的气体在该压强下在内浮桶顶面积上产生浮力。当产生的浮力大于内浮桶自身重量时，内浮桶上浮。当桶内压强趋于减小到等于上浮桶全部重量时，内浮桶静止，保持向井口输入的氮气压力。当由浮桶向外补充氮气时，过程与上述过程相反。由高压氮气瓶通过定压氮气表向浮桶内补充氮气，使浮桶内部气压得以维持。

浮桶式井口氮气定压隔氧防腐装置的最大特点是，结构简单、投资少。在无任何泄露条件下，氮气消耗量大约每月不超过 1.5 个标准氮气瓶容量，有效地解决了水位波动井管中氮气恒

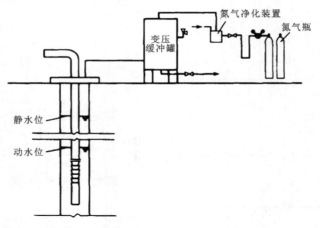

图 6-45　井口氮气保护系统示意图

压补充的问题。浮桶式井口氮气定压隔氧防腐装置原理示意图见图 6-46。

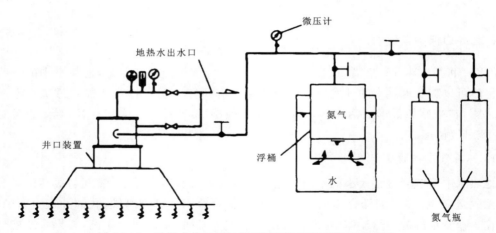

图 6-46　浮桶式井口氮气定压隔氧防腐装置原理示意图

3. 气水分离系统

某些地热井的地热水在井口减压后呈气、水两态,且含有大量的不凝气体,在地热发电系统中,为防止水气进入汽轮机而损坏机组,或防止过量的不凝气体在供热管道中形成气阻,造成管道冲击现象,影响正常供热,要采用使气水分离的井口装置。单级分离和多级分离型的井口装置的作用是将气水混合物在井口分离开来,分别送到用户。这种装置包括分离器、集水箱(或分水箱)以及配管系统。分离器如图 6-47 所示。

单级气水分离装置是一直立的沿切线方向的柱形容

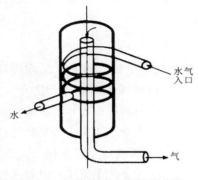

图 6-47　旋流式分离器示意图

器,在容器切线方向开螺旋状气水混合物入口,气水混合物通过该入口沿切线方向进入容器。由于离心力的作用,气水混合物绕着容器壁被强迫打旋,比重大的水甩向器壁并受重力作用而流到容器下部,并通过靠近容器底部的出水口将分离后的水送到集水箱。气体的比重小,位于容器中心并上升到容器的顶部,由中心的排气管排出。气水分离器的尺寸可按规范进行设计。

三、地热水除砂装置

在国内低温地热利用中,由于地质及施工方面的因素,许多井水中含砂量较大。有的井水含砂量竟达二十万分之一,最大粒径为1.5mm。含砂量大影响地热开采系统的使用寿命,对于含砂量超标的地热井水采取除砂措施方可保证正常供热。

使地热水中含砂量低于百万分之一,是地热水采取除砂措施的目的。为了达到这个目的,可以采取的除砂方式如下。

1. 沉砂池式除砂法

这种依靠地热水中砂粒自然沉降的除砂法,需要建造较大的沉砂池,一般要几十立方米。大面积的地热水与空气直接接触增加了水中溶氧量,使地热水进入管道后会加快设备的氧化等腐蚀现象。同时,利用沉砂池除砂相应地需要地热水在池中停留一定的时间,砂粒才会沉降下来,停留过程中大量的热量将会散失,地热利用率会大打折扣。因而此法不宜采用。

2. 扩大管式除砂器除砂法

该除砂器基本上仍然是依靠砂粒的自然沉降。当地热水从入口进入除砂器后,经渐扩管到达扩大管后,又经渐缩管输送给供热管网。扩大管式除砂器占地面积较大,一般长度在4m左右,还需要配备反冲系统,定时用清水反冲沉积在扩大管中的砂粒,若加上反冲系统后投资较大。

3. 旋流式除砂器除砂法

旋流式除砂器是一种较为理想的地热利用系统中的除砂设备,它具有占地面积小(仅占0.5m²)、除砂效率高(达到90%以上)、排砂简单方便、投资较少、设备完整性好等特点。

四、地热潜水电泵

(一)潜水电泵构造

潜水电泵是由动力驱动装置(潜水电机)和潜水泵(泵体)组成。图6-48是潜水电泵装置示意图。

深井潜水泵和普通的深井泵构造大致相同,由泵体、扬水管和泵座三部分组成。泵体是机组的核心,

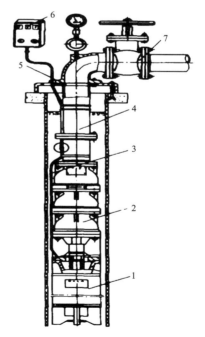

图6-48 潜水电泵装置示意图
1—潜水电机;2—潜水泵;3—潜水电缆;
4—扬水管;5—井口装置;6—起动柜;7—阀门

由逆止阀体、上壳、壳中叶轮、下壳、水泵轴等零件组成,其泵壳中的叶轮用锥形套固定泵轮上。普通的深井泵有一个长的传动轴,为了运转安全,转速设计一般都不能太高,多数在1440转/min左右。而深井潜水泵因与潜水电机直接连在一起工作,可设计成高转速(大型潜水电泵除外)。所以,提高了潜水电泵的转速就会大大增加水泵的扬程,故深井潜水泵的扬程要比普通深井泵的扬程高得多,而在同一扬程的情况下,深井潜水泵的体积自然要比普通的深井泵体积小得多。

地热潜水泵外形与深井潜水泵大致相同。但对其关键部件和泵体进行了耐热、防腐处理。地热潜水泵所有的滑动轴承均采用了耐热、耐磨、耐腐蚀、抗老化性能好的酚醛类水润滑轴承材料制造。

地热潜水泵叶轮后藏板上开有后平衡孔,以减小轴向力,适应地热系统较长距离输强地热水的要求。在某些地区要求更远地输送地热水或地热井动水位过低,则需要在地热潜水泵的底部增加轴向力缓冲器。所有转动部分,均按照地热工程的特点,合理地设计配合间隙,既能保证水泵运行中不抱轴,又不发生振动和噪声。

(二)基本参数

为了更好地选择和使用潜水电泵,需要了解有关潜水泵及深井的基本参数。

1. 潜水电泵的基本参数

(1)出水量又称流量,通常用 L/s、m^3/h 或 t/h 表示。

(2)扬程 水泵的扬程为水泵能够将水提升的高度。它是由水源水平面到供水点平面的垂直高度(称实际扬程)再加上水流经管路而引起的损失(称损失扬程)组成。即:总扬程=实际扬程+损失扬程

$$H = H_1 + H_2 + \frac{V^2}{2g} + h \tag{6-25}$$

式中: H——总扬程,m;

H_1——动水位到泵座出口与测压点之间的垂直距离,m;

H_2——泵座出口处压力表读数(压力表单位为 MPa)乘以 100,m;

$\frac{V^2}{2g}$——泵座出口与测压点处动能水头,m;

h——井内泵管的沿程损失,m,按每 100m 损失 1m 计算。

(3)功率。得到水泵的出水量和总扬程后,即可计算出水泵运行所需要的有功功率。

$$N_{有} = \frac{QH}{102 \times 0.78}(kW) \tag{6-26}$$

式中: Q——水泵额定流量,L/s;

H——水泵的总扬程,m。

$$N_{有} = \frac{0.278QH}{102 \times 0.78}(kW) \tag{6-27}$$

式中: Q——水泵额定流量,m^3/h;

H——水泵的总扬程,m。

(4)效率。水泵在工作时,由于轴承副和密封等机构都要消耗一部分功率。所以,动力机传给水泵的功率不可能全部转变为有效功率。故泵的有效功率加上损失功率后才是水泵的轴功率。潜水电泵的效率在70%~75%之间。

(5)流量-总扬程曲线。潜水泵的曲线变化比较平缓,轴流式潜水泵的曲线呈陡降形状,并有马鞍形的不稳定区。当流量变化范围较大时,潜水泵对扬程的影响很小,因此它适用于在水量经常变化而扬程基本不变的场合。

(6)流量-轴功率曲线。轴功率随着流量的增大而增大;当流量为零时轴功率不为零而为一定值,该功率主要消耗在机械损失上,此时水泵里是充满水的;长时间的运行会导致泵内温度不断升高,泵壳、轴承会发热,严重时可能使泵体热力变形,此时扬程为最大值;当出水阀逐渐打开时,流量就会逐渐增加,轴功率亦缓慢地增加。

(7)流量-效率曲线。潜水泵的流量效率曲线形状像山头,当流量为零时,效率也等于零,随着流量的增大,效率也逐渐增加,但增加到一定数值之后效率就下降了,效率有一个最高值,在最高效率点附近,效率都比较高,这个区域称为高效率区。高效率区范围宽,有利于流量的调节。

(8)水泵转速和流量、扬程、轴功率的关系。

①流量和转速成正比:

$$\frac{Q_1}{Q}=\frac{n_1}{n} \tag{6-28}$$

②扬程和转速的平方成正比:

$$\frac{H_1}{H}=\left(\frac{n_1}{n}\right)^2 \tag{6-29}$$

③轴功率和转速的立方成正比:

$$\frac{N_1}{N}=\left(\frac{n_1}{n}\right)^3 \tag{6-30}$$

2. 井的基本参数

(1)井径。是指成井的泵室内径。有些井成井后提供的是英制的井径尺寸,如13寸则是指泵室外径而言,然后再折合内径。

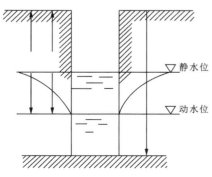

图6-49 静水位、动水位示意图

(2)静水位、动水位和水位降深。水泵在未抽水之前,井中液面的位置称静水位。泵在抽水过程中,井中液面是逐渐变化的,当变化的液面值的涌水量和泵的额定抽水量相等时,井中水面相对稳定,这一稳定水面的位置叫动水位。从静水位到动水位所降落的深度叫水位降深,一般用符号 s 来表示。静水位、动水位见图6-49。

(3)泵的下井深度。泵的下井深度也叫安装深度,是指从泵座底板到泵体与输水管连接处的垂直距离。通常泵的下井深度应大于动水位3~5m。

(4)井的涌水量。井的涌水量又叫出水量,用符号 Q 表示,它是指在抽水过程中,单位时间内由含水层流进井管中水的体积或重量,其单位多采用"m^3/h"或"t/h",即每小时流进井管中的水量。

(5)单位涌水量。单位涌水量,以符号 q 表示,它是指井中水位每降落 1m 的涌水量。其单位一般采用"$m^2/h\cdot$水位降",对深井单位涌水量基本不变,即 q 和 S 大致成直线关系。

(三)选型及配套

1. 潜水电泵的选型依据

在选择潜水电泵之前必须掌握下列资料:单井的 Q-s 曲线图;井水的动、静水位;井水的水温;井水中含砂量;地热水输送情况;外管网的压力损失。

2. 潜水电泵工作参数的确定

(1)流量的确定根据 Q-s 曲线图和用户的要求,在考虑发展余量的基础下决定,一般应掌握在最大出水量时,动水位与泵的吸入口间要有 8~10m 以上的差值。

(2)扬程的确定根据式(6-31)计算,其中 H_1 的值由设计单位根据系统设计确定。

(3)配套潜水电泵电动机的功率确定如下。

$$N_{配}=K\times\frac{\gamma QH}{102\eta\eta_{传}} \qquad (6-31)$$

式中:$N_{配}$——动力配套功率,kW;

K——备用系数(见表 6-22);

Q——水泵额定流量,L/s;

H——水泵额定扬程量,m;

η——水泵额定效率,一般取 0.76~0.78;

$\eta_{传}$——传动效率,直接传动取 1;

γ——水的容重。

按 1kg/L 计算,若流量采用 t/h,则式(6-31)改为

$$N_{配}=K\times\frac{0.278QH}{102\times(0.76\sim 0.78)}(kW) \qquad (6-32)$$

表 6-22 备用系数表

水泵轴功率(kW)	<5	5~10	10~50	50~100	>100
K	1.3~2	1.3~1.5	1.10~1.15	1.05~1.08	1.05

按上述方法计算后,还需要与目前国家规定的潜水电机功率系列比对后才能确定,一般计算出的功率要小于(至少等于)标准系列电机容量值。

3. 配套电缆

现在用于热水井泵电机的电缆线为 JHS 型电缆。可在 65℃热水中长期使用,要采用增大

电缆截面积、减小载流量、减轻电缆发热的方法,使其在水温低于电缆允许温升下运行。但一般情况下也要有 3~5℃ 的电缆温升余量。因此这种电缆线长期使用的适宜水温不得超过60℃。某些超过 60℃ 的地热井也使用同种型号的电缆,除了增加导线的截面积外,就要提高电缆本身允许升温余量了。这种使用方式的缺点是加速电缆绝缘层的老化,缩短电缆的使用寿命。

另一种电缆是乙丙橡胶线,它承受耐热温度为 90℃ 以上高温,价格比 JHS 型电缆高。适用于较高水温的地热井。

4. 供电电压的要求

潜水电机供电电压允许波动值为额定电压的 ±5%。若潜水电泵距供电电源较远,那么就要确定输电电压是否超过允许波动值。

$$\Delta U = \frac{\sqrt{3}\,I\cos\phi}{PS}L \tag{6-33}$$

式中:ΔU——供电电压降,V;
I——潜水电机额定电流,A;
L——变电站至井泵的距离,m;
S——供电导线截面积,mm^2;
P——电导系数,取 56。

根据式(6-33)计算的结果与额定供电电压比较,若比值超过 ±5%,那么就需要重新更换供电电源线的截面积。

5. 启动方式

(1)直接启动。一般电机功率在小于 10kW 时可以采用直接启动方式。

(2)减压启动。一种为星三角启动器,另一种为自耦减压启动,型号一般为 Q13 型。

(四)易出现的问题

地热潜水电泵在地热工程中容易出现的问题如下。

1. 接头渗水

地热潜水电动机引出线与电缆线的接头部位浸泡在地热水中,不仅要求绝缘,而且还要求能承受一定的压力。地热水如果从接头部位进入电缆,会降低电动机绝缘性能,甚至导致电动机烧毁。

2. 止推轴承损坏

止推轴承是影响潜水电泵使用寿命的关键部件。一般选用两种轴承材料:一种是碳石墨浸巴氏合金,它的承载力约为 2000kgf;另一种是菲罗贝斯特,它的承载力为 2500kgf。潜水电泵在额定工况区运行时不会出现止推轴承损坏的问题。但是,有些用户在选用潜水电泵时忽略了输水管道的沿程压力损失,造成潜水电泵轴向力增加、止推轴承损坏的故障。

3. 超温运行

目前,国内研制成功并批量投入生产的地热潜水电泵,按使用条件应用环境水温,分为

70℃、70～85℃、85～100℃三个温度段。用户在选用潜水电泵时,应严格按照水温选择相应温度段的潜水电泵,绝不能为节省开支而将低温段潜水电泵用在高温段工况下运行。否则,会造成超温运行,电动机烧毁。

4. 地热水流速过低

地热潜水电泵是通过其周围流动的地热水带走电动机运行中产生的热量的,因此要求通过潜水电动机周围的地热水流速度不小于 0.82m/s。如果选择的地热潜水电动机的外径较小,而泵室(或称井筒)直径较大时,其电动机周围的流速就会低于最小流速要求。一般情况下选用较大外径的潜水电泵,在井筒与潜水电泵之间留 25mm 的间隙即可。经过实验证明,当地热潜水电动机周围的地热水流速增加到 18～20m/s 时,可使同一温度段的潜水电泵再提高环境使用温度 20℃左右。

五、地热井泵房

地热井泵房一般分为两大类,一类是单独的地热井泵房,在这一类中又可以分为两种形式。一种为全地下,另一种为地上。图 6-50、图 6-51 分别是实际工程中的两种单独的地热井泵房土建条件图。这里应指出,自流井特别是地热水温超过 45℃时不能采用全地下地热井泵房,同时,井泵的控制一般也不能安排在全地下自流井泵房内。

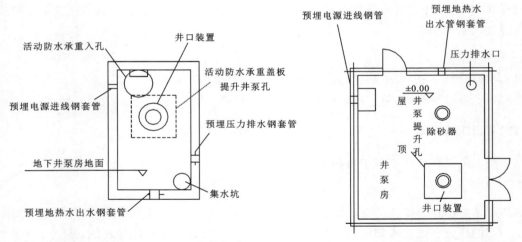

图 6-50 全地下地热井泵房土建条件图　　图 6-51 地上地热井泵房土建条件图

全地下地热井泵房的土建要求:井泵房屋顶正对井口的地方留井泵提升孔,孔盖板要求防水、防漏、承重。井泵房净空要求不小于 2.0m,井泵提升时打开提升孔盖板在室外进行。泵房地面设置集水坑和排污泵;泵房侧壁预埋相应管径的穿墙防水套管。

地表地热井泵房的土建要求:若井泵房采取电动葫芦提升井泵,要求井泵房高度不低于 7m;若采取在井泵房正对井口处设置提升孔的方式,要求井泵房净高不小于 3.0m,并要求孔盖板防水、防漏、承重。泵房内设置相应的照明以及采光通风窗,引入相应的动力电源。

另一类地热井泵房与工艺用房联合在一起,成为热力站一部分。同样在这一类中又可以分为两种形式。一种为全地下,另一种为地表。图 6-52、图 6-53 分别是实际工程中的两种热力站土建条件图。自流井特别是地热水温超过 45℃时和设有调峰系统的热力站不能采用全地下地热井泵房。

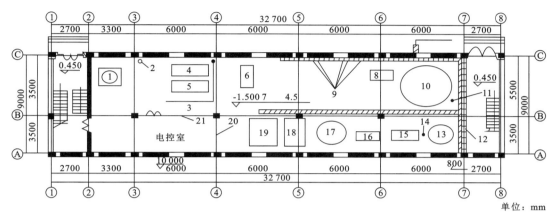

图 6-52　全地下地热利用系统热力站土建条件图

1—地热井;2、3、11、14—压力排水口;4、5—采暖换热器;6—采暖循环泵;7—梁下净空高度;
8—生活热水供水泵;9—预埋穿墙防水套管;10—玻璃钢储水罐;12—排水沟;13—除铁罐;
15—反冲泵;16—加压泵;17—曝气塔;18—软化水装置;19—定压补水装置;20、21—电控间隔断

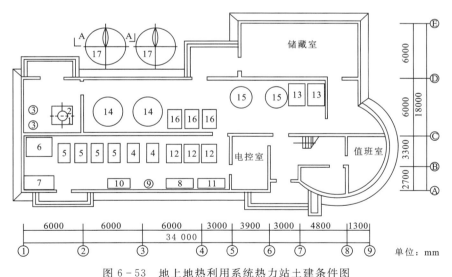

图 6-53　地上地热利用系统热力站土建条件图

1—耐热潜水电泵;2—井口装置;3—除砂器;4—换热器;5—采暖循环泵;6—定压补水装置;
7—软化水装置;8—采暖集水器;9—除污器;10—采暖分水器;11—生活热水分水器;12—生活热水给水泵;
13—反冲泵;14—强制热风曝气塔;15—除铁装置;16—加压泵;17—储水罐

全地下地热利用系统热力站土建要求:压力排水和重力排水口位置、排水压力、排水流量;设备基础尺寸、高度,设备运行重量;穿墙防水套管管径、标高、位置;采光、通风要求;压力排水直接引至室外;电控间要求;设备间照明、通风要求等。设备间设置集水坑并配备排水泵,以便收集排除设备间内积水。

地热井和热力站用房需要根据具体工程条件来确定,上述四种土建条件图仅供参考。

第七章 干热岩利用方法

干热岩(Hot Dry Rock, HDR)是指地下不含流体或者含少量流体的高温岩体,储存于干热岩中的热量需要通过人工压裂形成增强型地热系统(Enhanced Geothermal System)才能得以开采,赋存于干热岩中可以开采的地热能称之干热岩型地热资源。现阶段,干热岩地热资源是专指埋深较浅、温度较高、有开发经济价值的热岩体。

第一节 干热岩地热资源评价方法

干热岩所蕴含的地热资源量取决于干热岩的温度及热物性。干热岩地热资源总量或称资源基数 Q 就是低孔渗(忽略岩石中流体的储热量)岩石介质中所赋存的热量。

$$Q = \rho \cdot C_p \cdot V \cdot (T - T_c) \tag{7-1}$$

式中:ρ——岩石密度;

C_p——岩石比热容;

V——岩石体体积;

T——特定深度上的岩石温度;

T_c——地表平均温度或特定参考温度。

鉴于现阶段钻探技术水平和地热资源的经济开采深度,目前干热岩的评价深度限于地壳浅部 10km 以内。通常在一个独立的水文地质单元内,地形起伏的相对高差在 3km 左右,于是天然水热型地热系统中地下水的循环深度在 3km 左右,亦即地壳浅部水热型地热资源主要存在下 3km 以浅。此外,在以热传导为主的非火山活动区,3km 以浅的地壳表层不可能具有较高温的干热岩。因此,通常将干热岩评价的深度范围限定在 3~10km。

评价干热岩地热资源量的直接参数是深部温度,而决定不同深度 z 温度分布的参数包括:地表温度 T_0,地表热流 q_0,岩石导热率 K,岩石生热率 A,其中,地表温度可以由地表多年平均气温得到;地表热流则来自钻井温度和岩石热导率测量(岩石热导率和生热率来自中国科学院地质与地球物理研究所地热实验室自 20 世纪 70 年代以来长期积累的不同岩石类型测试数据)。在一维稳态热传导条件下,对于均匀层状的沉积岩分布区,其单层内热量率和生热率可以近似为常数,依不同岩性取实测平均值即可,相应的深部温度可由式(7-2)进行计算:

$$T(z) = T_0 + q_0 z / K - A z^2 / 2K \tag{7-2}$$

而对于深变质岩和火成岩分布区,热导率依然可以视岩性分别取值,但生热率则不然,由于高温条件下较强的地球化学分异,放射性生热元素(U、Th、K)会向浅部富集,从而随深度呈指数衰减。

$$A(z) = A_0 \exp(-z/D) \tag{7-3}$$

其中：D 为放射性生热元素富集层的厚度；A_0 为地表生热率。对应的深部温度为

$$T(z) = T_0 + [(q - AD)/z]/K + AD^2[1 - \exp(-zD)]/K \tag{7-4}$$

第二节 干热岩资源量及其分布

据初步估算，中国大陆 3～10km 深处干热岩资源总计为 2.5×10^{25} J（合 856 万亿吨标准煤），若按 2% 的可开采资源量计算，相当于中国大陆 2014 年能源消耗总量的 4040 倍（2014 年中国能源消费总量 42.6 亿 t 标准煤）。

这一资源量的计算是基于现有热流数据和相关的热物性参数得到的，其中参数的给定在研究程度较低的地区具有不确定性。作为一种检验，亦可以直接利用地温梯度值计算深部温度从而得到更粗略的干热岩地热资源量。其计算过程与热物性参数无关。由于放射性生热的影响，地壳浅部不同深度底部输入的热流是递减的，同时沉积岩岩石热导率因为随深度增加压实程度增高而增加，地温梯度随深度总体趋于降低。中国大陆地区现有地表实测地温梯度（18～45℃/km）的面积加权平均值为 26.5℃/km，可以作为中国大陆地区地温梯度的上限，取地表地温梯度的最低值（15℃/km）作为中国大陆地区地温梯度的下限，分别计算了不同深度的温度后得到的干热岩地热资源的上、下限为 $(16.6 \sim 29.4) \times 10^6$ EJ，中值为 22.9×10^6 EJ。

Sanyal 与 Butler 模拟了裂缝型储层的流体流动与热交换状况，分析了可采热储量对岩体温度、裂缝体积、裂缝间隔、流体循环量、地热井构造和激发压裂后孔隙率和渗透性的关系。在一种裂缝介质和经济性生产条件下，从压裂体积最小的 $0.1 km^3$ 的岩体中，可采热能的百分数几乎接近一常数 $(40 \pm 7)\%$，而且这个可采系数不受地热井布置、裂缝间隔和渗透性的影响，只需要使激发体积超过 $10^8 m^3$。这种预测已经在几个干热岩开发试验项目中得到证实。40% 可采储量因此可以作为干热岩地热资源开采率的上限。保守估计，可以将开采率的上、下限降低到 20% 和 2%。

从干热岩地热资源的温度上看，3～10km 深度内，<75℃ 的干热岩资源总量为 0.4×10^6 J，占总资源量的 2%；75～150℃ 资源总量为 8.9×10^6 EJ，占 43%；>150℃ 资源总量为 11.7×10^6 EJ，占 55%。由于深部温度随深度增加而增高，资源量也与深度呈正比。在中国大陆地区的热状态和干热岩开发的经济性以及以发电为目的的考量下，现阶段的开采深度在 4～7km 比较适宜，这一深度段可开采（2%）资源量为 7.9×10^6 EJ，热储温度目标是 150～250℃。

从干热岩地热资源区域分布上看，青藏高原南部占中国大陆地区干热岩总资源量的 20.5%（表 7-1），温度亦最高；其次是华北（含鄂尔多斯盆地东南缘的汾渭地堑）和东南沿海中生代岩浆活动区（浙江—福建—广东），分别占总资源量的 8.6% 和 8.2%；东北（松辽盆地）占 5.2%；云南西部干热岩温度较高，但面积有限，占总资源量的 3.8%。

表 7-1　中国大陆主要干热岩分布区干热岩资源量

地热区	资源基数总量 (100%)		可采资源量上限 (40%)		可采资源量中值 (20%)		可采资源量下限 (2%)		占资源总量百分比(%)
	地热能 ($\times 10^6$ EJ)	折合标准煤 ($\times 10^{12}$ t)	地热能 ($\times 10^6$ EJ)	折合标准煤 ($\times 10^{12}$ t)	地热能 ($\times 10^6$ EJ)	折合标准煤 ($\times 10^{12}$ t)	地热能 ($\times 10^6$ EJ)	折合标准煤 ($\times 10^{12}$ t)	
青藏	4.30	146.8	1.72	58.7	0.86	29.4	0.09	2.94	20.5
华北	1.81	61.7	0.72	24.7	0.36	12.3	0.04	1.23	8.6
东南	1.73	58.9	0.69	23.6	0.35	11.8	0.03	1.18	8.2
东北	1.08	37.0	0.43	14.8	0.22	7.4	0.02	0.74	5.2
云南	0.82	28.1	0.33	11.2	0.16	5.6	0.02	0.56	3.9

第三节　干热岩井建造技术

干热岩地热开发中首先需要解决的问题是高温高压条件下钻井施工技术，即深钻施工。目前，钻井仍是勘探与开发地热资源的唯一手段。因此，深入细致地研究高温高应力下的钻井施工技术，对于人类探索地球，开发地球深部的能源与资源具有重要的科学与工程意义。

一、干热岩发电钻井技术难点

干热岩地热发电需要解决钻井超高温的钻井技术问题，世界钻井承包商协会（IADC）将150℃以上地层温度钻井称为高温钻井，将175℃以上地层温度钻井称为超高温钻井，将220℃以上地层温度钻井称为极高温钻井，深层高温地热钻井的地层温度显然远高于极高温钻井。

干热岩地热钻井施工与其他油气钻井施工有着本质的区别，其具有以下特点：

(1)高温岩体地热井的施工对象是火成岩或变质岩，如花岗岩、片麻岩等，硬度较大，可钻性极差，单轴抗压强度一般在200MPa以上。高温高压下破岩技术有待提高。

(2)施工岩层的环境温度较高，一般在250℃以上。国外普遍认为，温度在350℃以上的地热储层，开发的经济性才较为明显，日本曾钻至500℃的高温岩体地层。

(3)钻井深度较大，一般为3000~6000m，有时达10 000m。钻井深度的增加，对钻井工艺和设备提出了新的要求。

(4)井壁围岩稳定性较差。由于在高温高压且深度较大的岩体中施工，钻进过程中高温状态井壁围岩遇水极易产生热破裂及井眼扩大，脱落下来的岩石极易造成卡钻现象。投入运行后，钻井围岩发生流变变形，易造成"缩颈"，出现挤碎套管等现象。

(5)井漏现象比较严重，如西藏羊八井ZK201井孔在钻进施工中，由于钻经的地层复杂，岩石坚硬，但裂缝、裂隙相当发育，断层也比较多，钻进时，从井深十几米几乎一直漏到井底。同时，需要对高温高压下高强度岩体破碎理论与钻井液技术开展基础研究。

可见，保证干热岩地热开发深钻施工顺利进行的关键技术为：①干热岩地热开采中钻井围岩的稳定性控制技术；②高温高压下破岩技术；③高温高压钻井液技术。

1. 高温井控问题

地热开发必须在能产出大量超高温度热水的地区钻井，才能获得高的发电能力。地层裂缝发育是这类地区的典型特点，钻井时往往要钻遇裂缝发育带，这种情况下高温热蒸汽会喷出。当发生井漏时，上部钻井液返出速度变慢，地层对循环流体加热作用增强，可能导致上部循环流体汽化喷出。而当发生地下热水涌向井筒的情况时，如果循环冷却液体量没有足够大，会导致循环流体汽化喷出。地下热蒸汽一旦喷出，不仅生产难以进行，还可能危及井队员工安全。

2. 高温钻井液问题

常规钻井液中蒙脱石在150℃以上温度范围内，进入地层后会形成一种低标号的水泥，蒙脱石颗粒随时间增长继续固化，造成地层裂缝堵塞，完井后没有产水能力。因此常规钻井液体系不适合于高温地热钻井。高温地热钻井时，由于不能使用蒙脱土，使携带岩屑、井筒降温等难度增大。

3. 高温固井与成井问题

高温将导致埋入井内套管产生较大的热应力，同时管材强度下降。对于固井施工来说，高温导致固井水泥的浆凝固时间难以控制，并可能导致固井失败。固井后，水泥石在高温的情况下强度持续衰退，随着生产的进行，套管不断产生热胀冷缩，伴随着管柱的震动，水泥会逐渐粉化。而套管也会在高温情况下产生强度衰退，使得套管难以达到设计的性能，产生大量的套管损坏问题。

4. 高温钻井工具、仪器问题

由于聚晶金刚石（PDC）钻头切削齿还不能适应坚硬的火成岩地层，因此高温地热井钻井深部只能使用牙轮钻头。而牙轮钻头受密封件耐高温性能的影响，在超高温条件下寿命极低。钻井常用的工具仪器耐温也有限，常规螺杆等井下工具中橡胶件耐高温通常仅120℃，不适合使用于高温地热钻井的环境。

5. 高温井眼轨道测量与控制问题

高效开发地热资源需要采用定向井技术，井眼轨道测量非常关键。轨道测量需要用到的随钻测量（MWD）等仪器的电子元件耐高温极限为175℃，这显然不适应干热岩钻井的需要。在泡沫钻井条件下，由于泡沫的隔热能力，采用单点测斜方式，可以满足测斜仪器下入与工作要求，但对于钻井液钻井可能就难以满足要求。

6. 高温条件下破岩效率问题

由于高温地热钻井一般钻遇的都是极硬的火成岩，地层硬度级别高，面临可钻性差、对钻压敏感、没有足够钻压时钻速极慢的问题。目前，PDC钻头以及涡轮钻具配金刚石钻头在该类地层提速并没有取得突破，提高速度难度大。另外高温地层钻进时跳钻严重，对钻具损害大。

二、高温岩体地热开采中钻井围岩的稳定性控制技术

(一)高温岩体地热开采中钻井围岩失稳的主要因素

高温岩体地热深钻施工过程中或钻井投入使用后,其井壁围岩的稳定性受到多种因素的影响,即温度场-渗流场-应力场耦合作用下,钻井围岩的稳定性受到温度、渗透压力及原岩应力等多种因素的影响。因此,需要从传热学、渗流力学、热弹性力学、流变力学以及高温高压岩体力学出发,考虑温度和水的渗透作用下岩体力学特性,以认识井壁围岩失稳的主要因素,进而研究注水井、生产井及其两者之间岩体,即钻井所在区域围岩系统的温度场、渗流场、应力场、位移场的变化规律,为高温岩体钻井围岩在施工过程中及钻井建成投入使用后井壁围岩的稳定性提供理论支持,找到合适的围岩加固技术,提高钻井围岩的稳定性。

1. 钻井施工过程中钻进阶段及裸井阶段

Haimson(2007)的研究结果显示,井壁围岩失稳现象大部分发生在钻井施工钻进过程及裸井阶段。井孔的失稳造成的损失最为严重,主要有两个方面的原因。

(1)高温遇钻井液后井壁围岩力学特性的变化。

由图7-1可知,花岗岩在遇到钻井液或泥浆后,由于温度迅速降低,井壁围岩发生物理化学变化,力学特性发生变化。对比图中各应力-应变曲线表明,600℃高温状态花岗岩遇水冷却处理对其峰值应力、峰值应变、单轴抗压强度及其抗拉强度有很大影响。单轴抗压强度 σ_c 随温度 T 的变化规律为 $\sigma_c = -149.31\exp(0.0021)T$;弹性模量 E 随温度的升高呈负对数规律减小,其变化关系为 $E = -3.228\ln T + 24.09$;抗拉强度 σ_t 随温度的变化规律为 $\sigma_t = 18.123\exp(0.0025T)$。由于高温状态下花岗岩遇水产生热冲击作用,岩体内产生热破裂现象,力学性能劣化,弹性模量、抗压强度、抗拉强度随温度的升高而成减小的趋势。

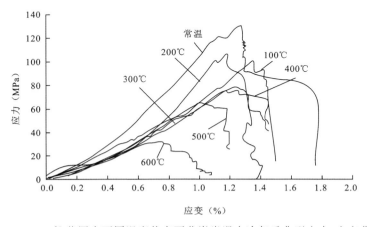

图7-1 600℃范围内不同温度状态下花岗岩遇水冷却后典型应力-应变曲线

(2)钻进过程中井壁围岩的热破裂现象。

根据我国高温岩体地热开发钻井施工实际情况,利用水来进行排渣,将岩体加载到

4000m 埋深应力状态(即 100MPa),然后以 3~5℃/h 的升温速度使岩体温度逐渐升到 500℃,保温 4h 以上,进行打钻试验。花岗岩中钻井围岩破裂现象明显,形成很多裂缝,孔周围岩石强度降低,形成塌孔现象。在钻进过程中,由于水、温度及应力的共同作用,尤其是水的作用,钻井围岩产生热破裂现象,使钻井围岩发生失稳。

因此,高温岩体地热开发深钻施工中,由于钻井液及钻井泥浆的使用,在钻进过程中井壁围岩极易产生热破裂,从孔壁掉落下来,造成卡钻,甚至造成钻井围岩失稳。

2. 钻井建成投入使用阶段

高温岩体裸眼井建成后,立即下套管防止井壁坍塌,然后在钻井围岩与套管之间注入耐高温水泥浆进行固井,并运用巨型水力压裂法建造人工储留层,随后高温岩体地热井便投入使用,井孔结构受力示意图如图 7-2 所示。

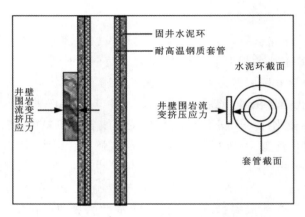

图 7-2 井孔结构受力示意图

高温岩体地热井建成投入使用后,在温度场-渗流场-应力场耦合作用下,井壁围岩系统随时间发生流变变形,井孔直径逐渐缩小,挤压套管,很容易将套管挤毁或形成"缩颈"现象,这是钻井建成投入使用后井壁围岩失稳的主要因素。

(二)高温高压下钻井围岩流变特性

为深入研究高温高压下钻井围岩的流变特性及流变机制,以指导高温岩体地热开采中钻井围岩的稳定性维护及钻井过程中卡钻、挤毁套管等问题,确定钻井围岩的变形破坏规律和稳定性准则,邵保平等(2008)进行了高温高压下花岗岩中钻井稳定性试验研究。

1. 不同埋深压力下钻井围岩蠕变率与温度关系

由图 7-3 可知:同一埋深压力下,随着温度的升高,花岗岩中钻井围岩的蠕变率逐渐增大,温度在 400℃ 以下时,钻井围岩的蠕变率变化不大,维持在 10^{-6}/h 数量级;当温度达到 500℃ 以上时,钻井围岩的蠕变率增大,数量级变为 10^{-5}/h;温度在 400~500℃ 时,钻井围岩的蠕变率在数量级上发生明显的变化。随着埋深的增大,钻井围岩的蠕变率逐渐增大,埋深为 2000m、3000m、4000m 时,蠕变率虽有增大但并不明显,当埋深达到 5000m 时,钻井围岩的蠕变率明显增大,在600℃时,5000m埋深钻井围岩的蠕变率是4000m埋深的1.88倍,6000m埋深是4000m埋深的2.84倍,且数量级为10^{-5}/h,5000m埋深以上时钻井围岩的蠕变率明显增大。

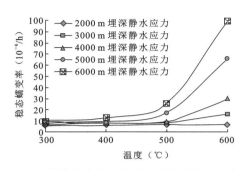

图7-3 不同埋深静水应力下钻井围岩蠕变率与温度关系曲线

因此,高温静水应力下,花岗岩中钻井围岩的蠕变特性存在温度阈值。由上述分析可知,相同埋深静水应力下,钻井围岩蠕变的温度阈值为400~500℃。

2. 不同温度下钻井围岩蠕变率与埋深关系

由图7-4可知,同一温度下,随埋深的增加,即加载应力增大,花岗岩中钻井围岩的蠕变率逐渐增大,埋深小于4000m时,其蠕变率变化不明显,数量级保持在10^{-6}/h;埋深大于5000m时,钻井围岩的蠕变率迅速增大,数量级变为10^{-5}/h;当埋深达到4000~5000m时,花岗岩中钻井围岩的蠕变率在数量级上发生明显的变化。比较埋深5000m时钻井围岩的蠕变率大小,500℃时,蠕变率由400℃时的9.0362×10^{-6}/h变为1.6860×10^{-5}/h,后者是前者的1.87倍。

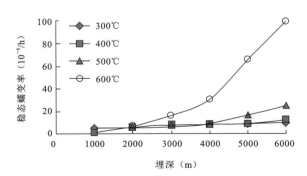

图7-4 不同温度下钻井围岩蠕变率与埋深关系曲线

因此,高温静水应力下,钻井围岩蠕变存在应力阈值。相同温度下,钻井围岩的蠕变应力阈值为4000~5000m埋深,即加载应力100~125MPa。

3. 高温高压下钻井围岩的流变破坏

钻井围岩在高温静水应力下，花岗岩体最终发生破坏的应力条件为 5000～6000m 埋深静水应力(125～150MPa)，温度条件为 500℃～600℃，其破坏形式为压裂破坏、压剪破坏或两者相结合。

(三) 高温高压下钻井围岩变形破坏规律与失稳临界条件

1. 4000m 埋深及 400℃温度范围内钻井围岩的变形规律

由图 7-5 可知，钻井围岩在未达到流变应力阈值和温度阈值时，钻井围岩蠕变变形量达到某一值后趋于稳定状态，钻井变形较小。相同埋深静水应力和温度下，随着时间的延长，孔壁位移量逐渐增大，钻井直径逐渐缩小，即 4000m 埋深静水应力及 400℃温度范围内，随着时间的延长，花岗岩中钻井孔径逐渐缩小，钻井处于收缩状态。4000m 埋深静水应力及 400℃温度范围内，对于直径为 40mm 的钻井，孔壁最大位移量为 1.88mm，即最大蠕变应变为 1.88%。

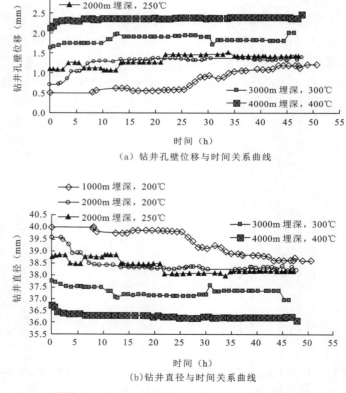

(a) 钻井孔壁位移与时间关系曲线

(b) 钻井直径与时间关系曲线

图 7-5　4000m 埋深静水应力及 400℃温度范围内钻井围岩蠕变变形与时间关系曲线

2. 4000～5000m 埋深及 400～500℃时钻井围岩的变形规律

由图 7-6 可知，钻井围岩在达到流变应力阈值和温度阈值时，钻井围岩表现为强流变性，孔壁位移具有逐渐增大的趋势，钻井蠕变变形趋于非稳定状态。4000～5000m 埋深静水应力，400～500℃时，随着时间的推移，钻井围岩在距孔壁较远的部位表现为黏弹性变形，距孔壁较近的部位发生塑性变形，同时在蠕变压力的影响下，早已热破裂形成小块状的岩石颗粒从孔壁脱落下来，孔径有扩大的趋势。这些脱落下来的颗粒对观测有影响，所以这一阶段钻井变形曲线呈波浪形。当达到 5000m 埋深静水应力、500℃时，钻井直径由 40mm 缩减为 30mm，钻井孔壁最大蠕变变形量达到 5mm，即最大蠕变应变为 5%。

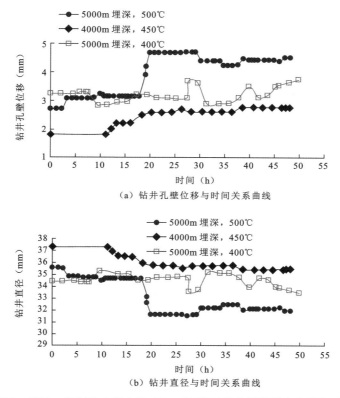

图 7-6　4000～5000m 埋深静水应力及 400～500℃时钻井围岩蠕变变形与时间关系曲线

3. 高温高压下钻井围岩变形破坏失稳临界条件

通过对 6000m 埋深静水应力以内、600℃以内花岗岩中钻井变形规律及钻井破坏的试验研究与理论分析可知，随着温度的升高和埋深的增大，高温高压下钻井围岩的变形表现为明显的不同阶段：4000m 埋深及 400℃以内的恒温恒压下，钻井围岩变形表现为明显的黏弹性变形阶段，钻井围岩处于稳定状态，不发生破坏；4000～5000m 埋深时、温度为 400～500℃时的恒温恒压下，钻井围岩变形表现为黏弹-塑性变形阶段，围岩有破坏的趋势，孔径开始增大；5000m 埋深及 500℃以上时，钻井围岩在热力耦合作用下产生破裂，在蠕变压力的作用下，钻井围岩塑性区的块裂状围岩颗粒逐渐从井壁脱落下来,孔径增大,钻井围岩开始发生破坏,逐渐失稳。因此,高温高压下花岗岩中钻井围岩变形破坏失稳临界条件为 4000~5000m 埋深静水应力,温度为 400~500℃。

三、高温高压下破岩技术

高温岩体地热钻井施工的机械破岩方式主要有 3 种:冲击破岩、切削破岩、冲击-切削复合破岩。地热钻井中随着钻井深度的增加,岩石温度逐渐升高,导致岩石的性质发生变化。

(一)高温高压下冲击破岩

冲击破岩技术一般用于脆性坚硬岩石,被广泛应用于矿山开采、隧道掘进和国防建设等工程领域。地热钻井施工中,随着被钻岩石温度的升高,岩石的物理力学性质发生变化。

1. 凿岩速度随温度及凿岩参数的变化规律

由图 7-7 可知,凿岩参数一定时,凿岩速度随着岩体温度的升高逐渐增大;温度相同时,增大钻压,冲击凿岩速度随着冲击功率的增加而增大;温度相同时,增大冲击功率,凿岩速度随着钻压的加大而增大。

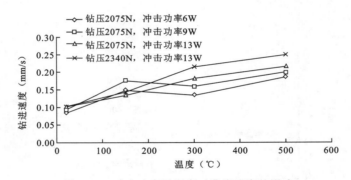

图 7-7 冲击功率及温度对凿岩速度的影响

2. 单位破岩能耗随温度及凿岩参数的变化规律

由图 7-8 可见,单位破岩能耗随着温度的升高而减小:温度从室温升到 150℃时,破岩能耗降幅约为 30.0%;从室温升到 300℃时,降幅约为 42.7%;从室温升到 500℃时,降幅约为 53.2%。相同冲击功率下,破岩能耗随着钻压的增大而减小,与室温下的规律一致;相同钻压和温度下,破岩能耗随着冲击功率的增加而增大。分析其原因为:随着温度的升高,热破裂加剧,岩石强度不断下降,压头每次冲击岩石的破碎坑体积逐渐增大,单位破岩能耗逐渐降低。

3. 不同温度下凿岩效率比较

通过计算不同温度下 7 种凿岩参数组合下的平均凿岩速度,可比较相同温度下的平均冲击凿岩速度。由图 7-9 可知,温度从室温升到 150℃时,凿岩速度增长率最大(约 51.0%),破岩能耗降幅最大(约 22.0%);从 150℃升到 300℃时,凿岩速度增幅极小。因此,对于花岗岩

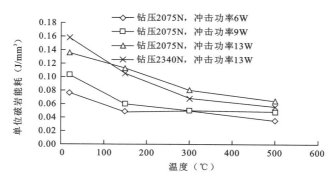

图 7-8　冲击功率及温度对单位破岩能耗的影响

等坚硬岩石,在温度不超过 150℃ 的低温范围内,随岩石温度升高冲击凿岩方式能有效地提高凿岩速度、降低破岩能耗。

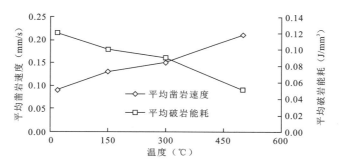

图 7-9　平均凿岩速度、平均破岩能耗与温度关系

综上所述,在较高温度下,由于岩石呈现出一定的塑性特征,热破裂裂隙不利于冲击波能量的传递,尽管破岩能耗有所降低,冲击破岩方式在提高钻井速度上没有任何优势,高温下采用冲击破岩方式不能提高凿岩速度,影响施工进度。

(二)高温高压下切削破岩

1. 切削速度随温度、钻压、转速的变化规律

由图 7-10 可知,相同钻压下,切削速度随着被钻岩石温度的升高而逐渐增大;在相同温度与转速下,切削速度随着钻压的增加而明显增大。

2. 单位破岩能耗与温度、钻压、转速的关系

由图 7-11 可见,钻压相同时,切削速度随着转速的升高而增大;转速相同时,切削速度随着钻压的增大而增大。在转速从 15rpm 增加到 30rpm 时,3 种钻压的切削速度平均增幅约为 60%;从 30rpm 增加到 50rpm 时,切削速度平均增幅约为 20%。

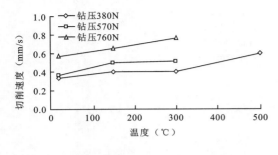

图7-10 转速15rpm下钻压和温度对切削速度的影响

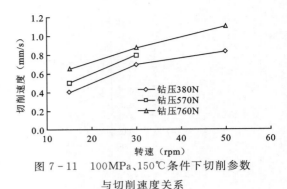

图7-11 100MPa、150℃条件下切削参数与切削速度关系

3. 不同温度下切削效率比较

由图7-12可知,由于高温下岩石内部发生热破裂,随着裂隙的发展,岩石抗压和抗剪切强度急剧降低,切削速度随着花岗岩温度升高大致呈线性增长趋势,破岩能耗随着温度升高逐渐降低。综上所述,随着温度的升高,坚硬岩石的热破裂现象加剧,强度降低,切削破岩方式可取得较好的破岩效果。

(三)高温高压下冲击-切削复合破岩

冲击-切削复合破岩是同时利用切削破岩和冲击凿岩两种方式达到破碎岩石的目的。冲击-切削钻井技术能够有效提高钻进速度,降低钻井成本,提高井身质量,减少钻具损坏,消除岩屑压持效应。

1. 温度、冲击-切削参数对钻进速度的影响

由图7-13可知,3种不同冲击功率下,钻进速度随着温度的升高而增大:温度从20℃升到150℃时,钻进速度平均增幅约为35%;温度从20℃升到300℃时,钻进速度平均增幅约为48%。在相同温度下,钻进速度随着冲击功率的增大而增大:室温时,13W的钻进速度比6W

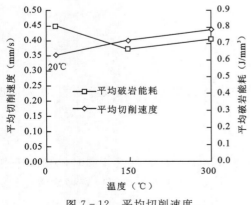

图7-12 平均切削速度、平均破岩能耗与温度关系

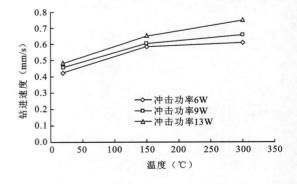

图7-13 钻压1900N、转速21rpm条件下冲击功率与温度对钻进速度的影响

的大约 14.5%;150℃时,13W 的钻进速度比 6W 的大约 10.7%;300℃时,13W 的钻进速度比 6W 的大约 20%,与室温时的变化规律一致。在高温条件下,钻进速度随着冲击功率的增大而增大。在 150℃和 300℃时,冲击功率从 9W 变化为 13W 时,钻进速度的增长率变大,分析原因为:较大的冲击功率对应着较大的冲击频率,在冲击频率增大后,冲击回转角度变小,冲切破碎深度随着冲切间距的减小而增大,岩石能充分破碎甚至重复破碎,所以钻速增长率变大。

2. 高温下钻进速度与钻进参数的关系

由 300℃高温下钻进参数(钻压、冲击功率、转速)对钻进速度的影响规律可知:300℃高温下,钻进速度随着转速、冲击功率、钻压的增大而增大,与常温下的变化规律一致。

3. 单位破岩能耗与温度及钻进参数的关系

由图 7-14 可知,单位破岩能耗随着温度升高而减小。同一温度下,单位破岩能耗随着冲击功率的增大而减小,这是因为冲击功率与冲击频率成正比,与冲击回转角度成反比,冲击功率较大时,回转角度较小,岩石破碎充分,扭矩做功小。300℃时,冲击功率 9W 的破岩能耗比 6W 的小约 7.8%,13W 的破岩能耗比 6W 的小约 19.3%。可以看出,随着冲击功率增大,破岩能耗减小的逐渐增大,说明在 13W 冲击功率下没有发生明显的重复破碎情况。

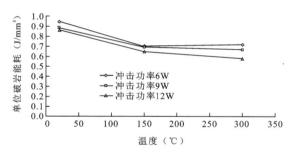

图 7-14 钻压 1900N、转速 21rpm 条件下冲击功率和温度对单位破岩能耗的影响

(四)高温高压下 3 种破岩方式的比较

花岗岩属于脆性坚硬岩石,质地坚硬密实,在常温下抗压强度大,可钻性级别高,用冲击凿岩方式破岩能取得较好的效果。随着温度升高到 150℃,由于岩石强度随温度升高而有所下降,每次冲击的破碎坑增大,冲击凿岩速度大幅提高(约 50%),单位破岩能耗随温度升高而减小。随着岩石温度继续升高,岩石在热应力作用下发生较强的热破裂,随着裂纹的增多,岩石强度急剧下降。这时却因为过多的裂隙减缓了冲击能量的传播,并且花岗岩在高温高压下表现为延性和塑性材料特征,冲击破碎块体积随着岩石塑性增大而减小,这两个因素导致在高温下冲击凿岩速度不再增大。由上述分析可知:冲击凿岩方式适用于温度不超过 150℃的硬脆性岩石中。

切削破岩方式适用于高温岩体(300℃以上)钻井中,需要使用耐高温钻头,保证良好的排渣冷却效果。由图 7-15 可知,切削破岩速度随着温度的升高线性增大,破岩能耗随着温度升高而降低。在高温下,切削岩石能取得良好的效果。切削破岩的参数组合模式除了高转速-低钻压外,还有低转速-高钻压,甚至中转速-中钻压。在地热井钻井中钻井参数的选择主要根据地层温度、施工要求和设备情况来确定:温度在 300℃ 左右的岩层可以先选择低转速-高钻压钻井参数模式;随着钻井深度的增加,温度不断升高,可以逐渐过渡到中转速-中钻压和高转速-低钻压钻井参数模式。

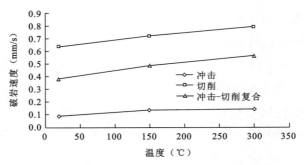

图 7-15 不同破岩方式下破岩速度与温度关系

冲击-切削复合破岩方式兼有冲击凿岩、切削破岩的长处,适合于硬质岩层与破碎岩层。岩石硬度太大,牙轮齿不能有效吃入岩石,其剪切破岩的效果受到限制;如果岩石在高温下表现出塑性特征,则冲击效果会大打折扣。所以坚硬岩石温度在 150～300℃ 范围时,采用冲击-切削复合破岩方式能取得较好的效果。冲击-切削复合破岩速度随着温度的升高线性增大,单位破能耗随着温度升高而减小。

四、高温高压钻井液技术

钻井液是深井钻井成败的关键因素之一,钻井过程中,钻井液的作用主要是携带和悬浮岩屑、稳定井壁和平衡地层压力、冷却和润滑钻头及传递水动力。高温岩体地热井对所用的钻井液要求更高,高温钻井液除要能保持井眼的稳定性和有效携带岩屑外,还必须具有良好的抗高温性能。

(一)高温岩体地热钻井高温处理剂

1. 抗高温降黏剂

磺甲基单宁(SMT),简称磺化单宁,适于在各种水基钻井液中作降黏剂,在盐水和饱和盐水钻井液中仍能保持一定的降黏能力,抗钙可达 1000mg/L,抗温可达 180～200℃。其添加量一般在 1% 以下,使用的 pH 值范围为 9～11。磺甲基栲胶(SMK),简称磺化栲胶,抗温可达 180℃。其降黏性能与 SMT 相似,可任选一种使用。磺化苯乙烯马来酸酐共聚物(SSMA)是一种抗温可达 230℃ 的稀释剂。该产品在美国某些行业领域应用比较广泛,国内也有应用,但成本较高。

2. 抗高温降滤失剂

磺甲基褐煤(SMC),简称磺化褐煤,既是抗高温降黏剂,同时又是抗高温降滤失剂,具有一定的抗盐、抗钙能力,抗温可达 200~220℃,一般用量为 3%~5%。磺甲苯酚醛树脂,简称磺化酚醛树脂,分 1 型(SMP-1)和 2 型(SMP-2)产品。在 200~220℃,甚至更高温度下,不会发生明显降解,并且抗盐析能力强。国内常用的抗高温降滤失剂还有磺化木质素磺甲基酚醛树脂(SLSP)、水解聚丙烯腈(HPAN)、酚醛树脂与腐殖酸的缩合物(SPNH)以及丙烯酸与丙烯酰胺共聚物(PAC 系列)等。

3. 常用抗高温钻井液体系

磺化钻井液和聚磺钻井液是最典型的高温钻井液体系,磺化钻井液是以 SMC、SMP-1、SMT 和 SMK 等处理剂中的一种或多种为基础配制而成钻井液,其主要特点是热稳定性好,在高温高压下可保持良好的流变性和较低的滤失量,抗盐能力较强,泥饼致密且可压缩性好,并具有良好的防塌、防卡性能。聚磺钻井液是将聚合物钻井液和磺化钻井液结合在一起而形成的一类抗高温钻井液体系。聚合物钻井液在提高钻速、抑制地层造浆和提高井壁稳定性等方面有十分突出的优点,聚磺钻井液既保留了聚合物钻井液的优点,又对其在高温高压下的泥饼质量和流变性进行了改进,从而有利于深井钻速的提高和井壁的稳定。该类钻井液的抗温能力可达 200~250℃,抗盐可至饱和。

(二)高温钻井液配方的试验研究

通过赵金昌(2010)的试验研究表明:磺化酚醛树脂 SMP-2 和高温抗盐降失水剂 SPC 的配合使用下,添加 3%~5%的黏土稳定剂 YL 和 2%~4%的磺化沥青 FT-1,盐水钻井液具有较好的高温稳定性,滤失量控制在 18mL 以内,达到了高温地热钻井的要求。

(三)钻井液的性能对井壁围岩稳定性的影响

1. 钻井液引起的温度扰动对井壁围岩稳定的影响

钻井液从井口到井底的过程中,虽然被逐渐加热,但其温度始终低于目的层的温度。在实际地层条件下,钻井过程中井壁地层受到钻井液的冷却作用,由于井壁岩石各种矿物热胀冷缩性质不一致,拉伸热应力还会导致井壁产生微裂纹。所以,冷却产生的拉伸热应力一方面使井壁周向应力和轴向应力降低,同时产生微裂纹,从而导致破裂压力降低。

2. 钻井液对井壁围岩稳定性影响的应对措施

在配置钻井液的同时要精确计算钻井液的密度,有效平衡地应力与热应力。高温滤失量必须控制在一定范围内,减小液体向井壁岩石的渗透,保证井壁的稳定性。

五、干热岩钻井技术

(一)干热岩井钻井安全控制技术

对于 300℃以上温度,国内外应用较成功的是采用泡沫钻井液体系,中国石油钻井工程技术研究院与长城钻探工程公司合作,曾在肯尼亚成功钻出一口地热井,地层温度达 350℃,证明在地层温度达 350℃情况下泡沫钻井流体可适应高温要求。该井钻井过程中交替采用了泡沫循环与注水冷却措施,防止循环流体过热导致液体汽化。该技术每采用清水钻进一段时间后,就打入一段泡沫,以解决岩屑携带问题。安排专人监测返出钻井液的流量与温度,如果温度超过设定的警戒值,则立即关井,从环空与钻具内同时入清水冷却。安装完善的井口压力控制装置,一旦发现有蒸汽喷出,能立即关井。安装完备的节流与压管汇系统,能实施节流排出蒸汽与返向灌入清水。

此技术要求泡沫可以回收利用,需准备一个较大的水池,将返出泡沫灌入池中,待泡沫自行消泡后可以重复使用。泡沫必须能抗高温,必须有适中的自行消泡时间井场,必须准备空气压缩机、增压机等设备。

(二)抗高温固井水泥浆技术

固井水泥石的抗温能力是保证水泥环长期有效封隔的关键。目前在稠油开发中已应用成功的加砂水泥可以大幅度提高水泥石的抗温能力。一般水泥中加砂量在30%~40%,可以适应稠油热采井采用300℃过热蒸汽进行吞吐开采的要求,但仍不能满足高温地热水(汽)开采要求,需进一步采用以下技术:①采用加砂(硅粉)水泥、紧密堆集水泥浆技术可以提高水泥石抗温能力;②加入空心玻璃微珠不仅可以降低水泥浆密度,减少固井时漏失,还可以大幅度提高水泥环的保温能力,有利于提高采出水温度;③采用抗高温缓凝剂控制高温情况下水泥浆凝固时间;④采用正注、间歇反挤法保证在固井漏失情况下套管外完整充填,即使水泥已粉化,仍能实现套管外的可靠封隔。

(三)抗高温井下工具

中国石油钻井工程技术研究院研制出抗高温橡胶,制成C5LZ172X7.0－G耐高温螺杆钻具系列,是应深井、高温井提高机械钻速的需要而开发的一类特殊的螺杆钻具产品。在高温井眼中能够实现较高的机械效率与机械钻速,在深井、超深井等井底温度高的井况中较好地满足了提升机械钻速、提高钻井效率的需要。该型耐高温螺杆钻具适用的井温范围为120~150℃,适用井深可达6000m以上。涡轮钻具可以耐更高温度。

(四)井眼轨道监测与控制技术

对于钻定向井与水平井来说,由于地层温度太高,仪器的抗高温性能实现难度很大,即使在技术上可行,其成本也太高。采用单点测斜是唯一可用的测斜方式。在这种情况下,需要发展与单点测斜相适应的井眼轨道控制技术。在满足高温地热定向井对于井眼轨道控制精度的情况下,采用单次测量取代连续测量,可以解决井眼轨迹测量与控制问题。采用自浮式单点测斜方式,开泵将测斜仪器送到井底,并保持循环到测斜结束后停泵,可让测斜仪上浮。仪器采用保温筒结构,可提高仪器短时间抗温能力,满足测量需要。

(五)抗高温钻头技术与提高钻速技术

定向钻进等需要采用井下动力钻具,国内耐高温螺杆钻具可以耐210℃高温,基本适应地热定向钻井的需求。更高温度下的钻进需要采用涡轮钻具,该类钻具可以没有橡胶密封件,因此理论上可以适应更高的地层温度。针对常规钻头密封件中橡胶不能抗高温,导致钻头寿命太低的问题,采用金属密封代替橡胶密封,可以提高抗温能力。

为提高钻速,需要增加钻铤尺寸与数量,增大钻压,使钻头产生高效率的体积破碎;采用高性能钻具接头,特别是钻铤丝扣应有应力减轻槽;也可以在钻具中加装减震器,试验采用液力冲击器等技术。

(六)干热岩井成井与测试技术

因为地热井大多是火成岩,稳定性较好,干热岩井通常采用裸眼完井。井口装置安装在表层套管上,技术套管下完固井水泥浆返到地面,并采浮动结构,防止采蒸汽时技术套管热胀冷缩损坏井口。通过技术套管进行电测,完井不电测,直接进行生产测试。

第四节 干热岩储层建造技术

干热岩开发经常采用一注一采系统,也有一注三采、二注一采系统。一注一采系统在执行过程中,大都经过了后期的调整,即重新钻一口新井,钻入老井压裂形成的裂隙系统中。一般而言,地应力状态决定裂缝形态是水平裂缝还是垂直裂缝,继而决定了采用一注一采或其他井网形式。注入井与生产井都需要适当规模的压裂,在地层中制造出一定规模的裂缝,造成井与井之间裂缝的连通。天然裂缝在裂缝延展方面具有控制作用,微震监测技术在判断压裂激发方面具备关键作用。干热岩开发应重点关注造缝机理、注采井裂缝连通性要求、井与井之间的距离、布井先后顺序等。

一、干热岩水力裂缝起裂及扩展规律

干热岩热储层一般是经人工刺激形成的单裂缝或裂缝网络,其中水力压裂是主要的人工刺激方式。水力裂缝的几何形态是影响干热岩换热潜力的主要因素之一,要得到经济有效的压裂,就要在深刻认识水力裂缝扩展规律的基础上优选压裂作业参数,并采取有效措施控制裂缝的扩展。水力压裂模拟试验是认识裂缝扩展机制的重要手段,通过模拟地层条件下的压裂试验,可以对裂缝扩展的实际物理过程进行监测,并且对形成的裂缝进行直接观察。这对于正确认识特定层位水力裂缝扩展的机理,并在此基础上建立更符合实际的数值模型具有重要的意义。干热岩压裂相比于传统石油压裂最主要的特点是储层温度高(>150℃),进行高温下岩石水力压裂试验的研究是必要的。相比于小圆柱样的水力劈裂试验,大尺寸岩样的水力压裂更利于观察裂缝三维扩展过程。

对于大尺寸水力压裂试验部分,主要装置组成包括:高压注入泵(压裂水泵)、大型压裂模拟方形模型箱体、方形模型三轴压块、声发射监测系统、压力测量系统、温度控制系统、安全系统、管阀件系统、数据采集处理系统以及操作平台等(图7-16)。装置主要技术参数如下:

大模型最大压裂压力:60MPa

夹持器最大驱替压力:25MPa

环压:32MPa
方形水力压裂模型规格:300mm×300mm×300mm
工作温度:室温~150℃
最大注入泵压力:70MPa
回压控制压力:30MPa
装置额定负荷:18kW

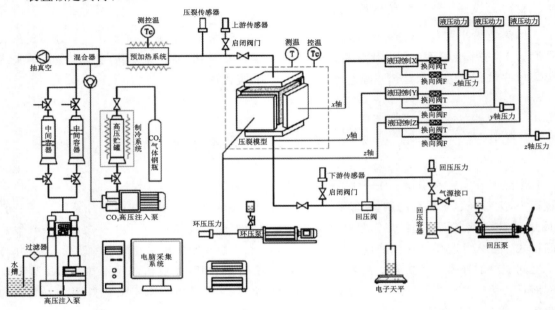

图 7-16　干热岩实验室模型系统流程示意图

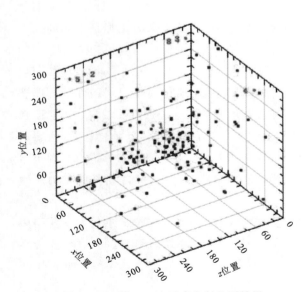

图 7-17　第 33min 时声发射监测结果

水力压裂控制计算系统可以自动控制三向围压值,采集记录压裂过程中的破裂压力随时间的变化情况。

在压裂舱中观察压裂后岩样发现围绕井管产生 4 条裂缝(1 条水平缝,3 条竖直缝),这种复杂裂缝情况的出现是由地应力和天然裂缝的设置造成的。在将岩样往外卸的过程中,发现岩样沿 y 轴方向从中间断成两截,卸出后观察到断裂面上被墨水染红,说明压裂过程中水力裂缝沟通天然裂缝网络沿预设的裂缝层穿透岩样,使岩样裂缝层从中间发生断裂。

压裂结束时的声发射定位结果如图 7-17 所示。可以看出,裂缝主要沿垂直 y 轴的平面贯通岩样,与预设裂缝储层位吻合,说明天然裂缝网络对水力裂缝的影响要比地应力的影响大。

结果显示：在 7min 时，试样开始起裂，破裂压力为 14.8MPa＝15.0MPa－0.2MPa。17～27min 之间注入压力曲线稳定在 5.8MPa，裂缝稳定延伸。27min 裂缝贯穿后注入压力从 5.8MPa 逐渐下降至 2MPa，裂缝流阻为 1.8MPa。

根据破裂压力曲线随时间的变化规律，结合实时声发射监测结果，对试验结果进行了解释分析，研究得出以下结论。

(1)在三向不等压的应力情况下，形成的裂缝主要沿垂直最小主应力方向延伸。

(2)高温压裂会形成多条裂缝，而且高温压裂下测得的破裂强度、延伸压力、裂缝流动阻抗均比常温压裂的要高，主要原因如下：①均质样在加热过程中，脆性逐渐减弱，塑性逐渐增强，弹性模量增大，造成起裂压力升高；②岩样中微结构因加热破裂产生微裂纹，增大摩阻；③注入冷水使岩石收缩裂纹增多；④压裂形成的水力裂缝在井管周围及远井延伸过程中均会沟通这些微裂纹，使得裂缝流动阻抗增大，延伸压力也增大。

(3)在天然裂缝存在的情况下，延伸所需的破裂压力和延伸压力均比致密情况下要低，推测随着天然裂缝密度的增加，破裂压力和延伸压力会随之降低，Soultz 和 Desert Peak 工程的剪切压裂曲线也都证明了这一点。

二、二氧化碳爆破致裂技术

(一)原理

二氧化碳爆破原理是利用二氧化碳气、液两相间转换特性进行爆破致裂的。爆破装置结构如图 7-18 所示，储存在致裂器内的液态二氧化碳在吸收了活化器产生的大量热能后，可在 20～40ms 内迅速气化，体积瞬间膨胀 600 多倍并产生高压，当压力达到某一极限时，定压剪切片破断，高能二氧化碳气体瞬间从释放管中爆发，作用于岩体，使其产生裂隙。二氧化碳爆破作为一种具有爆炸能量的致裂技术，经过大量试验总结，得到其爆炸能量的计算公式及爆炸当量计算公式：

$$W=\frac{p_1 v}{k-1}\left[1-\left(\frac{p_2}{p_1}\right)^{\frac{k-1}{k}}\right] \tag{7-5}$$

$$W_{\text{TNT}}=\frac{W}{Q_{\text{TNT}}} \tag{7-6}$$

式中：W——爆破能量；

p_1——爆破压力；

p_2——标准大气压力；

v——致裂器内空间体积；

k——二氧化碳绝热系数；

W_{TNT}——TNT 爆炸当量；

Q_{TNT}——1kg 的 TNT 爆炸的能量，取 4520KJ。

常用的致裂器爆破压力为 200～250MPa，换算后，相当于 0.15～0.18kg 的 TNT 爆炸当量，释放能量达 622～782kJ，爆破压力及爆破能量可观。

图 7-18 二氧化碳致裂器结构图

1—充能头;2—活化管;3—储液器;4—垫片;5—定压剪切片;6—泄能头

二氧化碳爆破具有以下优势:①爆破压力大,是普通水力压裂所产生压力的 2~3 倍;②爆破压力可控,通过选择不同活化器、二氧化碳充装量和定压剪切片等调控爆破压力;③爆破作业时间短,节约工时;④爆破造缝均匀,可形成高质量裂隙区;⑤爆破装置简易,适用性强并可重复利用;⑥经济环保,产物为二氧化碳气体,对环境几乎没有污染。

从表 7-2 可知,二氧化碳爆破在峰值压力、升压时间、加载速率等方面都比水力压裂具有优势,可在短时间内快速致裂岩体,造成体积破碎。将二氧化碳爆破技术用于 EGS 热储层建造,从以下几方面探讨该技术运用于储层建造的可行性。

表 7-2 两种致裂方法技术参数表

类型	峰值压力(MPa)	升压时间(s)	加载速率(MPa/s)	总过程(s)
水力压裂	100	10^2	$<10^{-1}$	10^4
二氧化碳爆破	250	10^{-3}	$10^2 \sim 10^6$	10^{-2}

(二)可行性探讨

1. 致裂压力分析

根据断裂力学理论,深井中的裂缝起裂主要以张开型为主,裂缝是否扩展取决于裂缝尖端的应力强度因子是否大于裂缝的临界断裂韧度值,裂缝尖端的应力强度因子为:

$$K_r = \sqrt{\pi(L+r_b)} \left[\frac{\pi L - 2L - 2r_b}{\pi(L-r_b)} P_m - \sigma \right] \quad (7-7)$$

式中:K_r——裂缝尖端的应力强度因子;

σ——地应力;

r_b——致裂孔直径;

L——裂缝扩展瞬间长度;

P_m——致裂压力,裂缝失稳扩展条件为:

$$K_r \geqslant K_{rd} \quad (7-8)$$

式中:K_{rd}——岩石断裂韧度,可知裂缝尖端的应力强度因子与致裂压力和地应力有关,岩石的断裂韧度为一固定值,一般认为,岩石材料的各个断裂韧度与对应的强度之间存在一定的联系,岩石的张开型断裂韧度与其抗拉强度存在良好的正比例关系。因此,如需压开一定深度的坚硬岩石就需要有足够的致裂压力。

EGS 热储岩石基质坚硬,完整性好,一般为花岗岩,导致其破裂压力极高。韩国 Pohang 干热岩地热储层在井深为 4100m 处开展水力压裂施工,初期预测破裂压裂不超过 60MPa,但实际施工过程中泵入压力超过 100MPa 后仍然没有压开,最后不得不停止施工,改变压裂位置重新压裂。在 EGS 热储层建造中,可将水力压裂的井底压力作为 EGS 热储岩石的致裂压力。由于井底高温高压环境,目前测量设备难以获得高精度的井底压力值,因此诸多储层激发工程的井底压力值可根据式(7-9)换算得到:

$$BHP = WHP + \rho_w g h \tag{7-9}$$

式中:BHP——井底压力;

WHP——井口压力;

ρ_w——压裂液密度;

h——井底深度。

各储层激发工程数据如表 7-3 所示,从表中数据可知,水力压裂试验的最大井底压力值皆小于 150MPa,而二氧化碳爆破压力一般为 200~250MPa,最高可达 300MPa,故二氧化碳爆破可压开综合条件下岩体强度值低于 300MPa 的 EGS 热储岩体。

表 7-3 世界主要干热岩 EGS 储层建造工程水力压裂试验数据

工程名称	井号	井深(m)	最大井口压力(MPa)	最大井底压力(MPa)
Soutlz	GPK4	4490~4980	18.3	64.7
Hijiori	HDR1	2150~2200	26.0	47.3
Basel	Basel1	4630~5000	29.6	76.8
Rosema	RH15	2060	15.0	35.2
Cooper B.	Hab.1	4140~4420	65.0	106.9
Cooper B.	Jol.1	4320~4910	69.0	114.2
Fenton H.	EE-2A	3450-3470	38.0	71.9

2. 裂缝形成过程分析

水力压裂是通过地面高压泵将压裂液注入井筒,在裸眼地层中产生高压,当水压超过地层岩石破裂强度时,将导致岩石开裂产生裂缝,水体进入裂缝沿裂缝扩展,直至水压值小于岩石破裂强度时停止。形成的裂缝一般条数比较少,以长主裂缝为主,如图 7-19(a)所示。

而二氧化碳爆破过程中,由于气体膨胀产生的静应力作用与应力波作用同时发生,爆破作用过程复杂。激发活化器加热储液管内二氧化碳,使管内压力大于定压剪切片的破断压力,剪切片失去承载能力而被剪破。爆破瞬间所产生的冲击波对干热岩体做功,使致裂孔周围的被爆介质产生径向压缩应力和环向拉伸应力。冲击载荷所产生应力会远远大于岩体的动抗压强度,因此致裂孔周围的岩体产生强烈的压缩变形,形成体积裂隙区。冲击波具有能量大、衰减快的特点,冲击波迅速衰减为应力波,继续对干热岩体做功。岩体在应力波的作用下会使切向方向上产生宏观的拉伸变形,随着变形量的不断积累,其内部产生了拉伸破坏的径向裂隙,这些裂隙与爆破初期所产生的体积裂隙区裂纹贯通。其次,大量二氧化碳气体顺着裂隙网络迅速楔入岩体内部,在裂纹尖端处产生强烈的应力集中,促使前一个阶段所产生的径向裂纹与岩体内部的原始裂纹在静应力作用下进一步扩展。

由于岩体受到强烈压缩、拉伸变形和裂纹尖端拉伸变形,在其内部积累了一定的变形弹性势能。当应力波作用阶段和二氧化碳静应力作用阶段结束后,储存在岩体内部的弹性变形势能会对岩体产生与径向压应力方向相反的向心拉应力,岩体的动抗拉强度不足以抵抗向心拉应力的强度时,岩体就会被拉断从而产生环向的裂纹,致裂的最终效果如图 7-19(b)所示。

同等条件下,二氧化碳爆破致裂所得的裂隙条数多、分布均匀、缝宽适宜,形成裂隙区的换热面积比水力压裂所形成的单一主裂缝(可能有少许其他裂缝)的换热面积更大,更接近于体积压裂,有利于流体介质充分换热。

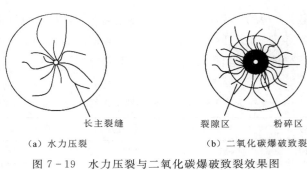

(a) 水力压裂　　　　(b) 二氧化碳爆破致裂

图 7-19　水力压裂与二氧化碳爆破致裂效果图

3. 对岩体及环境的影响分析

水力压裂需向地层中泵入大量的压裂液,压裂液主要组分为清水,其中混合大量的化学药剂。为了在高温储层中达到足够的黏度和提高其高温稳定性,向压裂液中加入硼、锆、钛等无机和有机金属离子组合凝胶。高温高压状态压裂液易于和岩石矿物发生反应,伤害地层裂缝,或堵塞裂缝。压裂作业的返排液中含有高分子聚合物、有毒重金属、放射性物质等,对环境造成严重污染。

二氧化碳爆破作业所产生的气体为二氧化碳,其为非极性惰性气体,对环境零污染,一般难与岩石矿物发生反应,对致裂所造裂缝几乎没有伤害,且致裂后的气体仍具有一定压强,可抑制岩体裂缝在围压作用下的缓慢闭合。

综上所述,从爆破压力、致裂过程、裂缝形态以及对岩体及环境的影响方面探讨二氧化碳爆破致裂技术用于 EGS 热储层建造的可行性,得出该技术在以上方面都优于水力压裂,可作为一种建造 EGS 热储层的技术手段。

第五节 干热岩发电

一、干热岩发电模型

目前可用于干热岩热源的热发电技术主要有蒸汽发电、有机朗肯循环发电和卡琳娜循环发电,而有机朗肯循环由于适用于中低温热源发电且可选工质较多,在干热岩热力发电应用中最具优势。结合共和盆地干热岩赋藏特点和当地自然环境条件,本书选择水工质 EGS 与内回热有机朗肯循环联合作为共和盆地干热岩发电技术路径进行建模仿真,并对影响系统效率的关键参数进行分析。

根据目前共和盆地钻获的干热岩参数,本书选取深度 3705m、温度 236℃ 作为典型干热岩热源。由表 7-4 可见,Fenton H. 项目中 3500m、235℃ 的干热岩资源条件与青海共和干热岩资源条件基本吻合,因而可作为建模参考依据。为便于计算,本书采用 Fenton H. 项目中一组实测参数对青海共和干热岩产热数据进行初步估算,如表 7-4 所示。

表 7-4 干热岩发电模型输入参数

参考项目	深度(m)	温度			压力		流量		
		热源(℃)	产热(℃)	温差(℃)	注入(MPa)	产热(MPa)	注入(L/s)	产热(L/s)	损耗(%)
Fenton H.	3500	235	183	52	27.3	9.7	6.74	5.65	11.7
Gonghe	3705	236	184	52	20.3	2.7	6.74	5.65	11.7

这里对水工质 EGS 联合内回热式有机朗肯循环的干热岩发电系统进行仿真研究及分析,系统工艺如图 7-20 所示。系统中耗电设备包括 EGS 注水泵、有机工质循环泵及闭式冷水塔,有机工质动力透平为模型中的唯一出力设备。为便于模型分析,定义系统净发电功率 E_{net} 及系统效率 EFF_{total} 如下:

$$E_{net} = (E_{et} - E_{wp} - E_{orcp} - E_{ct})(1-\eta) \quad (7-10)$$

$$EFF_{total} = \frac{E_{net}}{E_Q} \quad (7-11)$$

式中:E_{et}——考虑透平发电机组全部损失后的输出电功率;

E_{wp}——EGS 注水泵电功率;

E_{orcp}——有机工质循环泵电功率;

E_{ct}——闭式冷水塔电功率;

E_Q——EGS 产热温度降至热水换热终了温度的热功率;

η——电控及辅助系统的厂用电系数,这里取为 1%。

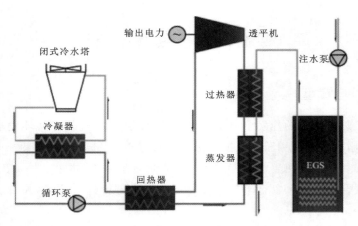

图7-20 EGS联合内回热有机朗肯循环干热岩发电系统

二、"地下闭式循环热交换"发电系统

1."地下闭式循环热交换"系统的原理

传统的地热利用分为两种,即地下热水或地下干热岩。地热资源存在与否,取决于地质构造,其利用还受到许多条件的限制,如地下水的成分等。"地下闭式循环热交换"系统(简称UGGW)则克服了许多限制,不受地质构造和水质的影响。图7-21为该系统原理图。该系统由地上和地下两部分组成,地下部分包括两口深3~5km的直井,用10~15km的水平井连接,通过导热流体在井内循环将地层热能携带到地上,在地上通过有机朗肯循环(ORC)将热能转换为电能,转换效率取决于导热流体的"温度"和"流量"。导热流体温度越低,效率越低。

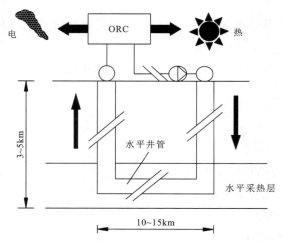

图7-21 "地下闭式循环热交换"发电系统原理图

图 7-22 为导热流体温度、流量与 ORC 功率关系图,对于"地下闭式循环热交换"发电系统,发电功率为 50kW 时,进入 ORC 的导热流体的最低温度为 100℃,最低流量为 15m³/h;发电功率为 300kW 时,温度为 100℃,流量超过 90m³/h。

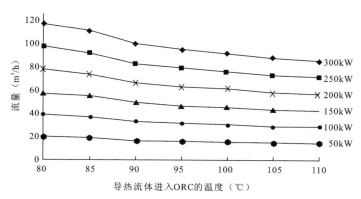

图 7-22 导热流体温度、流量与 ORC 功率关系

从 ORC 流出的导热流体进入回流井,然后流入水平井,在水平井内升温,经生产井重新循环进入 ORC。为避免或降低导热流体在生产井上升过程中温度降低的程度,在井管与地层间的环空内可以使用隔热材料。为了保证足够的热能,要求地层温度高于 130℃,根据不同的地温梯度,井深则不同。对于大多数地层,井深 5000m 时,地层平均温度为 150℃。

综上所述,UGGW 有以下优点:

(1)不受地质构造或者说不受是否存在温度异常的影响,只要钻进一定深度,在任何地方都可以利用 UGGW 开采地热资源,进行发电。

(2)导热流体与地层无接触,无物质交换。因此,不存在导热流体损失,且不污染地层;而且还可以优化导热流体。

(3)系统不受外界因素影响。

(4)系统维护与维修费用低。

(5)系统使用寿命延长。

2."地下闭式循环热交换"地热发电系统的关键技术

(1)定向钻井技术。

在深度足够的情况下,水平井越长,越有利于 UGGW 系统效率的提高。优化钻井过程,则是保证实现这一目的的关键。钻井的优化可以通过钻井设计软件进行,计算摩擦压降和扭矩与钻井和定向设备的关系,确定水平井可钻距离与钻井和定向设备的关系,同时尽量降低摩擦压降和扭矩以增大水平井可钻距离。该过程要特别注意水平井的造斜井段。

根据现有定向钻井技术,几千米的井靶区半径可准确在几米范围内,通过信号跟踪,如利用两个地层的分界,可准确到几个分米。两口水平井的对接,则需要通过在其中一口井发射信号进行,可以是声信号,也可以是电磁波信号。对于 UGGW 系统,需要研究更合适的信号及信号发射和接收仪器,同时研究更合适的定向钻井技术,即要研究使两口井连接的技术。

(2)完井技术。

对于 UGGW,其完井技术关键在于:①如何克服几千米长水平井的摩擦压降,下入套管;②如何解决两口井的对接问题;③如果采用多个相互平行的水平井,如何解决造斜井段的下套管问题;④在长距离的水平井注水泥而不压裂地层,如果地层足够稳定,可以不注水泥,但要考虑用导热性能很好的材料填充其环空。

(3)热传导的改善。

注水泥时,需要采用深井水泥,并改善其导热性能,保证水泥与套管和水泥与地层的黏结。同时保证水泥的流变性,即可泵性。为此,在实验室进行了一系列的研究。柏林工业大学建立的环空模拟装置,可以测试水泥在环空内的热传导性能。波鸿的 MeSy 公司,可以在模拟地层温度和压力下,对水泥热传导性能、强度、黏结性能和导热系数进行测试。Hallibutron 公司用高温高压釜进行水泥流变性、亲水性及强度测试。

(4)运行方式的优化。

导热流体将地层热能携带到地表,在 ORC 进行热交换,在导热过程中,应尽量保持较低的热损失。选择导热流体时,除了热传导系数和热容量外,还要考虑其与环境的相容性,并且无腐蚀性。另外,还要研究是否可以使用直接蒸发介质,如氨。提高采热量和系统效率,甚至不用 ORC 设备。为降低导热流体的热损失,可以考虑使用具有低热传导系数的水泥,也可以考虑使用隔热管。

三、干热岩发电实例

从 1985 年开始,日本新能源与工业技术开发组织(NED)在 Hijiori 实验站开始了对干热岩发电的钻探、水压人工裂石、裂隙构图、人工热储水库等关键技术的研究。1991 年,该实验站通过一个注水井(SKG-2)和 3 个生产井(HDR-1、HDR-2 和 HDR-3),将地下 1800m 温度为 250℃的热水和蒸汽抽出。其中,渗漏的水大约占注入水的 20%,其余的经生产井回收,热水和蒸汽输出的热能约 8MW。

1992 年,该实验站又在 2200m 的深度人工致裂了一个温度为 270℃的热储水库,1994 年,重新修整 HDR-2 井并命名为 HDR-2a,从 1995 年到 1996 年,该实验站将 HDR-1 改为注水井,HDR-2 和 HDR-3 作为 2 个生产井进行短期循环测试和评估研究。从 2000 年 11 月到 2002 年 8 月,Hijiori 实验站进行约 2 年的循环测试,并在当地建立了干热岩发电厂。

迄今为止,世界上绝大多数地热项目开采的都是地下深处自然渗透岩层中的高温流体。过去近 10 年来,由美国科学家倡导研发了增强型地热系统(EGS)技术,与开采渗透岩层中的地热资源的传统方法不同,它是通过人工营造地下热储,从本来不具备经济价值的干热岩层中采集能量。增强型地热系统电站,通过高压水力压裂非渗透性高温岩层,来获得发电所需要的地热流体,与页岩油气开发类似,压裂技术可能引发有感地震。美国能源部推出的"地热技术和发展行动计划"(GTP),将进一步推动地热勘探与开发。仅 2008 年,美国能源部就为地热开发筹集了 3.68 亿美元资金。庞大的 GTP 计划包含数十个技术项目,其中,又以"增强地热系统(EGS)"为主要发展目标。2013 年,欧盟推出"地平线 2020(horizon2020)"计划,投入 8360 万欧元资助 11 项地热能研究项目,推动地热能增强型地热系统等前沿科技和关键技术攻关。2015年,美国政府提供1.4亿美元设立FORGE项目,在水热型地热能勘探开发利用技术、增强型地热系统等方面开展一系列攻关,有力促进了地热能勘探开发利用技术的进步和产业发展。

四、干热岩发电发展现状

从全球范围内干热岩利用情况来看,美国和欧洲一些发达国家和地区的干热岩资源利用仍处于起步试验阶段,远未达到商业利用的程度,中国干热岩利用正处于探索阶段。

目前,美国、英国、法国、德国、瑞士、日本、澳大利亚等多个国家都在探索干热岩发电技术,但由于成本较高,商业化应用可能需要较长一段时间。美国计划到2030年实现干热岩商业化应用,到2050年实现干热岩发电装机容量达到1亿千瓦。

中国地质调查局已在部分地区进行干热岩地热资源调查,2012年启动了"863"计划项目"干热岩热能开发与综合利用关键技术研究",部分科研单位也开展了初步的理论研究。2013年,制定了《全国干热岩勘查与开发示范实施方案》,计划2030年前后实现干热岩地热发电的商业化运营。

中国在深层干热岩利用开发领域进展缓慢。首先,相对其他形式的新能源,干热岩开发利用成本高,这是制约发展的根本因素。目前包括风能、太阳能、常规地热能的利用,大部分企业已能实现持续运营。其次,干热岩开发需要大量水源,因此只有干热岩资源和水资源都丰富的地区才适合大规模开发。干热岩与可燃冰等新兴能源一样,虽然具有资源丰富、低碳排放等优势,但由于研究起步较晚,缺乏成熟的经验借鉴,尤其在当前低油价环境下,经济效益劣势明显,各方参与的积极性不高。地热发电最关键的驱动因素无疑是政策引导与扶持,2014年,国家能源局、国土资源部在《关于促进地热能开发利用的指导意见》中已明确提出,地热能开发利用规划以浅层地温能供暖(制冷)、中深层地热能供暖及综合利用为主,具备高温地热资源的地区可发展地热能发电。远期发展中温地热发电和干热岩发电,并提高地热综合利用水平。两部门同时要求各地结合地热资源特点及用热、用电市场需求,开展地热能开发利用。2017年,国家发改委、国家能源局和国土资源部印发《地热能开发利用"十三五"规划》,进一步推动了我国地热能的利用。

在推进地热发电进程中,有一个值得关注的问题是,地热虽是清洁能源,但在开发过程中并非不会产生污染,地热资源开发必须坚持"抽取、回灌同步落实""只取热、不取水"的原则。对于这一点,需要国家相关部门严格地热能利用环境保护监管,加强项目后续运行监管,以促进地热发电清洁开发,有序发展。

主要参考文献

安丽丽,刘志军.地热井成井工艺[J].科技创新与应用,2016(27):136.
蔡义汉.地热直接利用[M].天津:天津大学出版社,2004.
陈从磊,徐孝轩.全球地热发电现状及展望[J].太阳能,2015(1):6-10.
陈平.钻井与完井工程[M].北京:石油工业出版社,2005.
丛金良.梯形量水堰在实际量测水工作中的应用分析[J].黑龙江水利科技,2009,37(2):70-71.
戴宝华.我国地热资源开发利用与战略布局思考[J].石油石化绿色低碳,2017,2(1):6-12.
杜泽生,范迎春,薛宇飞,等.二氧化碳爆破采掘装备及技术研究[J].煤炭科学技术,2016,44(9):36-42.
段隆臣,潘秉锁,方小红.金刚石工具的设计与制造[M].武汉:中国地质大学出版社,2013.
关鉴.浅层地热能开发利用存在的问题与对策[J].建材与装饰,2019(10):217-218.
郭明晶,成金华,丁洁.中国地热资源开发利用的技术、经济与环境评价[M].武汉:中国地质大学出版社,2016.
郭明晶.中国地热资源开发利用的技术、经济与环境评价[M].武汉:中国地质大学出版社,2016.
何满朝.中国中低焓地热工程技术[M].北京:科学出版社,2004.
贺永忠.采用金刚石钻进工艺提高钻探效益[J].西部探矿工程,2003(5):90-91.
胡郁乐,张惠.深部地热钻井与成井技术[M].武汉:中国地质大学出版社,2013.
黄园月,尹岚岚,倪昊,等.二氧化碳致裂器研制与应用[J].煤炭技术,2015,34(8):123-124.
李付涛.二氧化碳爆破增透技术的试验应用[J].煤,2016,25(1):16-18.
刘广志.特种工艺钻探学[M].武汉:中国地质大学出版社,1992.
刘茂宇.地热发电技术及其应用前景[J].中国高新区,2018(3):20.
刘时彬.地热资源及其开发利用和保护[M].北京:化学工业出版社,2005.
刘先刚.欠平衡空气钻井井场设备[J].国外石油机械,1997(3):7-9,12.
刘召,蒋海岩,袁士宝.水力压裂施工污染源分析及防控建议[J].油气田环境保护,2017,27(5):19-22,60-61.
刘志国,刘新丽,王现国.千米地热井施工技术[M].郑州:黄河水利出版社,2004.

骆祖江,金芸芸,张莱.可再生浅层地热能资源开发利用关键技术问题[J].地质学刊,2011,35(4):401-404.

汤凤林,А.Г.加里宁,段隆臣.岩心钻探学[M].武汉:中国地质大学出版社,2009.

唐志伟,王景甫,张宏宇.地热能利用技术[M].北京:化学工业出版社,2018.

汪集旸,胡圣标,庞忠和,等.中国大陆干热岩地热资源潜力评估[J].科技导报,2012,30(32):25-31.

汪集旸,马伟斌,龚宇烈.地热利用技术[M].北京:化学工业出版社,2005.

汪集旸.地热学及其应用[M].北京:科学出版社,2016.

王亮亮,解国珍,褚伟鹏.地源热泵技术的理性应用[J].制冷与空调(四川),2013,27(1):61-64.

王武汉.地热供暖技术研究与讨论[J].科技创新导报,2010(15):52.

王小毅,李汉明.地热能的利用与发展前景[J].能源研究与利用,2013(3):44-48.

乌效鸣,蔡记华,胡郁乐.钻井液与岩土工程浆材[M].武汉:中国地质大学出版社,2014.

吴振虎,孔凡平.矿井钻探综合技术[M].徐州:中国矿业大学出版社,2012.

徐世光.地热学基础[M].北京:科学出版社,2009.

许爱.气体钻井技术及现场应用[J].石油钻探技术,2006(4):16-19.

鄢捷年.钻井液工艺学[M].东营:中国石油大学出版社,2003.

鄢泰宁.岩土钻掘工艺学[M].长沙:中南大学出版社,2014.

袁清.常规地热能开发技术应用与实践[M].北京:中国石化出版社,2013.

张军.地热能、余热能与热泵技术[M].北京:化学出版社,2014.

张开加.不同埋深条件下二氧化碳致裂爆破技术增透效果试验研究[J].中国煤炭,2018,44(7):110-114,119.

赵宏,伍浩松.世界地热发电产业概况[J].国外核新闻,2017(12):18-22.

郑克棪,潘小平.中国地热发电开发现状与前景[J].中外能源,2009,14(2):45-48.

郑人瑞,周平,唐金荣.欧洲地热资源开发利用现状及启示[J].中国矿业,2017,26(5):13-19.

周炳贤.巴歇尔斜槽流量计在明水渠中的应用[J].冶金自动化,1993(1):52-54.

周韦慧.美国地热发电现状与政府的推进政策[J].当代石油石化,2015,23(10):41-46.

周新义.深井套管柱强度设计研究[D].西安:西安石油大学,2012.

周舟,金衍,卢运虎,周博成.干热岩地热储层钻井和水力压裂工程技术难题和攻关建议[J].中国科学:物理学力学天文学,2018,48(12):97-102.

朱家玲.地热能开发与应用技术[M].北京:化学工业出版社,2006.

朱敏,邓华锋,周时,等.水岩作用下砂岩断裂韧度及抗拉强度的试验研究[J].三峡大学学报(自然科学版),2012,34(5):34-38,51.

朱纹汶.可再生能源——地热能的应用探讨[J].中氮肥,2017(4):78-80.

DL/T 5213—2005,水利水电工程钻孔抽水实验规程[S].北京:中国电力出版社,2005.

Kelkar S,Woldegabriel G,Rehfeldt K. Lessons learned from the pioneering hot dry rock project at Fenton Hill,USA[J]. Geothermics,2016(63):5-14.

Kuriyagawa M,Tenma N. Development of hot dry rock technology at the Hijiori test site[J]. Geothermics,1999,28(4-5):627-636.

Xie L,Min K B,Song Y. Observations of hydraulic stimulations in seven enhanced geothermal system projects[J]. Renewable Energy,2015(79):56-65.

Zhou C,Wan Z,Zhang Y,et al. Experimental study on hydraulic fracturing of granite under thermal shock[J]. Geothermics,2018(71):146-155.